AF558500

# Atmen

Christoph Glaser

# Atmen

## Der Schlüssel zur erfolgreichen und gesunden Führung

Nur 12 Minuten täglich für mehr Energie und Gelassenheit

Campus Verlag
Frankfurt/New York

Die in diesem Buch beschriebenen Atemtechniken dienen allgemeinen Informationszwecken und sollen nicht als Ersatz für professionelle medizinische Beratung, Diagnose oder Behandlung verwendet werden.

Falls Sie gesundheitliche Bedenken haben oder an einer Krankheit oder einem gesundheitlichen Problem leiden, sollten Sie Ihren Arzt konsultieren, ob Atemtechniken für Sie ratsam sind.

Die Inhalte dieses Buches sollen dazu beitragen, das allgemeine Wohlbefinden zu fördern, sind jedoch nicht dazu bestimmt, spezifische medizinische Probleme zu behandeln oder zu heilen. Befolgen Sie die Anweisungen sorgfältig und achten Sie stets auf Ihre körperliche Verfassung.

Alle Ratschläge in diesem Buch wurden sorgfältig erwogen und geprüft. Eine Garantie kann dennoch nicht übernommen werden. Eine Haftung des Autors beziehungsweise des Verlags und seiner Beauftragten für Personen-, Sach- und Vermögensschäden ist daher ausgeschlossen.

ISBN 978-3-593-51965-4 Print
ISBN 978-3-593-45977-6 E-Book (PDF)
ISBN 978-3-593-45976-9 E-Book (EPUB)


Umschlaggestaltung: hißmann, heilmann, hamburg
Umschlagmotiv: © Unsplash / Matias Malka
Unter Mitarbeit von Gabriele Borgmann, www.gabrieleborgmann.com
Fotos © Carmen Wong Fisch, www.carmenwongfisch.com
Satz: DeinSatz Marburg UG | tn
Gesetzt aus: Minion und URW Form
Druck und Bindung: Beltz Grafische Betriebe GmbH, Bad Langensalza
Beltz Grafische Betriebe ist ein Unternehmen mit finanziellem Klimabeitrag (ID 15985-2104-1001).
Printed in Germany

www.campus.de

The quality of our life is determined
by the state of our mind.

Sri Sri Ravi Shankar

# Inhalt

# Grußnote

*Christoph Daum*

Vor 20 Jahren lernte ich Christoph Glaser kennen. Bis dahin war ich am Ende einer Spielzeit völlig ausgepowert und auch während der Saison fühlte ich oft einen enormen Druck, fühlte mich ausgenutzt und ausgelaugt wie in einem Hamsterrad. Durch Christoph Glaser lernte ich einen Weg kennen, um mit all diesen Stressfaktoren und Energiefressern im Alltag besser umgehen zu können. Der Schlüssel lautete: Optimiere deine Atemtechnik!

Über meine Atmung hatte ich mir bisher wenig Gedanken gemacht. Sie funktionierte einfach und lief nebenbei selbstständig ab. Christoph hat mich in die verschiedenen Atemtechniken eingeführt, ich absolvierte seine Trainings zur Atemtechnik und deren Wirkung. Anfangs war ich skeptisch, aber sehr bald merkte ich, wie sich meine Stimmung, mein Energielevel erhöhte – ja, meine Lebensfreude steigerte sich durch meine bewusste Atmung! Und noch etwas geschah: Der Druck, der Stress, mein Umgang mit Konflikten veränderten sich. Durch die erlernten Atemtechniken erlebte ich Gelassenheit, Zielstrebigkeit und Selbstkontrolle.

Alle Atemtechniken, die Christoph vermittelt, sind extrem hilfreich im Bereich der Regeneration. Sie sind eine Stütze im Vorfeld eines Wettkampfes, eines Vortrags, einer Besprechung. Sie führen zur besseren Fokussierung, höheren Aufmerksamkeit und letztendlich zu einer inneren Stabilität und Souveränität.

Ich absolviere nach wie vor täglich 12 bis 20 Minuten diese Atemübungen direkt nach dem Aufwachen und schließe ein kleines Fitnessprogramm an, um freudvoll und energiereich in den Tag zu starten. Diese Minuten sind zu einer Gewohnheit wie das Zähneputzen geworden. Denn Gesundheit muss sich jeder Tag für Tag erarbeiten und im Krankheitsfall – wie bei mir mit meiner Krebserkrankung – leistet der Atem eine wertvolle Ergänzung zu den Therapien. Sämtliche Heil- und Widerstandskräfte werden sinnvoll und wirksam aktiviert.

Ich wünsche Ihnen einsichtsvolle Stunden während der Lektüre.

Vorwort

# Jeder Mensch führt

*Roland Liebscher-Bracht*

Ich verstehe Führung als eine Handlung und nicht nur als eine Position. Jeder Mensch inspiriert immer wieder andere, um ein gemeinsames Ziel zu erreichen. Somit sind auch Menschen selbst dann Führungskräfte, wenn sie diese Funktion offiziell nicht innehaben. Und jeder Mensch führt auch immer wieder sich selbst. Somit möchte ich allen empfehlen, die im Buch beschriebenen Übungen auszuprobieren. Die Chance, dass Sie davon profitieren, schätze ich als sehr hoch ein.

Als ich Christoph das erste Mal begegnet bin, empfand ich direkt Sympathie und Verbundenheit. Seine Ausstrahlung war so deutlich in sich ruhend und positiv, dass ich sofort offen war für alles, was da kommen sollte.

Zu diesem Zeitpunkt hatte ich keine Ahnung von seiner beruflichen Tätigkeit, von dem, was ihn bewegt, für was und wie er lebt. Trotzdem philosophierten wir schon während unserer ersten Begegnung über das Leben, und mein erster Eindruck verstärkte sich immer mehr.

So ging es bei diversen Treffen weiter. Unsere entstandene Freundschaft führte dazu, dass wir Anfang 2023 zusammen mit meiner Frau Petra Bracht zu dritt nach Indien reisten. Ich war überwältigt von diesem Aufenthalt, weil ich dort viele Menschen aus aller Welt traf, die eine ähnliche Ausstrahlung hatten wie Christoph. Ich fühlte, dass seine bescheidene, angenehme und gleichzeitig sehr fokussierte Art auch etwas mit seiner Leidenschaft für das Thema Atmen zu tun hat.

Er lehrte mich verschiedene Atemtechniken, die ich seitdem täglich praktiziere. Dadurch hat sich in meinem Leben eine weitere Tür geöffnet. Schon seit meiner Kindheit beschäftige ich mich mit fernöstlichen Bewegungssystemen, vor allem mit der Kampfkunst, die ich 25 Jahre lang unterrichtete und zu der auch verschiedenste Atem- und Meditationstechniken gehören. Dadurch habe ich mir im Laufe meines Lebens sowohl eine hohe Wahrnehmungsfähigkeit antrainiert als auch ein gutes Körpergefühl. Das war auch die Grundlage dafür, dass ich zusammen mit meiner Frau Petra, die Ärztin ist, eine neue Schmerztherapie entwickeln konnte, die auf der Erkenntnis beruht, dass die meisten der heute am häufigsten auftretenden Schmerzen durch zu hohe Spannungen der Muskeln und Faszien verursacht werden.

Doch die Atemübungen von Christoph gingen über das hinaus, was ich kannte. Ich bemerkte ziemlich schnell, dass alle Lebensbereiche davon profitieren. Wie so viele habe auch ich eine To-do-Liste, die immer zu voll ist. Es scheint immer zu wenig Zeit zur Verfügung zu stehen, dauernd geschehen unvorhergesehene Ereignisse, die spontan und schnell gelöst werden müssen, am besten schon gestern. Die Grenze zur Überforderung ist oft nah. Auch wenn der Stress nicht weniger geworden ist, so gehe ich durch die Atemübungen zunehmend anders mit ihm um. Die täglichen Anforderungen erscheinen leichter zu handhaben. Schon immer habe ich viel Energie und Durchsetzungskraft gehabt, doch jetzt gesellt sich eine Gelassenheit hinzu, die meinen Alltag deutlich entspannt.

Diese mentale Entspannung kann auch unsere Schmerztherapie bereichern. Die zur Schmerzlinderung oder sogar -beseitigung notwendige Entspannung der Muskeln und Faszien erreichen wir durch eine spezielle Manualtherapie und Dehn-Kräftigungs-Übungen, die Schmerzpatienten selbst machen können, um sich dauerhaft von ihren Schmerzen zu befreien. Die von Christoph vorgestellten Atemtechniken können dazu beitragen, durch die Aktivierung des Parasympathikus und auch des Vagusnervs diesen Entspannungsprozess noch zu unterstützen. Das erklärt, warum bei manchen Schmerzen auch das Atmen helfen kann. Die Kombination von Bewegung, guter Ernährung und Atmung kann Gesundheitssynergien freisetzen.

Während der vergangenen zwei Jahre wurde mir klar, dass Christoph es geschafft hat, auf der Grundlage der seit Jahrtausenden bewährten yogischen Atemlehren gut umsetzbare, praktische und hochwirksame Tools zu entwickeln, die unser Leben, insbesondere das Berufsleben, angenehmer gestalten können. Sie haben das Potenzial, die Belastung in unserer Gesellschaft und Arbeitswelt abzufedern und so zu kanalisieren, dass ausufernder Stress, Zeitnot, Überforderung, Existenzangst und Sorgen über die Zukunft gemildert und drohender Burnout vermieden werden können.

Ihnen als Leserin und Leser dieses Buches wünsche ich von ganzem Herzen, dass Sie von den Übungen bestmöglich profitieren. Ich bin davon überzeugt, dass Ihr Leben leichter, heller und positiver werden kann. Voraussetzung allerdings ist, dass Sie sich diese zwölf Minuten gönnen. Und wer von Ihnen jetzt denkt: Wie soll ich noch zwölf zusätzliche Minuten in meinen sowieso schon übervollen Tag einbauen?, dem antworte ich, dass diese zwölf Minuten Investition und scheinbarer Zeitverlust mindestens dazu führen, dass Sie im Tagesverlauf diese eingesetzte Zeit einsparen. Wie das gehen soll? Sie können schneller denken und Problemlösungen finden, verschwenden weniger Zeit mit sorgenvollem Grübeln, alles geht leichter von der Hand. Je länger Sie praktizieren, desto größer kann dieser Gewinn an Zeit und Lebensqualität werden.

Ich wünsche diesem Buch größtmöglichen Erfolg, denn es kann dazu beitragen, unser Leben angenehmer und schöner zu gestalten. Viel Spaß beim Führen, Leben und Genießen!

Einleitung

# Gemeinsame Reise

Wenn es in 10 000 Meter Höhe über dem Boden rumpelt, wenn Blitze über Stahl gleiten und die Durchsage des Kapitäns ertönt: »Wir durchfliegen Turbulenzen, verlassen Sie Ihre Plätze nicht« und gleichzeitig die Lichter im Inneren ausgehen, wenn irgendwo ein Kind weint und ansonsten stoische Ruhe herrscht, dann kann es einem mulmig werden.

Es schießen, wenn die rund 180 Tonnen schwere Boing in ein Luftloch fällt, nicht zu steuernde Gedanken durch den Kopf. Der eine mag sich innerlich bekreuzigen und ein Stoßgebet zum nahen Himmel senden, ein anderer mag sich durch Ignoranz wehren und weiterhin die Nase tief zwischen die auseinandergefalteten Zeitungsblätter halten – ich aber dachte nur eines: »Nein, das darf nicht sein, ich habe doch mein Buch noch nicht geschrieben.« Später, wieder den sicheren Boden des Flugplatzes unter den Füßen, staunte ich über diesen Gedanken. Tausend andere hätten via Angstzentrum durch mein Gehirn jagen können. Taten sie aber nicht; es gab da nur dieses Bedauern, nicht zu Papier gebracht zu haben, was mich seit 30 Jahren mehr beschäftigte als alles andere: wie wir als Menschen ticken, wer wir wirklich sind und wie wir das Beste aus uns herausholen.

Rückblickend war das mein Impuls, endlich zu beginnen. Und ich gebe es zu: Dass Sie mein Buch in den Händen halten, macht mich ein wenig demütig. Ich denke an lange Monate, an das Schreiben durch die Zeit. Ich bin noch einmal zurückgegangen zum Anfang, dorthin, wo mein Feuer für das Thema seinen Ursprung hatte. Ich habe die Ups und Downs, die jeder Mensch auf dem Lebensweg durchwandert, herangezoomt und mich gleichsam an all die berührenden Geschichten unserer Seminarteilnehmer erinnert. Und ich habe gemerkt: Obwohl ich mit meinem Team mehr als 500 000 Menschen in Unternehmen in atembasierter Achtsamkeit geschult habe, ist bei mir die Faszination noch so stark wie an Tag eins. Nun also steht es hier, schwarz auf weiß, was meine Erfahrung zur erfolgreichen und gesunden Führung ist, wobei ich Führung im heutigen Kontext explizit nicht nur als Position verstehe, sondern vor allem als Handlung. Denn wir alle führen, wir alle mobilisieren immer wieder Menschen, um gemeinsam ein Ziel zu erreichen. Wir alle haben die Kraft, andere Menschen zu inspirieren. Deshalb richtet sich dieses Buch nicht nur an formelle Führungskräfte, sondern an alle, die ihre Führungsqualitäten stärken wollen. Und: Gute Führung beginnt für mich immer mit der Selbstführung.

Ich hoffe, Ihnen auf den folgenden Seiten das Leben ein wenig leichter zu machen und Sie zu inspirieren, sich täglich sehr bewusst mit dem Atem zu verbinden. Und ich bitte Sie an dieser Stelle um ein Versprechen: Nehmen Sie sich vor, täglich zwölf Minuten für sich Zeit zu nehmen. Mehr ist es nicht. Sie aber dürfen mein Wort darauf nehmen, dass sich damit in Ihnen und um Sie herum etwas verändern wird. Zwölf Minuten, 21 Tage lang, das ist Ihr Einsatz, um potenziell viel, sehr viel zurückzubekommen: Sie werden weniger Stress und mehr Lust aufs Leben verspüren. Sie werden manches klarer sehen und Sie werden empathischer, wacher, neugieriger sein auf all das, was Sie umgibt.

Atmen Sie. Versorgen Sie jede Zelle mit Sauerstoff. Öffnen Sie sich Räume. So einfach es klingt, so komplex sind die physiologischen und geistigen Prozesse, die Sie damit anstoßen und die eine wunderbare Kohärenz zwischen Gehirn, Herz und Bauch erreichen. Und genau hier sehe ich die Herausforderung vieler Managerinnen und Manager: In der Dynamik des heutigen Geschäftslebens stehen wir alle unter Druck. Viele legen kaum noch Pausen ein, nicht mal für eine gute Mahlzeit. Ein Meeting jagt das nächste. Nur wer ständig leistet, kann bestehen. Oft sieht es für mich so aus, als lebten wir im Bestreben, noch effizienter als die Roboter zu werden, sie sozusagen »auszurobotern«. Doch wo soll das enden? Im besten und im schlechtesten Falle werden wir nur zu Robotern zweiter Klasse werden. Wir rennen ein Rennen, das wir nie gewinnen können. Wir arbeiten mit dem

Kopf – und riskieren dabei, die Herzensebene zu verlieren. Wir graben in der Vernunft, suchen Daten und Fakten und denken, damit sei der Erfolg begründet. Mag sein. Für eine Weile. Nur belegen Zahlen eine Sachlichkeit und triggern selten die für die Teamführung, für die Beziehungspflege, für die Lust am Leben enorm notwendige Empathie.

Das ist der Grund, warum ich mich über jede Studie freue, die das Wunder Atem in eine Statistik gießt, damit die Atemübungen endlich den Stellenwert in der Lehre erhalten, den sie verdienen. Wir brauchen nämlich im Business nicht nur Methoden, um schneller rennen zu können – sondern auch, um die Richtung immer wieder zu finden. Was wir brauchen, das sind Inseln für den inneren Rückzug, für das Sammeln, für das Atmen. Inspirare! Denn in der Stille kommen wir mit all unseren Systemen in Kontakt und manchmal auch mit etwas Größerem, mit unserer Intuition und der Kreativität.

Ich biete Ihnen in meinem Buch die Essenz meiner Erfahrungen und meiner Einsätze als Trainer der gesunden und erfolgreichen Führung.

Angewendet in 60 Ländern, erprobt vom Banker in Saudi-Arabien bis zum Premierminister in Madagaskar, von Studierenden der Harvard Business School bis zum Tennis-Trainer habe ich Feedbacks erhalten und in der Quintessenz lauteten diese: »Es ist, als würde ich mich selbst wiederfinden, als würde ich erkennen: Alles, was ich brauche, ist bereits in mir.«

Lassen Sie sich also auf diese Atem-Reise im Buch ein. Da ich um die allgemeine Zeitnot von Managerinnen und Managern weiß, habe ich die Kapitel derart konzipiert, dass sie auch einzeln und in nicht sortierter Reihenfolge gelesen werden können. Allerdings werden Sie den größtmöglichen Nutzen erfahren, wenn Sie schlichtweg bei Seite eins beginnen und bis zum Schlusspunkt dranbleiben. In jedem Kapitel teile ich mit Ihnen praktische Übungen, damit Sie sich mit Ihrem Atem aus unterschiedlichsten Perspektiven heraus vertraut machen können. Die Übungen der Kapitel 2, 5, 7 und 10 sind Bestandteile der Zwölf-Minuten-Methode, deren detaillierter Beschreibung das gesamte Kapitel 12 gewidmet ist. Die Übungen der anderen Kapitel sind schöne Ergänzungsübungen für verschiedene Anlässe, die Sie, wenn Sie möchten, einfach mal ausprobieren können.

Und sollte ich hier eine Bitte äußern dürfen: Stellen Sie mein Buch nicht ins Regal, sondern legen Sie es auf den Schreibtisch, auf den Nachttisch, halten Sie es griffbereit, um immer wieder darin zu blättern und sich vor Augen zu führen: Alles Leben beginnt mit dem ersten Atemzug und es endet irgendwann in ferner Zukunft mit dem letzten. Und dazwischen dürfen wir unser Leben mit Freude gestalten, dürfen wir Sauerstoff in die Zellen lassen und Weite in den Geist, wir dürfen Ziele und Träume verwirklichen. Wie gesagt: zwölf Minuten täglich – und Sie werden Ihre Resilienz stärken, Ihre Gesundheit kräftigen, Ihre Präsenz trainieren und gesünder und achtsamer führen. Sie werden ein Stück glücklicher durch bewusstes Atmen.

Legen wir gemeinsam los, ich freue mich auf unseren Weg durch die Kapitel.

Herzlichst Ihr Christoph Glaser

Kapitel 1

# Atmen ist Leben

Das Erste, was wir tun, ist atmen. Dann hält die Welt, unsere Welt, für wenige Sekunden die Luft an. Wir atmen ein – und wir atmen aus, senden den ersten Schrei wie einen Jubel und damit beginnt unser Leben. Wir dürfen es annehmen, gestalten nach unseren Ideen, wir dürfen es mit Sehnsüchten und Entscheidungen füllen. Vermutlich wird es ein Auf und Ab der Emotionen geben, wird die Strecke unserer Zeit aus Niederlagen und Erfolgen bestehen. Vieles davon wird gut verlaufen, manches weniger. Wir werden lieben, leiden, hadern und feiern, wir dürfen uns Meilensteine setzen, Ziele erreichen. Vielleicht werden wir mit den Jahren außer Atem geraten, werden schwach, zu schwach, um uns aus eigener Kraft wieder zu erholen.

Sicher jedoch ist: Was uns quasi in die Wiege gelegt wurde, nämlich das richtige, den Körper und den Geist bewegende Atmen, das vernachlässigen wir mit der Zeit. Und manchmal kann es gar sein, dass wir dieses richtige Atmen verlernen. Dann werden wir zunehmend ärmer an Energie, es atrophieren die Muskeln, es schwächeln die Organe und selbst die hellen Stimmungen werden matt. Es mag sein, dass das Leben unschöne Wendungen nimmt, die wir aufhalten könnten, würden wir den Atem achtsam kanalisieren. Und dürfte ich Ihnen bereits auf diesen Seiten einen Rat geben, so lautete der: Achten Sie auf Ihren Atem, denn Ihr Atem ist Ihr Kapital. Aber ungeachtet dessen gehen wir entlang unserer Lebensstrecke, bis irgendwann der letzte Atemzug getan wird, ein letztes Mal ausatmen, bevor das Herz nicht mehr pumpt. Der Atem ist das Erste und das Letzte, das uns gegeben ist. Dazwischen atmen wir nach Statistik eine halbe Milliarde Mal ein und aus. Wer das Spiel mit Zahlen mag: Es sind rund 15 Atemzüge in der Minute und mehr als 21 600 am Tag. Damit bewegt Ihr Körper 11 000 Liter Luft innerhalb von 24 Stunden, saugt Sauerstoff an und gibt Kohlendioxid ab.

Ein Wunder, das wir viel zu oft als selbstverständlich erachten. Nun, es ist in der Tat eine unwillentliche Funktion; auch ohne unsere Achtsamkeit kommt und geht der Atem, ob wir das wollen oder nicht, ob wir arbeiten, relaxen oder schlafen, der Atem hält unsere Organe, Muskeln, Systeme, unsere Zellen funktionsfähig. Nun könnten Sie denken: Alles gut, warum also sich Gedanken um den Atem machen? Sie könnten sogar den alten Manager-Spruch zum Besten geben: Don't change a running system – und weitermachen wie bisher. Einatmen. Ausatmen. Keinen Gedanken daran verschwenden, denn es gibt bereits genügend Aufgaben auf Ihrer Agenda. Sie sind nun mal kein Mensch, der Probleme thematisiert, wo offensichtlich keine sind. Aber Halt. Hier werfe ich ein, weil ich es als Trainer für atembasierte Achtsamkeit nahezu täglich erfahre: Gerade in der heutigen Zeit stehen wir oft unter Druck, und Druck wirkt sich auf die Qualität des Atems aus, und diese wiederum hat Einfluss auf die Energie, die Emotionen, auf die Leistungskraft.

Vermutlich kennen Sie das: Sie starten gut gelaunt in den Tag, sehen positiv dem entgegen, was da kommen mag. Sie strecken sich im Bett, atmen durch – und greifen nach dem Smartphone. Sie gehen im Gedankensprint die Termine des Tages durch, bevor Sie aufstehen, die Espressomaschine anwerfen und die Nachrichten checken. Was Sie lesen, gefällt Ihnen nicht – und augenblicklich reagiert Ihr Atem. Er wird schnell, flach – und diese mangelnde Qualität des Atmens verändert Ihre Emotion, sie ruft Ärger hervor und das wiederum bringt Ihren Hormonhaushalt in Unruhe, Adrenalin und Noradrenalin fluten das Blut, aus Ärger wird Wut, was Ihren Atem noch mehr aus dem Takt bringt. Ihre Gehirnwellen ändern sich, wechseln von niedrigen Beta-Wellen zu hohen Beta-Wellen, denn Atem und Emotionen beeinflussen sich gegenseitig, das eine triggert das andere. Wenn es Ihnen nicht gelingt, den Atem wieder zu drosseln, ihm Tiefe und Qualität zu geben, dann entsteht eine Inkohärenz zwischen Geist und Körper, und Ihre Systeme geraten in eine Schräglage. Das nennt man Stress.

## Emotionale Intelligenz als Merkmal der Persönlichkeit

Während im vergangenen Jahrhundert das Wissen und die Expertise die Erfolgsgeschichten für Entscheider und Entscheiderinnen schrieb, so hat sich das heute geändert. Seit alles Wissen im Internet abrufbar ist, seit Studien, Artikel, Methoden umfassend digitalisiert und für alle zugänglich sind, haben sich die Ansprüche an Top-Führungskräfte gewandelt. Fachwissen führt die Hitliste der Karrierekriterien nicht mehr an. Ein Harvard-Business-Abschluss stellt längst keine Garantie mehr auf einen erstklassigen Posten dar. Vielmehr sollte sich zu besten Referenzen eine sichtbare, messbare emotionale Intelligenz fügen. Erst dann haben Sie Aussichten, Ihren Eliteabschluss zu Geld und Ansehen zu machen. Aber wie kann das gelingen? Wie kann emotionale Intelligenz zu einem Merkmal Ihrer Persönlichkeit werden?

Haben Psychologen bislang behauptet, dass der Grundstein für den EQ ausschließlich in den ersten fünf Lebensjahren gelegt wird, dass sich emotionale Intelligenz nur positiv entwickeln kann, wenn die Sozialisierung, die Pädagogik und auch die genetische Veranlagung sich zu einem Dreiklang fügen, so weiß man es heute besser: Neurowissenschaftler weisen darauf hin, dass die Amygdala, unser emotionales Zentrum im Gehirn, durch den Atem gesteuert werden kann. Diese mandelförmig angelegte neokortikale Struktur des limbischen Systems reagiert auf Rhythmus und Intensität unseres Atems! Ich finde die Einsicht bahnbrechend, denn sie erlaubt es, die emotionalen Reaktionen, die dort zum Teil gespeichert wurden, zu verändern. Was also in frühen Jahren schiefgelaufen sein mag, das muss nicht für alle Zeiten gelten. Sie haben die Macht, dieses zu korrigieren und fortan Ihren Emotionen eine andere, eine hellere Farbe zu geben, Sie können emotionale Reaktionen, motorische Abläufe, sogar gespeicherte Gedächtnisinhalte anders bewerten, durch atembasierte Achtsamkeit kann Ihnen das gelingen.

In den vergangenen 20 Jahren haben mehr als 500 000 Mitarbeitende und Führungskräfte die TLEX-Methode mit großem Erfolg praktiziert. Und die neueste Forschung der Neurophysiologie kann endlich wissenschaftlich belegen, was die Yogis zum Beispiel in den *Patanjali Yoga Sutras*, einem Standardwerk des Yogas, schon vor Jahrtausenden postulierten: Wir können das Mindset mit dem Atem beeinflussen, die Emotionen lenken, den Energiehaushalt optimieren und letztendlich dem Leben mehr Tiefe geben, und zwar durch Atemtechniken, sogenannte Pranayamas. »Prana« ist nach dem Sanskrit die Lebensenergie, die jedem Menschen zur Verfügung steht, und »Ayama« bedeutet, diese Energie bewusst in uns zu beherbergen und zu steuern. Grund genug, um uns die Konsequenzen des bewussten Atmens näher anzusehen.

## Die Energie der High Performer im Unternehmen

Wer mich kennt, der weiß, dass ich ein Freund von Zahlen und Fakten bin. Ich brauche Beweise, um überzeugt zu werden. Während schöne Worte uns schnell auf falsche Fährten führen können, ist die Wahrheit der Zahlen für mich relevant. Deshalb sei hier eine große Studie über High Performer erwähnt. Forschungsergebnisse von Travis Bradberry und Jean Greaves, beides weltweit anerkannte Experten für emotionale Intelligenz, zeigen, dass erfolgreiche Menschen mehr noch als kognitive Intelligenz einen hohen Grad an EQ aufweisen.[1] Und damit wird Empathie zu einem entscheidenden Merkmal im Charakter, wenn es um die führenden Positionen in Unternehmen geht. Wobei ich mir auch gut vorstellen kann, dass Sie unweigerlich an Ausnahmen denken, die jedoch die Regel bestätigen.

Empathie ist übrigens jene Fähigkeit, die Stimmungen und Launen der anderen wahrzunehmen, ihre Freuden und Sorgen nachvollziehen zu können. Dann sind wir fähig zu erkennen, was der andere tut, fühlt, denkt. Es werden die Spiegelneuronen im Gehirn aktiv und vermitteln uns ein Bild davon, was in der anderen Person vor sich geht. Ja, es gibt eine tiefe Sehnsucht in der technologisierten Welt nach Harmonie, Wertschätzung, Motivation und Dynamik. Es arbeitet sich im Team besser, wenn die Führungskraft feinfühlig ist. Aber mit einem hohen EQ geschieht noch Weiteres: Der Grad der Selbstregulierung wird erhöht, die Selbstwahrnehmung findet statt und die Eigenmotivation steigt. All das lässt sich mit der atembasierten Achtsamkeit trainieren. Experten nennen diesen Zustand des erhöhten Gewahrseins das aufmerksame Agieren im Moment.

Wenn wir im Moment bleiben, sind wir emotional präsent und leistungsbereit. Man weiß aus der oben genannten Studie, dass 90 Prozent der High Performer über einen hohen EQ verfügen. Da mag es wie eine gute Botschaft klingen, dass sich der EQ durch den Atem steuern und steigern lässt. Zwar gibt es eine angeborene Grundtendenz zu den Persönlichkeitsmerkmalen Offenheit, Neugierde, Gewissenhaftigkeit, Verträglichkeit oder Neurotizismus, aber an der emotionalen Intelligenz können wir feilen. Wir können die Dominanz eines Merkmals zugunsten eines anderen verändern. Durch den Atem können wir aktiv an Konditionierungen arbeiten. Ich kann das bestätigen, denn ich habe es als junger Mann erlebt.

## Atmen ist Bewegung

Ich war das, was man ein schwieriges Kind nennt. Unruhig, unkonzentriert, bei Lehrern unbeliebt, in der Klasse war ich zu meinem eigenen Erstaunen der Schlägertyp. Da ich sportlich und stark war, drohte ich jedem Prügel an, der mir zu nahekam, und machte diese Drohung wahr, wenn man mir zu frech oder fordernd begegnete. Gab es auf dem Schulhof in einer Ecke eine Rangelei, war ich beteiligt. Sie können sich vorstellen, dass meine Eltern oft vor dem Schreibtisch des Direktors saßen, im Rücken die Klassenlehrerin, die sich beschwerte: »So geht das nicht weiter. Entweder Sie erziehen dieses Kind, oder ich übernehme nicht länger die Verantwortung in der Klasse.«

Nun, meine Eltern taten das Einleuchtende: Sie meldeten mich im Fußballverein an, damit ich mich auspowern konnte. Irgendwo, so sagten sie sich, muss der Junge hin mit seiner Kraft, mit seiner Wut; er soll sie sich herunterrennen. Und das tat ich! Innerhalb von einem Jahr war ich der Star der Mannschaft. Ich war schnell, konditionsreich, kreativ – und zum Erstaunen meiner Eltern und Trainer wurde ich ein Teamplayer, denn plötzlich hatte ich ein Ziel: Der Ball sollte ins Netz, wenn es sein sollte mithilfe der anderen. Für mich gab es keine Alternative zu meinem Plan, später einmal in der Schweizer Nationalelf zu spielen.

Ich kann mich gut erinnern, dass ich als 13- oder 14-Jähriger oft dachte: Für den Traum, Fußballprofi zu werden, würde ich alles, absolut alles hergeben. Und doch spürte ich innerlich, dass ich das nie erreichen würde, dass das Schicksal etwas anderes mit mir vorhatte. Geprügelt jedenfalls hatte ich mich nicht mehr, denn ich hatte anderes, viel Größeres im Sinn als die Pausenkeilerei. So brachte ich die Schule einigermaßen zufriedenstellend hinter mich und fand, nun wäre es Zeit für den Karriereschritt – und da geschah das Unfassbare: Ich stürzte hart beim Training, verletzte meine Wirbelsäule, konnte kaum noch atmen, mich kaum bewegen. Im Moment des Sturzes wusste ich: Das ist mein sportliches Ende, das Ende meiner Träume.

Fünf Jahre lang absolvierte ich Krankenhausaufenthalte, Physiotherapien, Psychotherapie, Personal Fitness. Aber die Schmerzen, die Bewegungseinschränkungen, die Traurigkeit in mir blieben. Es war, als würden Körper und Geist die Heilung verweigern. Heute weiß ich: Der Schock über das Platzen meines Traumes vom Fußballprofi und die plötzlich erfahrene Verletzbarkeit ließen meinen Körper sich zusammenziehen. Alles blieb eng, gestaucht, es gab in mir keinen Impuls, irgendetwas zu verändern, denn ich hatte keinen Plan mehr vom Leben. Und als vier Jahre später die Schmerzen immer noch nicht weg waren, hatte mich eine Depression in den Krallen und ich war mir sicher, dass die körperlichen Schmerzen nie weggehen würden. Ich kann mich noch erinnern, wie ich meinen Eltern sagte: »Wenn da kein Wunder geschieht, werde ich nicht älter als 30.« Ich hangelte mich durch die Jahre, ertrug Therapiestunden und Sanitätshaustermine, ließ mir Einlagen und Entlastungsschienen und -bänder verpassen, um mich einigermaßen aufrechtzuhalten. Bis zwei Dinge geschahen, die mir eine zweite Chance im Leben eröffneten.

Es war 1994, als mich eine Freundin auf das Atemseminar Art of Living aufmerksam machte. Mit dieser Methode, so hieß es, könnten sich Blockaden lösen und könnten Schmerzen beseitigt werden. Genau das war mein Bestreben: Ich wollte endlich ohne Schmerzen sein. So besuchte ich mit Freunden ein Seminar und kurz darauf an Weihnachten 1994 das einwöchige Retreat mit dem großen Yogi Sri Sri Ravi Shankar. Hundert Männer und Frauen saßen auf dem blanken Boden im Schneidersitz eines Hotels am Vierwaldstättersee und lauschten seinen Worten. Auch ich folgte den Anweisungen und spürte – nichts. Enttäuscht sprach ich den Lehrer darauf an, und vielleicht war es dieses kurze Gespräch, das etwas in mir veränderte. Er sagte: »Christoph, fokussiere nicht, betreibe nicht, sei einfach im Moment, nimm in einer neutralen Weise wahr, was ist. Mehr ist nicht zu tun, außer zu atmen.«

Für einen wie mich, der Dynamik und Schnelligkeit liebte, der einen ungestümen Charakter verloren hatte und ihn wie nichts anderes zurücksehnte, war dieser Hinweis wie ein zusätzlicher Schmerz: Ich sollte annehmen, was war? Ich sollte mein Unglück neutral betrachten? Aber ich wollte es doch verändern! Nun, in diesem einen Hinweis, anzunehmen, was ist, mag sich der gesamte Zauber des Atmens entfalten. Das Gewahrsein im Moment ist die Grundlage für alles, was geschehen kann, wenn wir von Zwang und Ziel loslassen, wenn wir vielmehr unseren Glauben an das Gute, das Richtige stärken und die Gewissheit haben: Wir dürfen locker sein, gelassen bleiben, wir dürfen darauf vertrauen, dass alles, was wir für unser gelingendes Leben brauchen, bereits in uns ist. Wir können es aktivieren, wenn wir den Energiehaushalt optimieren, und zwar durch den Atem. Denn der Atem ist es, der uns mit allen Organen, Muskeln, Zellen, mit unserer Seele verbindet. Und in dieser Kohärenz liegt die ungemeine Kraft.

Drei Jahre später zog es mich dann nach Indien, ich wollte Sri Sri Ravi Shankar höchstpersönlich treffen. Ich praktizierte jeden Tag atembasierte Achtsamkeit. Doch woher kamen diese Techniken wirklich – und passten diese Ursprünge wirklich zu mir, dem Schweizer, dem überwiegend rational veranlagten Zappelphilipp? Immerhin hatten mir die Anleitungen zumindest wieder eine Arbeitsfähigkeit beschert. 20 Minuten körperliche Arbeit ohne Unterbrechung waren möglich, und auch ein kurzes Fitnessprogramm absolvierte ich nahezu schmerzfrei. Doch es sollte noch besser kommen. Ich ließ mich in die alte Welt des Atmens einweisen, begann mit Yoga, mit den fließenden Asanas vom Atem getragen. Und ich erinnere mich, als wäre es gestern gewesen, dass ich eines Abends für mich allein an einem sehr ruhigen Platz, im Ashram direkt am örtlichen See, zusätzliche Yogaübungen praktizierte. Und da geschah es, völlig unbeabsichtigt und unerwartet nahm ich ein überwältigendes Gefühl wahr, als würde mein Inneres weit, als wäre in Geist und Körper die Unendlichkeit. Ich hatte eine Idee von inneren Bewegungen, von einem körperlichen Ausdruck, den ich zuvor nie wahrgenommen hatte, war doch das Fußballspiel mein einstiges Talent. Aber mein Körper fing an, sich wie von selbst zu bewegen, für einen Moment war ich nur der Beobachter, nicht der, der die Übungen anleitete. Meine Geschmeidigkeit, die ich seit vielen Jahren nicht mehr gespürt hatte, nach der ich mich gesehnt hatte, kam zurück. Ich löste die Stützbänder, warf die Einlagen fort und fasste den Entschluss: Nun würde ich meinen Körper wieder fordern und fördern und meine Gesundheit Schritt für Schritt zurückerlangen.

Und so war es auch. In den Monaten danach haben sich meine Jahre währenden Blockaden gelöst. Der Schock des Unfalls war endlich überwunden. Hatte der Atem die Energie umgeleitet? Raus aus der Depression und rein in die Zuversicht, in das Vertrauen in meinen Körper und Geist? Es ging stetig bergauf und nach sechs Monaten konnte ich wieder acht, neun Stunden schmerzfrei arbeiten! Es mutete wie ein neu geschenktes Leben an. Und wenn Glück für mich seither zu benennen ist, so lautet das Synonym dafür: Inspirare – das Nutzen der Kraft des Atems.

Mit jedem Atemzug dürfen wir entscheiden, lebendig zu sein. Und damit verändern wir alles, was in und um uns herum geschieht. Natürlich gibt es mannigfaltige Gründe für Unglück. Das ist nicht schönzureden! Aber dennoch können wir beeinflussen, wann wir unsere Lebensenergie erhöhen und wieder Lust auf Leben spüren. Denn der kontinuierliche, richtige, gehaltvolle Atem kann Ihnen die Kraft geben, die Sie über die Klippen des Schicksals laufen lässt – und diese Einsicht ist fast so alt wie die Meditationen der Yogis. Rückblickend auf meine eigene Geschichte kann ich sagen: Erst vor 30 Jahren habe ich die Kraft des Atmens erkannt, ich hatte 22 Jahre mit diesem Schatz in mir gelebt und von seiner Existenz nichts gewusst. Mein Anliegen in diesem Buch ist es, Ihnen den Zugang zu diesem Schatz zu zeigen, es ist Ihre Präsenz, die Sie wie einen Muskel täglich trainieren sollten, um von seinem Wert und seiner Leistungsfähigkeit zu erfahren.

## Inspirare

Als Führungskraft tragen Sie die Verantwortung für einen achtsamen Führungsstil im Unternehmen. Das bedeutet, sich nicht getrieben zu fühlen, auch in schwierigsten Situationen einen kühlen Kopf zu bewahren. Denn Sie sind die Person, an welcher sich Ihre Mitarbeitenden orientieren, und nichts hat einen größeren Hebel auf die Gesundheit der Mitarbeitenden als Ihr Verhalten, Ihre Vorbildfunktion. Ich halte den achtsamen Führungsstil für umso wichtiger in einer schnelllebigen Zeit. Wenn wir bedenken, dass ein Unternehmen noch vor 100 Jahren rund 67 Jahre auf dem Markt bestehen konnte, so sind es heute lediglich 15. Und die Beschleunigung wird weitergehen. In den letzten zwei Jahren wurden 90 Prozent aller Daten generiert! Nie zuvor wandelte sich unsere Arbeitswelt rasanter. Da muss ich kein Hellseher sein, um Ihnen zu sagen, dass laut neuester Studien in fünf bis zehn Jahren bis zu 50 Prozent aller Stellenprofile schlichtweg überflüssig sein werden im Zeitalter der künstlichen Intelligenz. Das alles aber soll uns nicht in eine mentale Krise bringen, sondern klarmachen: Um in Zukunft erfolgreich in der Arbeitswelt zu bestehen, brauchen wir genau zwei Dinge: dynamisches Handeln und innere Ruhe.

Diesen augenscheinlichen Widerspruch können wir durch gezielte Atemübungen lösen, denn egal wie groß die Herausforderung ist, sie findet immer jetzt statt, in diesem Augenblick.

Gehirnforscher weisen darauf hin, dass der gegenwärtige Augenblick, das Jetzt, nur Bruchteile von Sekunden dauert.[2] Einatmen. Ausatmen. Vorbei. Das ist Ihre Präsenz, Ihr ganz persönliches Jetzt. Danach wird dieser Moment als chemisch-elektrischer Impuls als Vergangenheit im Hippocampus abgelegt. Sie können diesen Moment nicht wiederholen, können ihn nicht für ungültig erklären. Worte, die gesagt, Gefühle, die ausgedrückt wurden, ein Atem, der vorüber ist, können Sie niemals wiederholen! Mir wurde das damals in Indien klar. Als ich dieses Glück im Atem empfand, weil alles in mir im Einklang war, weil nichts gegeneinander arbeitete, sondern in Harmonie schwang, da wusste ich, ich habe dank der atembasierten Achtsamkeit meinen Wesenskern gestreift. Und ich bin zutiefst überzeugt: Tief in mir, tief in Ihnen, tief in jedem Menschen dieser Welt gibt es einen Raum der

Ruhe, der Orientierung, der Freude. Und der Atem ist einer der kraftvollsten Schlüssel dazu.

Es geht um das Loslassen, das absichtslose Sein, das Sie für wenige Minuten am Tag trainieren können. Mit dem Ein- und Ausatmen und dem Gewahrsein für diesen einen Moment werden Sie Ihren Wesenskern bewusst wahrnehmen. Wenn Sie mir auf den nächsten Seiten durch diese Atemübungen folgen, könnten Sie völlig überraschend Lösungen, Ideen, kreative Ansätze entdecken, zu welchen Sie bisher keinen Zugang hatten. Das verhält sich ähnlich wie mit den Geistesblitzen, von denen selbst Albert Einstein beklagte, dass sie nicht zuverlässig bei der Arbeit, sondern viel eher unter der Dusche, beim Spazierengehen, beim Musizieren kämen, fernab vom gedanklichen Drehen im Problem. Als Trainer für atembasierte Achtsamkeit kann ich diese Aussage unterstreichen und hinzufügen: Bereits die Yogis, die im Himalaya den Zustand der inneren Gelassenheit erreichten, taten seit jeher nichts anderes als ein- und auszuatmen. Sie drosselten ihre Gehirnwellen bis in den Deltabereich – jene Frequenz aus 0,2 bis 3 Hertz des Tiefschlafs, in der das Bewusstsein ausgeschaltet ist und heilende Hormone ausgeschüttet werden.

Oft jedoch agieren Managerinnen und Manager, wenn sie morgens aufwachen, wie zuvor beschrieben: Sie manövrieren sich mit einem einzigen Griff zum Smartphone augenblicklich in den Betabereich. Die Impulse des Gehirns steigen auf 18 bis 35 Hertz, da wird also hochgepusht, was zuvor Entspannung war. Es ist überflüssig zu erwähnen, dass sich die Atmung verflacht, der Brustkorb zusammenzieht, dass das Herz schneller schlägt, um die Organe mit Blut und Nährstoffen, mit Sauerstoff zu versorgen. Ja, der teuflische Kreislauf des Stresses beginnt mit dem Aufstehen. Schade. Denn die gewinnbringende Alphawellenphase, jene, die uns im Halbschlaf den Zugang zum Unterbewusstsein noch einen Spalt offenhält, die überspringen wir mit Anlauf. Mein Anliegen ist es also, Sie durch die Erfahrung zwischen Alphawellen und Betawellen in einer Aufmerksamkeit, Achtsamkeit, in einem entspannten konzentrierten Gewahrsein zu halten. Denn damit lebt es sich leicht und vor allem energiereicher. Das ist die Grundlage für achtsame Führung.

## Vom Wert der Zeit

Ich möchte Ihnen in einem späteren Kapitel davon erzählen, wie Sie die Zeit, Ihre Lebenszeit, bewusster gestalten können, wie Sie erstens durch Gewahrsein, zweitens durch Akzeptanz und drittens durch die richtige Atemtechnik das Spiel Ihres vegetativen Nervenzentrums aus Sympathikus und Parasympathikus perfektionieren können. Zunächst aber möchte ich, dass wir uns wieder einmal sehr klar vor Augen führen: Ein Tag dauert 24 Stunden. Punkt. Wir können uns keine einzige weitere Stunde durch Gehalt und Boni erkaufen. Und das ist eine ziemlich gerechte Sache, finde ich. Die Reinigungskraft in Guatemala verfügt über genau das gleiche Zeitkontingent wie der Milliardärserbe in Florida oder die Managerin in der Schweiz. Zwölf Stunden Tag, zwölf Stunden Nacht, das ist für Sie eine unumstößliche Größe, solange Sie leben. Doch Sie können diesen Stunden mehr Qualität geben. Leider macht uns hier die Digitalisierung einen Strich durch die Rechnung. Wir sind ständig on! Wir googeln. Wir liken. Wir checken. Das kostet Zeit und unsere Aufmerksamkeit – die Basis für kreatives Arbeiten! Experten weisen darauf hin, dass der durchschnittliche Deutsche über 20 Stunden pro Woche nur damit verschleudert. Eine halbe Arbeitswoche! Summieren Sie das bitte einmal auf, wenn Sie davon ausgehen, dass das heutige durchschnittliche Lebensalter eines Mannes 78,3 und das einer Frau 83,2 Jahre beträgt.

Ich habe mannigfach erfahren, dass Führungskräfte mit gutem Selbstmanagement den Blick auf das Wesentliche gestärkt haben. Sie wählen ihre Schritte, setzen diese mit Bedacht. Sie meiden Situationen, die schädlich sind, und wenn sie sich in ein Projekt begeben, dann tun sie das mit allen Kräften und Sinnen, dann machen sie es zu 100 Prozent. Sie setzen den Anker des Atmens ein.

*Die Energie folgt Ihrem Atem.*

## Fünf Aspekte des Atems für die gesunde und erfolgreiche Führung

Achtsame Führung basiert auf der Fähigkeit, auch in herausfordernden Situationen präsent und gewahr zu sein und somit Energie und Empathie zu steigern. Die fünf Aspekte sind demnach:

**1. Der Atem korrespondiert mit den Emotionen**

Der Rhythmus des Atmens verändert sich ständig. Je nach Laune und Stimmung wechselt der Atemrhythmus und passt sich an Ihre Körpersysteme an. Jede Emotion hat also ihren eigenen Atemrhythmus. Dabei ist die Verbindung zwischen Emotionen und Atem keine Einbahnstraße. Mithilfe unserer Atmung können wir Einfluss auf unseren emotionalen Zustand nehmen.[3]

**2. Der Atem spendet Energie und transportiert Giftstoffe ab**

Haben Sie schon mal über die ganz elementaren Energiequellen des Lebens nachgedacht? Natürlich brauchen wir ausreichend Nahrung, Flüssigkeit sowie Schlaf, um funktionieren zu können und energiereich durch den Tag zu gehen. Doch noch wichtiger, noch lebensnotwendiger als all dies ist der Atem. Sie können im Extremfall bis zu einen Monat ohne Nahrung und vier Tage ohne Wasser überstehen. Sie überleben mehrere Tage kompletten Schlafentzug. Sie können jedoch nur wenige Minuten ohne Atem sein. Und doch schenken wir diesem lebenswichtigen Vorgang wenig Beachtung.

Der Atem findet immer im gegenwärtigen Augenblick statt. Sobald Sie einatmen, strömt Luft bestenfalls durch die Nase (nicht durch den Mund, aber dazu später mehr). In der Nase wird diese Luft gereinigt, gewärmt und angefeuchtet. Dafür sind Härchen und Schleimhäute zuständig. Dann dringt die Luft durch den Kehlkopf, vorbei an Stimmbändern und gelangt durch die Luftröhre bis zu den Lungenbläschen. Sauerstoff wird ins Blut aufgenommen und bis in die kleinste Zelle transportiert. In den Zellen wird dieser Sauerstoff in Energie verwandelt. Das entstehende Abfallprodukt, Kohlendioxid, fließt mit dem Blut zurück zur Lunge und wird ausgeatmet. Aber nicht nur Kohlendioxid, sondern auch andere giftige Stoffe wie zum Beispiel Alkohol werden über die Atemluft aus dem Körper transportiert.

### 3. Der Atem beeinflusst das Mindset

Der Atem ist eine der wichtigsten Energiequellen – ohne ihn überleben wir nur wenige Minuten. Wer gut atmet, der ist stimuliert, motiviert, sein Energiehaushalt ist ausgeglichen. Und all das hat einen Einfluss auf unser Mindset, ob wir eher optimistisch sind oder eher pessimistisch, ob wir lösungsorientiert denken oder überall nur Probleme sehen. Der Atem beeinflusst unser Energieniveau und dieses wiederum unser Mindset und unseren Blick auf die Welt (mehr zum Zusammenhang von Atem-Energie-Mindset später).

### 4. Der Atem bietet den direkten Zugang zum autonomen Nervensystem

Der Atem beeinflusst das Zusammenspiel des Parasympathikus und Sympathikus, der zwei Hauptnerven des autonomen Nervensystems. Atmen Sie langsam, tief und gleichmäßig sowie in den Bauch, dann aktivieren Sie den Parasympathikus, den sogenannten Entspannungsnerv. Ihr System fährt herunter und geht in den Regenerationsmodus. Atmen Sie aktiver, wird der Sympathikus, der Anspannungsnerv, angeregt. Er macht Sie bereit für Leistung, Sie sind angeregt, energiereich. Der Atem zeigt also zwei Seiten einer Medaille: das Entspannen und die konzentrierte Leistung.

Der Hauptnerv des Parasympathikus, der Vagusnerv, verläuft vom Gehirn über das Herz bis in den Magen-Darm-Trakt und steuert die unbewusst ablaufenden Funktionen im Körper wie Verdauung, Atmung, Herzfrequenz. Er ist ebenso beteiligt an der Speichelbildung und der Tätigkeit der Nieren. Damit nimmt er Einfluss auf Ihr Wohlbefinden, auf den physischen und psychischen Zustand, denn er sorgt dafür, dass Sie nach einer Stresssituation wieder zur Ruhe finden, indem er Herzschlag und Atmung und auch die neuronale Chemie wieder ausgleicht. Durch atembasierte Achtsamkeit können Sie all diese Prozesse stärken und in Einklang halten. Konkret: Durch atembasierte Achtsamkeit sind Sie in der Lage, den Vagusnerv zu stimulieren.

**5. Der Atem verhilft zu Konzentration und Flow**

Konzentration und Flow geschehen im Jetzt. Es sind Zustände, die Ihrer Achtsamkeit bedürfen. Wer sich ablenken lässt, wird im Schnitt 25 Minuten benötigen, um wieder ins Thema zurückzufinden; einen Flow zu unterbrechen birgt das Risiko, nicht mehr in diesen intensiven Zustand zu gelangen. Atembasierte Achtsamkeit stärkt Präsenz, indem sie den Geist wieder ins Jetzt bringt – an den Ort, wo Konzentration und Flow entstehen. Wie positiv sich Flow auf Produktivität auswirkt, zeigen etliche Studien.[4]

Übrigens sind es nicht nur die äußeren Störquellen, die Sie ausschalten sollten, um Konzentration und Flow zu ermöglichen. Studien zeigen, dass die meisten Verhinderer in uns sind. Es sind Grübelspiralen, Zweifel, Ängste, der Druck, den wir selbst erzeugen und durch falsche Atmung erhöhen.

Ich lade Sie jetzt gerne ein, mit der ersten Übung zu starten. Atmen wir gemeinsam durch die Kapitel, bis zum Schluss, bis wir am Ende noch einmal zusammenfügen, was in Gänze Ihr Programm für Erfolg und Entspannung geworden ist, nämlich ein Zwölf-Minuten-Konzept für mehr Energie und Gelassenheit.

## Achtsames Atmen – Vorbereitungsübung für die Zwölf-Minuten-Methode

Der erste Schritt, um mit dem Atem zu arbeiten, ist es, bewusst zu atmen. Diese Übung trainiert das tiefe, langsame und achtsame Atmen. Das beruhigt Ihr Nervensystem, reduziert Stresshormone und drosselt die Aktivität in der Amygdala, wodurch sich die Konnektivität zum präfrontalen Kortex erhöht.[5] Somit steigern Sie Ihr klares und rationales Denken. Ein gesunder Atemzug ist langsam und tief, er bewegt das Zwerchfell, ist leicht und ohne Anstrengung möglich, er erfolgt durch die Nase. Deshalb: Mund zu beim Atmen!

Die Nase filtert, befeuchtet und erwärmt die Atemluft. Sie produziert Stickstoffmonoxid, was die Fähigkeit der Lunge verbessert, Sauerstoff aufzunehmen und durch den Körper zu transportieren. Stickstoffmonoxid ist außerdem antimykotisch, antiviral, antiparasitär und antibakteriell. Es hilft dem Immunsystem, Infektionen zu bekämpfen.

- Setzen Sie sich entspannt auf einen Stuhl, entspannen Sie Schultern, Nacken und Gesicht.
- Atmen Sie durch die Nase ein, wobei der Atem sanft und gleichmäßig durch die Nasenlöcher strömt.
- Stellen Sie sich vor, wie sich Ihr Brustkorb leicht ausdehnt, gefolgt von einer Ausdehnung des Bauchraums.
- Halten Sie für einen kurzen Moment den Atem an, ohne Anstrengung. Dieser Moment der Atempause kann dazu dienen, den Atem zu spüren und sich auf das nächste Ausatmen vorzubereiten.
- Atmen Sie ruhig und entspannt durch die Nase aus, während sich der Brustkorb und der Bauch entspannt senken.
- Wiederholen Sie diesen Atemzyklus mehrmals, wobei Sie gleichmäßig und ruhig atmen.
- Nutzen Sie die Gelegenheit, alles, was in Ihnen geschieht, bewusst wahrzunehmen und da sein zu lassen.

## Leitgedanken zur Reflexion

- Atmen ist Ihr Kapital: Durch bewusstes Atmen können Sie Ihre Emotionen, Ihr Mindset, Ihre Konzentration, Ihre autonomen Körperfunktionen und Ihr Energielevel direkt beeinflussen.
- Achtsamkeit ist die wertfreie Wahrnehmung des eigenen Erlebens im gegenwärtigen Augenblick. In diesem Sinne ist Achtsamkeit ein innerer Zustand und nicht nur eine Übung.
- Studien haben gezeigt, dass 90 Prozent der High Performer eine hohe emotionale Intelligenz aufweisen. Die gute Nachricht: Sie können Ihre emotionale Intelligenz entwickeln wie einen Muskel, insbesondere durch Atemtechniken.

Kapitel 2

# Zu einfach, um großartig zu sein?

»Hast du gut geschlafen?«, Hast du gut gespeist?« – das sind Fragen, die wir häufiger mal stellen. Doch wie oft haben Sie Mitarbeitende schon gefragt: »Guten Morgen, wie tief atmest du heute?« Vermutlich eher selten bis nie. Und das spricht Bände. Denn während der Atem unsere lebenswichtigste Energiequelle ist, schenken wir ihm üblicherweise nur wenig Beachtung.

Haben Sie sich schon einmal bewusst Ihrer Lunge zugewandt? Wie oft haben Sie liebevolle Gedanken an dieses Wunderorgan gesendet, das lebenswichtig ist und für Sie Tag und Nacht leistungsbereit bleibt? Gar nicht? Dann wird es Zeit, sich jetzt einmal bewusst zu machen, dass Sie mit jedem Atemzug Sauerstoff in die Lunge bringen, dass dieser Sauerstoff durch die Lungenbläschen ins Blut gelangt, um Muskeln, Organe und Zellen zu versorgen, dass Kohlenstoffdioxid über die Blutkapillaren zurück in die Lungenbläschen gelangt, um ausgeatmet zu werden.

Circa dreihundert Millionen Lungenbläschen sind für diesen Austausch einsatzbereit. Wenn wir uns bewusst machen, dass wir täglich im Schnitt 11 000 Liter Luft einatmen, dann ahnen wir, wie oft und unermüdlich sich die Lunge bewegt.

Solange wir atmen, leben wir. Denken wir darüber genügend nach? Ich habe eher den Eindruck: Wir hecheln, schnaufen, japsen uns durch die Zeit. Nicht nur die körperliche Anstrengung treibt den Atem und damit die Tätigkeit der Lunge an, sondern auch der mentale Stress belastet den Atem. Wenn sich die Atemfrequenz erhöht, verringert sich jedoch das Volumen der eingeatmeten Luft. Wir verkürzen den nachhaltigen Austausch von Sauerstoff und Kohlendioxid – und das hat

Folgen, die auf Dauer schädlich sind: Der Körper entgiftet nicht gänzlich, die Energieproduktion lässt nach, Körper und Geist finden keinen angenehmen, lungengerechten Rhythmus. Sehen wir einmal genauer hin.

## Vom Atmen in Ruhe

Nie war Arbeit schneller – und vermutlich wird sie nie wieder so langsam sein wie heute. Das führt uns in ein Paradoxon. Auf der einen Seite verlangt man von Ihnen, dass Sie über die Kondition verfügen, diese Geschwindigkeit zu halten; auf der anderen Seite sollen Sie Stress vermeiden, um leistungsstark zu bleiben. Man erwartet also Tempo und eine innere Ruhe und gleichsam eine Flexibilität, weil der Markt sich verändert. Das wirft die Frage auf: Wie können Sie diesem Dreieck der Ansprüche genügen?

Ich habe viel geforscht, habe weltweit mit vielen Top-Unternehmen genau dazu gearbeitet und festgestellt, dass es einen Begriff gibt, der zwar in aller Munde ist, der jedoch oftmals missverstanden wird: Agilität! Viele gehen heute davon aus, dass es in zehn Jahren nur noch 50 bis 60 Prozent der heutigen Unternehmen geben wird, nämlich die, die sich in der entsprechenden Richtung und Geschwindigkeit transformieren konnten. Dementsprechend wichtig ist es, dass Unternehmen agil sind. Will heißen: Unternehmen sollten schnell und innovativ handeln, die Richtung dabei immer wieder flexibel ändern können und trotzdem wissen, wer sie sind und warum sie existieren. Damit die Veränderung nicht wahllos ist, sondern intentional und der Mission entsprechend. Doch ein agiles Unternehmen braucht agile Führungskräfte, und so stellt sich die Frage: Was ist ein agiles Mindset?

Es bedeutet im Kern, in entscheidenden Augenblicken präsent und gewahr zu bleiben, den Autopiloten auszuschalten, innezuhalten und bewusst aus der inneren Ruhe zu handeln. Punktum.

Wir rennen nicht mehr auf einem ausgelatschten Pfad zum Ziel. Wir stürmen nicht mehr durch das flatternde Zielband, weil alle das immer schon so taten. Wir beten nicht die Ziele und Vorgaben unreflektiert hinunter und sehen eine Strategie nicht als unantastbar an. Nein, wir bewahren in der Hektik des täglichen Wandels eine innere Ruhe und Klarheit. Wir werden innerlich elastisch. Wir atmen ein und aus, aktivieren unser parasympathisches Nervensystem, jene Stränge, die für den inneren Ausgleich zuständig sind – und handeln bewusst aus der Kraft der inneren Ruhe.

Es mag sein, dass andere in diesen Momenten an Ihnen vorbeidonnern, sich bereits als Sieger fühlen, aber Sie bleiben ruhig und finden den Einklang in sich wieder und lassen es nicht zu, dass übermäßiges Cortisol Ihre Sinne im Stress vernebelt. Just in diesem Moment des Innehaltens setzt etwas ein, das ich Intentionalität nenne. Es ist die kreative Kraft, durch die wir unser wahres Potenzial nutzen und mit unserem Genie in Kontakt kommen, wenn ein Geistesblitz einer Kunst vorausgeht. Dann nämlich geschieht Folgendes: Sie eröffnen in sich einen Raum für das Netzwerken der Neuronen, für die Konzentration im präfrontalen Kortex. Dieser Bereich im Gehirn ist für Aufmerksamkeit und rationales Denken zuständig. Gleichzeitig erlauben Sie Ihrem Gehirn, auf Gedächtnisinhalte, auf Wissen und Emotionen zurückzugreifen. Wie wir das in kritischen Situationen leben können? Nun, Sie schaffen das zum Beispiel, indem Sie sich in dieser Situation Ihrer Atmung gewahr werden. Das bestätigt die moderne Wissenschaft. Doch dazu später mehr.

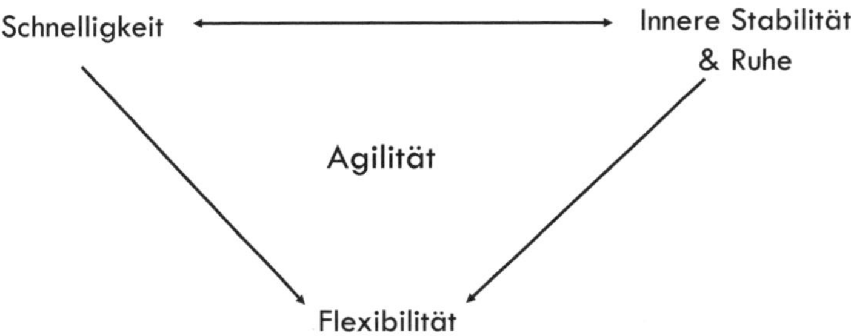


Abbildung 1: Innere Stabilität und Schnelligkeit als Voraussetzung für Agilität (Quelle: TLEX)

 *Ein agiles Mindset entsteht durch die Balance zwischen Schnelligkeit und innerer Ruhe.*

## Von der Kraft der Langsamkeit

Wenn ich im vorigen Kapitel von den Schwingungszuständen unseres Gehirns gesprochen habe, dann will ich das an dieser Stelle wieder aufgreifen: Wir werden in Zukunft, in der unsere Welt sich noch rasanter wandeln wird, nicht durch Temposteigerung Schritt halten können. Noch mehr E-Mails, noch mehr Meetings, noch mehr Präsenz in den sozialen Medien… Dieses Nochmehr brennt uns auf Dauer aus, schlimmer noch, es bringt unser Gehirn in eine Schwingung, an deren Ende der Crash und damit die totale Erschöpfung stehen. Ich weiß es, Sie wissen es, und Ihre Kolleginnen und Kollegen wissen es auch. Aber Hand aufs Herz: Ändern wir etwas daran? Beugen wir dem Crash täglich vor, um gesund zu bleiben? Wenn ich in meinen Trainings nachfrage: »Warum gönnen wir uns so selten Pausen? Warum hören wir nicht auf die Körpersignale? Warum nehmen wir die Anzeichen von Stress nicht wahr?«, dann fühle ich mich wie ein strenger Hausarzt, der gerne schimpfen möchte mit dem Patienten, ihn aber nur allzu gut versteht!

Und doch rate ich Ihnen: Atmen Sie täglich mindestens zwölf Minuten lang in Achtsamkeit, denn Studien haben gezeigt, dass Sie mit diesem Zeitinvestment bereits sehr gute Ergebnisse erzielen, wie ich in Kapitel 12 detailliert ausführen werde. Stellen Sie sich vor, wie der Sauerstoff durch die Nase, durch die Kehle in die Lunge fließt und von dort bis in die kleinste Rundung Ihres Körpers. Genießen Sie diese völlig nebenwirkungsfreie Methode, um Ihren Präsenzmuskel zu stärken. Wohlgemerkt, ich rede von zwölf Minuten täglich. Doch mein Gegenüber antwortet allzu oft, er oder sie habe dazu keine Zeit.

Seit der Corona-Pandemie hat sich die Anzahl der Meetings um das 2,5-Fache erhöht, so zeigt es eine von Microsoft veröffentlichte Studie.[1] Die Kalender sind gefüllt mit diesen Terminen. Meetings, so sagen über 62 Prozent aller Mitarbeitenden in einer repräsentativen Umfrage des *State of Work-Report* aus dem Jahr 2020,[2] seien enorm frustrierend, hielten vom eigentlichen Arbeiten ab und seien doch eine Pflichtübung in Unternehmen. Aber Vorsicht, sie haben Nebenwirkungen, und die lauten: Zeitmangel und Energieverlust. Der Meeting-Marathon vermittelt oft das kurzfristige Gefühl, Stunde um Stunde etwas geleistet zu haben. Doch die Wahrheit sieht anders aus. Und auch davon berichten viele Führungskräfte: Meetings bergen eine Frustrationsgefahr, weil wir Zeit und Energie oftmals sinnlos binden – und den Preis zahlen wir später, beruflich und privat. Uns gehen Inspiration und Kreativität verloren. Wir agieren im Autopilotmodus nach dem Motto »schneller, höher, weiter«. Kreativität aber braucht die Verlangsamung der Zeit.

## Roger Federer und der Tennisball

Seit meinen Jugendtagen bin ich nicht nur ein Fußballfan, sondern auch Tennis fasziniert mich. Den richtigen Treffpunkt zu finden, die optimale Geschwindigkeit zu bestimmen, dieses Körpergefühl für Zeit und Raum zu trainieren, das ist eine hohe Kunst. Und wenn Sie mich nach einem ganz Großen dieser Sportart fragen, dann nenne ich ohne Zögern den Schweizer Roger Federer. 310 Wochen stand er an der Spitze der Weltrangliste, achtmal siegte er in Wimbledon. Und mir ist ein Satz von ihm ganz besonders in Erinnerung geblieben, er lautete ungefähr: Wenn er sein bestes Level spiele, dann habe er das Gefühl, die Szene laufe vor seinem inneren Auge in Zeitlupe ab. Obwohl der Ball mit einer Geschwindigkeit von 250 Stundenkilometern auf ihn zuschießt, kommt es Roger Federer wie eine Verlangsamung der Zeit vor. »Der Ball kommt auf mich zu, erscheint mir groß wie ein Fußball und ich kann mir jede Ruhe nehmen, um zurückzuschlagen.« Damit hat er auf den Punkt gebracht, was innere Ruhe bedeutet, nämlich Langsamkeit, Gelassenheit und die Entscheidung, sich nicht hetzen zu lassen von einem Gegenüber. Experten nennen es Flow. Man ist zentriert. Man ist inspiriert. Man hat dieses gewisse Etwas, das alle Sinne schärft. Man wehrt Eitelkeiten, Ansprüche, Beifall oder Kritik im Außen ab und genießt den Moment des Tuns, die Aktion selbst.

Schließen Sie bitte einmal die Augen und stellen Sie sich diese Situation vor: Sie stehen auf dem Tennisfeld, Kameras sind auf Sie gerichtet, bereit, Bilder rund um den Erdball zu streamen. Hunderte Fotografen lauern in Ihrem Rücken, hoffend auf ein perfektes Foto. Tausende Zuschauer raunen, klatschen Ihnen zu. Und Sie? Sie bleiben ganz bei sich, lassen sich nicht drängen, nicht zum Showman machen. Nein, Sie tauchen in sich selbst ein und sagen sich: »Was jetzt kommt, das tue ich für mich, einfach, weil ich es kann. Schlag für Schlag, in vollem Vertrauen auf meine Kräfte.« Genau das ist die Achtsamkeit vor einem Sieg!

Und nun stellen Sie sich diese Szene anders vor. Matz ab, die Zweite. Sie stehen noch immer auf dem Platz. Und stellen sich im Spiel schon vor, wie Sie bald als Held gefeiert würden. Sie reißen mental schon mal die Arme hoch, der Jubel auf den Rängen nimmt zu, Sie denken an die Bilder, die in den sozialen Medien für Furore sorgen werden. Kurz kommt Ihnen der Gedanke, nun all das zu ernten, wofür Sie jahrelang geschuftet haben. Sie trippeln, tänzeln auf der Stelle, lächelnd, weil sich das auf Fotos gut macht. Und – als nächstes – schießt der Gedanke durch den Kopf: Oh, nein, wenn ich das bloß nicht vergeige. Was, wenn ich jetzt versage? Nach allen Berechnungen der Achtsamkeit wird Ihnen dieser folgende, alles entscheidende Schlag niemals zu 100 Prozent gelingen, denn der innere Stress führt zu einer körperlichen Verkrampfung. Und so funktioniert der Schlag, den wir sonst im Schlaf beherrschen, nicht mehr.

Wir kennen dieses Szenario auch in unserem Arbeitsalltag: Vielleicht müssen wir eine wichtige Präsentation halten, einen Pitch gewinnen oder ein wichtiges Meeting leiten. Die Aufregung raubt uns den letzten Nerv, weil wir gut sein wollen, weil wir glänzen wollen. Und weil uns die Gedanken an die Zukunft die Aufmerksamkeit für den Moment geraubt haben, in dem Leistung wirklich stattfindet: im Jetzt!

Doch inwiefern sind wir im Zeitalter der digitalen Arbeitswelt überhaupt noch fähig, ganz präsent zu sein? Denn wir alle wissen: Es braucht nicht die große Bühne eines Wimbledon-Endspiels, um das Kopfkino zu aktivieren. Neurologen der Carnegie Mellon University haben in einer Studie[3] veröffentlicht, dass bereits ein Smartphone, das umgedreht vor Ihnen auf dem Tisch liegt, die kognitive Leistung um sage und schreibe 20 Prozent mindert. Allein der Gedanke an die uns möglicherweise erreichenden digitalen Benachrichtigungen, Likes und News reicht aus, um nicht zu 100 Prozent im Hier und Jetzt zu punkten!

Nur leider haben die meisten von uns in den letzten Jahren statt des Präsenzmuskels die Daumen trainiert, um auf dem Handy zu tippen. Und die Folgen sind ähnlich einer Sucht: Nimmt man uns das Handy weg, werden wir nervös. Kalter Entzug kann schmerzvoll sein. In einer Studie der Wirtschaftsberatung Deloitte wurde gar festgestellt: Fast 40 Prozent der Deutschen geben zu, dass sie den Umgang mit der Digitalität nicht mehr unter Kontrolle haben.[4] Welch ein Stress!

## Das autonome Nervensystem

Das autonome Nervensystem spielt eine entscheidende Rolle bei der Regulation lebenswichtiger Funktionen des Körpers, die normalerweise außerhalb unseres bewussten Einflusses liegen.

Es besteht aus zwei Hauptkomponenten, die oft als Gegenspieler betrachtet werden: dem Parasympathikus und dem Sympathikus. Der Sympathikus ist für die Aktivität zuständig, zum Beispiel erhöht er die Aufmerksamkeit, die Herzfrequenz, den Blutdruck und die Atemfrequenz. Der Parasympathikus ist für die Entspannung, Regeneration und die Verdauung zuständig. Ist der Parasympathikus aktiviert, verlangsamt sich zum Beispiel die Herzfrequenz und der Blutdruck sinkt. Somit steuern die beiden Teile des autonomen Nervensystems den Wechsel zwischen Anspannung und Aktivität sowie Entspannung und Regeneration im menschlichen Organismus. Sind wir in einem Modus von chronischem Stress, ist das sympathische Nervensystem im Over-Drive und der Parasympathikus kommt nicht zum Zug. Die Atmung ist einer der effektivsten Wege, um bewusst auf das autonome Nervensystem Einfluss zu nehmen. Atmen wir in stressigen Situationen lang und tief, wird der Vagusnerv stimuliert, welcher Teil des Parasympathikus ist, der etliche Organfunktionen kontrolliert.

Dies entfaltet eine beruhigende Wirkung, da Herzfrequenz und Blutdruck sinken und Muskeln sich lockern.

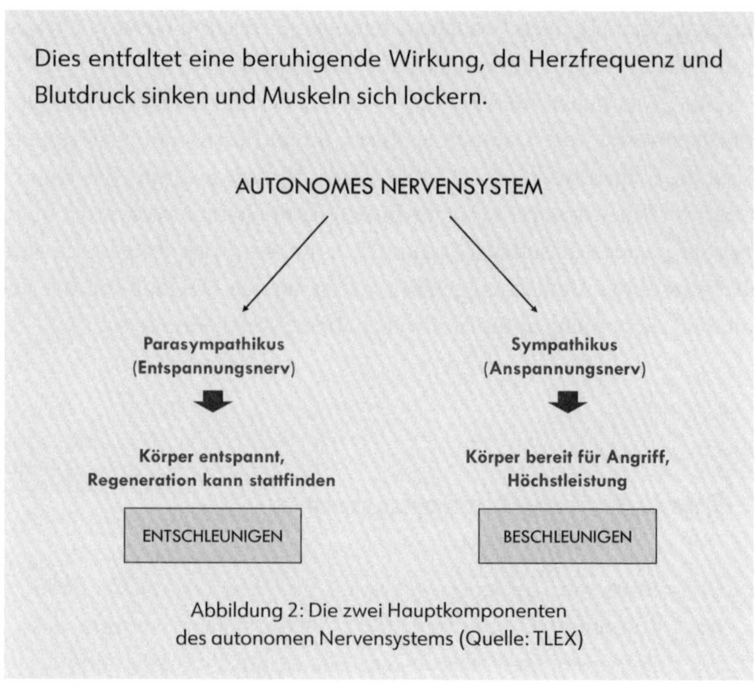


Abbildung 2: Die zwei Hauptkomponenten des autonomen Nervensystems (Quelle: TLEX)

## Extraportion Sauerstoff für die Gedanken

Wir kennen es: Ein bisschen Stress kann die Leistung steigern, zu viel zieht auf Dauer physiologische und psychische Folgen nach sich, deren Konsequenzen ich niemandem wünsche. Auch wenn das Wort Stress in der Literatur erst um 1920 auftauchte, als nämlich Psychologen wie Walter Cannon, Robert Yerkes und John Dodsen sich mit dem Phänomen befassten, lässt sich betonen: Lange bevor der Stress seinen Namen erhielt, gab es ihn. Bauern, Fabrikarbeiter, Handwerker, Künstler, Hausfrauen litten unter ihm. Er trieb sein Unwesen an den Organen und im Gehirn der Menschen. In den Jahren vor 1900 hieß die Diagnose Neurasthenie und bedeutete ein Nervenleiden aufgrund von Erschöpfung. Heute haben wir dem Phänomen Stress feine Nuancen gegeben: von Schlaflosigkeit über Traurigkeit zu Depression und Burnout. Längst haben wir erkannt, wie kleinteilig Körper und Psyche unter einer Überlastung leiden, wenn die Lust an der Arbeit aufgrund von Zeit- und Leistungsdruck abhandenkommt, wenn sich Phasen aus Anspannung und Entspannung nicht abwechseln können.

Immer *on*, immer bereit und erreichbar, das schwächt unsere Systeme und das drängt Körper und Geist dazu, am Ende die Reißleine zu ziehen. Denn um uns nachhaltig gut zu konzentrieren, brauchen wir auch Momente, in denen wir komplett loslassen können. Diese beiden gegensätzlichen Werte ergänzen sich. Die gute Nachricht jedoch ist: Wir sind dieser steigenden Linie des Stresses nicht hilflos ausgeliefert!

Der Grad des empfundenen Zustands ist nämlich stark abhängig von unserem Mindset. Konkret heißt das: Wie wir wahrnehmen, beeinflusst unseren Umgang mit äußeren Stressoren.

Wir müssen ehrlich sein. Natürlich gibt es eine einfache Formel für Stress, nämlich: zu viel zu tun und nicht genug Zeit. Will sagen: Natürlich sind äußere Stressoren entscheidend, und es gilt, unsere ganze Intelligenz darauf zu verwenden, sie entsprechend zu managen. Und doch ist auch wahr: Stress entsteht zu einem großen Teil im Kopf, durch unsere Wahrnehmung. Im transaktionalen Stressmodell nach Lazarus wird verdeutlicht, dass wir in einer herausfordernden Situation innerlich abgleichen, ob sie relevant für uns ist und ob wir genügend Ressourcen haben, um die Situation zu bewältigen. Ist sie relevant für uns und wir haben nicht die nötigen Ressourcen, dann löst das Stress aus. Dieser führt zu einer Überreaktion der Amygdala, was negative Emotionen und Empfindungen auslöst. Der Schlüssel im Umgang mit dem Stress und seinen Auswirkungen liegt also zu einem großen Grad in unserer Wahrnehmung: Es ist die Brille, durch die wir die Welt betrachten, die unser Wohlbefinden zu weiten Teilen bestimmt, so beschreibt das die moderne Psychologie.

Wir bestimmen, ob uns eine Situation angenehm stimuliert und unsere Leistung boostert ober bremst, ob wir den Parasympathikus genießen oder uns vom Sympathikus anspornen lassen. Sie besitzen die Fähigkeit, über Ihre Emotionen und Ihre Kraft, über Ihre Zeit zu verfügen.

Sie können ein Stoppzeichen setzen, wenn Sie merken, Sie berühren Ihre Grenzen. Wenn Sie sich in Stille zurückziehen möchten, dann können Sie das tun! Dies kann Sie im Umgang mit dem Stress unterstützen.

Ich erlebe seit mehr als 30 Jahren, welche Kraft und Zuversicht entstehen, wenn ich die atembasierte Achtsamkeit anwende. Oft steigen dann Lösungen für Probleme bildhaft und sehr originell als Intuition auf. Manchmal sind es nur Facetten, wie eine mit einem Bleistift skizzierte Zeichnung. Ein anderes Mal kommt die Antwort konkret daher, ein Geistesblitz wie ein Schüsselsatz. Und manchmal hilft auch alles Atmen nichts, das ist klar. Und doch: Mit dem bewussten Atmen beruhigt sich mein Kopf, mein Herzschlag, komme ich mehr und mehr im Jetzt an. Dieses neuronale Wunderwerk stellt sich oft in wahrgenommenen Pausen ein, in einer kleinen Zeitsequenz der Entspannung. Und so ist es wohl kein Zufall, dass genau in solch einem Zustand der berühmte Albert Einstein die Relativitätstheorie ersonnen haben soll und damit die bis dahin geltende Astrophysik aus den Angeln gehoben hat.

## What brought me here, might not bring me there

Ich durfte unzählige Männer und Frauen in Führungspositionen kennenlernen und begleiten. Und viele dieser großartigen Menschen haben eines gemein: Sie durchleben eine extrem intensive Karriere und streben danach, die bestmögliche Version ihrer selbst zu sein. Es ist kaum jemand unter ihnen, der sagen würde: »Es reicht, hier bin ich, hier bleibe ich.« Und ich finde es gut, sich selbst immer wieder zu ermutigen, weitere Schritte zu setzen. Doch wie kommen wir an unsere innersten Potenziale heran?

Die Erfahrung zeigt, dass uns die Art und Weise, wie wir Erfolge in der Vergangenheit errungen haben, auch davon abhalten kann, den nächsten Schritt in der Entwicklung zu gehen. Lassen Sie mich ein Beispiel geben.

*In einem Unternehmen stand Sarah, eine erfahrene Managerin, vor einer bedeutenden Herausforderung. Sarah hatte ihren Weg von einer einfachen Angestellten bis zur Spitze des Unternehmens durch harte Arbeit, Entschlossenheit und ein strenges, zielgerichtetes Vorgehen gemeistert. Ihr Erfolg war das Ergebnis von klarem Denken, strategischer Planung und einem starken Fokus auf Effizienz.*

*Eines Tages wurde Sarah mit der Leitung eines neuen Projekts betraut, das eine völlig neue Richtung für das Unternehmen darstellte. Das Projekt erforderte Kreativität, Flexibilität und die Fähigkeit, mit Unsicherheiten umzugehen – alles Eigenschaften, die nicht unbedingt zu Sarahs üblichem Modus Operandi gehörten.*

*Sie begann das Projekt mit ihrem gewohnten Ansatz: Sie stellte einen strengen Zeitplan auf, definierte klare Ziele und setzte strikte Kontrollmechanismen ein. Doch bald stieß sie auf Probleme. Die Kreativität ihrer Teammitglieder wurde unterdrückt, da sie sich ständig an starre Richtlinien halten mussten. Die Flexibilität fehlte, um auf unerwartete Herausforderungen zu reagieren, und die Unsicherheiten des Projekts führten zu Frustration und Unzufriedenheit.*

*Nach einigen Wochen des Abmühens und zunehmender Frustration erkannte Sarah, dass ihr herkömmlicher Führungsstil für dieses Projekt nicht geeignet war. Sie musste einen neuen Ansatz finden, der den Anforderungen des Projekts gerecht wurde.*

*Die Erkenntnis war extrem wichtig und doch nur der erste Schritt auf dem Weg. Denn sie merkte, dass sie sich zwar vor Meetings vornahm, ihre Teammitglieder aktiv einzubeziehen und ihre Ideen und Vorschläge zu hören und die starren Strukturen aufzulösen. Doch im Meeting selbst, insbesondere wenn der Druck hoch wurde, verfiel sie immer wieder in das alte Handlungsmuster, übernahm das Zepter, obwohl sie das nicht wollte.*

Kennen Sie das? Sie reflektieren über ein reaktives Verhalten, wollen dieses ablegen, haben einen klaren Plan und verfallen dann doch wieder in das alte Muster? Wenn dem so ist, so kann ich Ihnen versichern: Sie sind damit nicht alleine. Denn Transformation braucht eben mehr als nur Selbstkenntnis und einen Plan: Es braucht ein fortwährendes Gewahrsein, um eine bewusste Handlung vorzunehmen, die der aktuellen Realität angemessen ist. Ich nenne es ein kreatives Mindset. Doch dafür brauchen wir inneren Raum. Denn wie sagte Stephen R. Covey, Autor von *Die 7 Wege der Effektivität,* so schön: »Zwischen Stimulus und Reaktion gibt es einen Raum. In diesem Raum liegt unsere Macht, unsere Reaktion zu wählen. In unserer Reaktion liegt unser Wachstum und unsere Freiheit.« Wir brauchen also in kritischen Momenten Präsenz und Klarheit, um wahrzunehmen, was gerade in uns und um uns herum geschieht und in welchem Kontext wir uns befinden.

Und dann entscheiden wir in einer Millisekunde, bewusst, und nicht im Autopiloten, wie wir als nächstes handeln. Ob die Handlung schlussendlich zielführend ist, wissen wir nicht. Aber wir waren in diesem Moment die beste Version von uns selbst und haben bewusst entschieden. Mehr geht nicht.

*Also begann Sarah Atemtechniken zu praktizieren und in Meetings darauf zu achten, präsent zu sein und wahrzunehmen, wenn reaktive Muster in ihr aufkamen.*

*Und tatsächlich: Mehr und mehr begann sie bewusst herauszufiltern, wann das Team ihre klare Führung brauchte und wann es galt, sich zurückzuhalten und Mitglieder zum Experimentieren und zur Risikobereitschaft zu ermutigen. Sie nahm sich Zeit, um mit den Unsicherheiten des Projekts umzugehen, anstatt sie zu ignorieren oder zu leugnen.*

*Sie entwickelte nach und nach ein kreatives Mindset, mithilfe dessen sich das Blatt zu wenden begann. Das Team begann, sich stärker zu engagieren und innovative Lösungen zu entwickeln. Die Kreativität blühte auf, und das Projekt gewann an Dynamik und Schwung.*

*Schließlich war das Projekt ein voller Erfolg. Es übertraf alle Erwartungen und brachte dem Unternehmen nicht nur finanziellen Erfolg, sondern auch einen neuen Ruf als Innovator und Branchenführer.*

*Sarah hatte eine wichtige Lektion gelernt: Was sie bisher erfolgreich gemacht hatte, war nicht unbedingt das, was sie auch weiterbringen würde. Indem sie flexibel war und sich an neue Situationen anpasste, konnte sie nicht nur ihre eigenen Führungsfähigkeiten verbessern, sondern auch das Unternehmen zu neuen Höhen führen. Sie hatte neue Führungsmuskeln entwickelt und dafür hatte sie einerseits Einsicht und Erkenntnis und andererseits Präsenz in kritischen Momenten gebraucht, die sie sich mithilfe der Atemtechniken antrainiert hatte.*

Heute werden Manager an ihrer Fähigkeit gemessen, Talente, Gaben, Stärken, Dynamik ihrer Teammitglieder zu aktivieren. Um als Leader eines Teams erfolgreich zu sein, brauchen Sie Widerstandskraft. Und vor allem sind Sie darauf angewiesen, die Schwarmintelligenz eines Teams zu nutzen. Längst sind Führungskräfte nicht mehr diejenigen, die alles wissen und können. Im Gegenteil: In der heutigen sich so schnell verändernden Welt kennen Führungskräfte oft nur noch die Fragestellung. Und ihre Aufgabe ist es, durch geschickte Teamführung das kollektive Wissen des Teams in der Erarbeitung der Lösungen zu nutzen.

## Training für den Führungsmuskel

Früher galt der Grundsatz: *Meine Karriere ist mein Bestreben.* Um diese Art zu führen zu perfektionieren, um also bildlich gesprochen diese »Führungsmuskeln« zu trainieren, arbeitete man oft mit suggestiven Sätzen wie: »Ich halte durch und schaffe es bis zur Spitze, weil ich schneller bin und weil ich mehr weiß als alle anderen.«

Und heute? Heute hat sich das Führungsverständnis grundlegend verändert. Gute Führung bedeutet Selbstoptimierung und Teamverständnis. Beides sind zwei Seiten einer Medaille. Das mag ein Effekt der Digitalisierung sein, die Wissen für jedermann zugänglich macht. Im Zweifel sind die Mitarbeiterinnen und Mitarbeiter im Team sogar besser informiert als man selbst. Nur selten kann heute eine Führungskraft noch nach Gutsherrenart mit der Methode »Teile und herrsche« punkten. Das Team würde sich abwenden. Heute also stellt es die größte Herausforderung im Management dar, agil zu sein. Sie müssen sich fragen:

Wie kann jeder Einzelne unter meiner Führung zur besten Version seiner selbst werden? Das herauszuarbeiten, bedarf eines Gewahrseins.

Ich erfahre oft, dass Führungskräfte eine Legitimation für ihr Handeln einfordern. Eine neue Methode im Instrumentenkasten braucht Daten und Fakten und die Nachweise für den Erfolg. Diese Beweise werde ich Ihnen liefern. Versprochen! Denn ich weiß, dass die meisten Führungskräfte mit einem analytischen Verstand gesegnet sind – und das verlangt nach wissenschaftlich wasserdichten Thesen. Sie finden eine Übersicht zur Studienlage zum Thema Atmen und Selbstführung in Kapitel 7.

Ein trauriges Ergebnis der Forschung zeigt, dass nahezu 62 Prozent der Führungskräfte in Deutschland an Erschöpfung leiden,[5] 20 Prozent aller Beschäftigten kurz vor einem Burnout stehen oder bereits im Burnout gelandet sind.[6] Das sind erschreckende Zahlen. Ein Burnout ist kein Schnupfen, den man auskuriert. Er betrifft alle Systeme im Körper, er greift die Zellen an und drosselt nachhaltig den gesamten Energiehaushalt eines Menschen. Und es kann sein, dass dieser Mensch nie wieder nach Abklingen aller Symptome so leistungsstark wird, wie er es einst war. Mit dieser Konsequenz im Blick haben mein Team und ich uns viele Jahre mit dem Burnout im Management und dem Thema gesunde und achtsame Führung befasst. Und es kann kaum zu sehr betont werden: Das Mindset ist dabei ganz entscheidend. So wie Sie denken, so fühlen Sie, und so wie Sie fühlen, so handeln Sie.

*Ihr Mindset beeinflusst Ihre Energie.* Diese Weisheit ist ungefähr so alt wie die Lehre der Yogis. Und zum Glück für unser Seelenleben ist diese Erkenntnis auch bei uns mittlerweile angekommen. Demnach fordert unsere beschleunigte Gesellschaft unsere Energie heraus. In der Folge erleben wir negative Emotionen. Und damit kann Folgendes geschehen:

- Angst führt zu reaktivem Verhalten.
- Wut führt zu verzerrter Wahrnehmung.
- Ärger führt zu Verunsicherung.
- Und in der Folge dieser unsäglichen Kette der Gedanken landen Sie in der Schlaflosigkeit, Verzweiflung, Depression, im Burnout.

Das sind keine guten Aussichten, wenn wir uns agil weiterentwickeln wollen.

## Vom reaktiven zum kreativen Handeln

Um kreativ zu agieren und nicht nur reaktiv zu handeln, ist also aktives Stressmanagement ganz entscheidend. Denn wir kennen es alle: Wenn wir gestresst sind, dann tun wir das, was wir schon immer getan haben, dann kommen unsere reaktiven Muster hoch.

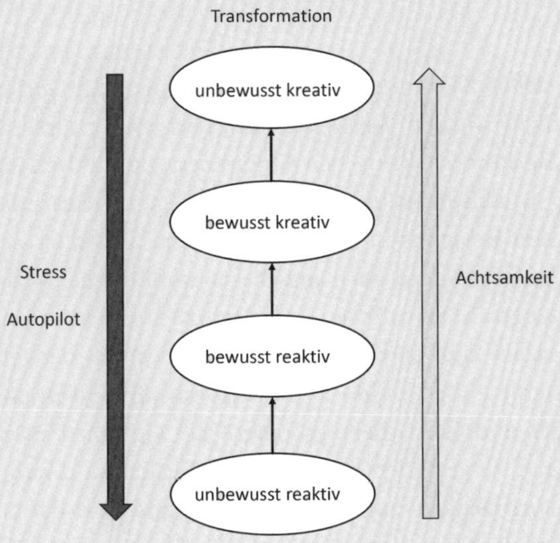


Abbildung 3: Die vier Schritte der Transformation (Quelle: TLEX)

Eine Transformation läuft in der Regel in vier Schritten ab:

1. **unbewusstes reaktives Verhaltensmuster** (bedingt durch den Autopiloten),
2. **bewusst reaktives Verhaltensmuster** (wissend, dass sich das Agieren ändern sollte, um erfolgreich zu sein,
3. **bewusst kreatives Verhalten** (geleitet von dem Willen und dem Wissen, neue bewusste Muster anzuwenden, wie im Falle Sarahs geschildert: das Sich-Zurückhalten und Mitglieder zum Experimentieren und zur Risikobereitschaft ermutigen),

4. **unbewusst kreatives Verhalten** (welches ermöglicht, neue Muster auch unter Druck abzurufen).

Stress und der sogenannte Autopilot begünstigen reaktives Verhalten, während Achtsamkeit und Selbstwahrnehmung helfen, zu einer kreativen Verhaltensweise zu gelangen.

Und nun stellen Sie sich einmal den gegenteiligen Entwurf vor: Sie lassen sich nicht stressen. Sie wehren hin und wieder diese Beschleunigung ab! Sie atmen in kritischen Situationen wie Sarah zuversichtliche Gedanken in den Brustkorb, durch die Lunge ins Herz, in den Kopf, in Arme und Beine bis in Ihre Zellen hinein. Sie füllen sie nicht nur mit Sauerstoff, sondern auch mit dieser wohltuenden Ruhe eines jeden Atemzugs. Ihnen gelingen tiefe Atemzüge, die nach Wissenschaft fünf Sekunden ein- und fünf Sekunden ausatmen bedeuten, dazwischen setzen Sie die wohldosierte Pause von drei Sekunden. Sie gönnen Körper und Geist diesen Moment des Gewahrseins der energetischen Kraft. Und finden damit wieder Zugang zu Ihrem Vorhaben, Ihrem klaren Denken und Ihrer Intuition und sind damit die beste Version Ihrer selbst.

Ich nenne das: Energiemanagement. Und ich halte es für wichtiger als To-do-Listen, als Prioritätenpläne, als alle Tabellen, um den Tagen mehr Zeit abzutrotzen, was per se nicht funktioniert. Denn ob Kanzlerin oder Bettler, ob Manager in Panama oder Managerin in Grönland, jeder auf diesem Planeten hat ein Kontingent an Zeit von 24 Stunden am Tag, und zwar siebenmal in der Woche. Energie jedoch steht Ihnen unendlich zur Verfügung. Je trainierter Sie sind, desto mehr können Sie schöpfen.

## Rote, grüne und blaue Zeitzonen

Eine wichtige Quelle von Stress sind die eigenen Gedanken. Zudem geht Stress oft mit einem Mangel an Energie einher. Bleiben Sie achtsam! Verschleudern Sie weder Zeit noch Energie, sondern teilen Sie den Tag in Zonen ein, switchen Sie zwischen Tempo, Ruhe und Flexibilität. Denn all diese Rhythmen braucht Ihr Gehirn, um fit zu bleiben.

Sobald Sie denken, Sie würden der Zeit hinterherlaufen, kommt es zu einem Ausstoß von Hormonen, die das Tempo ankurbeln – und meist auch die Angst. Deshalb sollten Sie den Tag strukturieren. Sie sollten Start und Ziel vor Augen haben. Meine Empfehlung ist es, keine Zeit-, sondern eine Zustandsplanung zu erstellen.

**Roter Zustand:** Sie widmen sich den wichtigen, unbedingt zu erledigenden Aufgaben. Schraffieren Sie dieses Feld in Ihrem Zeitplan rot. Es gibt keine Störung von außen! Sie verschließen die Tür, stellen das Smartphone aus, Sie sind nicht erreichbar, es sei denn, die Hütte brennt. Selbst eine halbe Stunde im roten Zustand kann die Effektivität enorm erhöhen.

**Grüner Zustand:** Lassen Sie Druck ab, denn es handelt sich um Routineaufgaben, die weder Kreativität noch Konzentration verlangen. Im grünen Zustand sind Sie verfügbar und erreichbar für Ihre Kolleginnen und Kollegen. Da der Mensch zum Multitasking neigt, erlauben Sie sich, in diesem Grün locker zu sein und mehrere Aufgaben parallel zu erledigen. Aber bitte nur, wenn es sich tatsächlich um einfache Routineaufgaben handelt. Ansonsten kurbelt Ihr Gehirn die Produktion von Adrenalin und Cortisol an – beide Stresshormone erzeugen auf Dauer einen mentalen Nebel, der Ihre Aufmerksamkeit und somit Leistung schwächt. Sie verlieren dann Energie.

**Blauer Zustand:** Erholen Sie sich – und schalten Sie jegliche digitalen Medien aus. Sie brauchen keine Flut von Informationen in diesem Blau, sie betrachten Ihre Umwelt nicht durch Displays, hören keine Nachrichten ab, checken keine Mails. Sie bleiben in der realen Welt.

Das Arbeiten nach diesen roten, grünen, blauen Zuständen entspricht der Agilität. Es ist eine moderne und gesundheitsfördernde Systematik, um der Stressfalle zu entkommen.

## Zu einfach, um wirksam zu sein?

Es gibt heute mehr als 20 000 wissenschaftliche Untersuchungen, die belegen, wie effektiv Achtsamkeit ist. Und doch bleiben Führungskräfte oftmals skeptisch. Es mag mit ihrem hohen Maß an analytischen Fähigkeiten zusammenhängen, dass sie äußern: »Hey Christoph, wenn das so einfach wäre, dann …«

Ich habe in den Anfängen meiner Trainerkarriere gedacht, wenn es mir gelänge, meine Teilnehmer erfahren zu lassen, wie die Atemübungen wirken, dann würden sie aufgrund dieses guten Gefühls die Übungen täglich anwenden. So aber war es nicht. Gegenüber dem Atmen, der einfachsten Methode zum Erfolg, bestanden enorme Vorbehalte. Heute weiß ich: Um Menschen für das Thema zu begeistern, braucht es einen Dreiklang aus Wissenschaft, Humor und Bodenständigkeit.

### 1. Managerinnen und Manager wollen Daten und Fakten prüfen, bevor sie sich auf die Praxis einlassen

Deshalb verwende ich viel Zeit, um die neurowissenschaftlichen Abläufe zu erläutern. Ich erkläre anhand von Forschungsergebnissen, dass die Fähigkeit, sich zu entspannen, eine Grundfertigkeit für dynamische Leistung im Job ist. Dann höre ich oft ein Raunen im Raum.

Es verhält sich wie mit dem Einhalten von Diäten. Sich Silvester den halbherzigen Vorsatz aufzusagen, ein Jahr lang die Kalorien zu zählen, hält ungefähr so lange wie das Haltbarkeitsdatum auf der Joghurtpackung im Kühlschrank. Steht aber dahinter ein Studienergebnis, dass wir gesünder und länger leben und sich dazu die Leistungsfähigkeit erhöht, wenn man schlank, fit, beweglich ist, dann sind die Übungen im Fitnessstudio eben notwendig, also werden sie absolviert.

## 2. Führung mit einem Quäntchen Humor macht das Leben leichter

Ein technisches Setting mit Leichtigkeit aufzulösen, kann wie Balsam für gestresste Managerseelen sein. Lachen ruckelt die Emotionen wieder zurecht, es wirkt befreiend. Wenn gelacht wird, dann sind die Teilnehmer bereit, sich auf die Atemübung einzulassen, auch wenn sie zuvor gezögert haben. Es ist, als wäre eine Kruste aus Stress und Anspannung aufgebrochen. Es kommt der Schalk im Mann, in der Frau zum Vorschein, und das sind berührende Momente für einen Trainer. Wir haben alle dieses Kind in uns, das spielen will, das sich hinter den Businessattitüden versteckt hat und nur darauf wartet, sich einmal zeigen zu dürfen.

## 3. Bodenständigkeit statt Kerzenschimmer

Noch etwas ist mir in den langen Jahren meiner Forschung aufgefallen: Sobald das Atmen im Management einen verklärt esoterischen Anstrich erhält, lehnen meine Klienten die Übungen ab. Und auch mir persönlich geht es so. Der Atem ist und bleibt ein biologischer Vorgang. Und doch ist er das, was Ihr und mein und jedes Leben ausmacht – und damit spannend genug, ihn zum Gegenstand unserer Betrachtung zu machen. Es geht also nicht darum, die Übungen bei Kerzenschein und psychedelischen Klängen zu absolvieren. Ganz im Gegenteil: Es eignet sich das Büro, der Meetingraum oder Ihr Wohnzimmer zu Hause, wo immer Sie sich in Ihrer Rolle wohlfühlen, dort ist der richtige Ort, um in die innere Kraft zu gehen und den Führungsmuskel zu stärken.

Es geht bei meinen Atemübungen nicht darum, die Persönlichkeit zu verfärben. Es geht darum, sich selbst wahrzunehmen, anzunehmen und die Verbindung mit sich selbst als Anker zu verstehen, was immer geschehen mag.

Die Atemübungen sind nicht neu, sie sind jahrtausendealt. Aber Ihre Situation, Ihre Werte, Ihre Emotionen, Ihre Persönlichkeit verbinden sich auf eine einzigartige, zuvor nie dagewesene Art mit Ihrem Atem. Das ist eine faszinierende Vorstellung.

## Die Reise nach Singapur

*Es ist etliche Jahre her, dass mich eines der weltweit größten Unternehmen eingeladen hatte, in Singapur vor Führungskräften im Rahmen einer Transformation einen Workshop zum Thema Agilität für das Top-Management zu halten, in dem auch Atemtechniken vermittelt werden sollten. Ich nahm diesen Auftrag gerne an und begann, die Reise zu planen. Ich traf mich im Vorfeld mit meinem Co-Trainer, der für das Unternehmen arbeitete, nennen wir ihn Peter O. Bereits beim ersten Vorbereitungsgespräch zog Peter mich zur Seite und sagte: »Christoph, ich freue mich ja darauf, mit dir zu unterrichten. Aber ich will mal festhalten: Ich persönlich halte nichts von diesem Touchy-Zeug. Es wirkt bei mir nicht, und ich sehe auch nicht die Anwendbarkeit im Business-Setting. Das will ich dir sagen, bevor wir nach Singapur reisen, du sollst meine Einstellung kennen, das finde ich fair.« Nun, gerade wegen seiner entlarvenden Ehrlichkeit mochte ich Peter sofort. Trotz seiner Vorbehalte habe ich mich auf die Reise eingelassen – und es wurde ein großes Abenteuer.*

*Peter legte los und sprach eloquent über die Notwendigkeit agiler Führung. Und dann war ich am Ball. Peter saß nun auch in der Runde, mit wachem Gesicht folgte er meinen Ausführungen und beobachte aufmerksam, wie ich die Teilnehmer aufforderte, der Anleitung zum Atmen zu folgen. Würde er sich darauf einlassen können? Die Teilnehmer begannen, sich zu entspannen, und auch er machte mit. Er schloss wie alle anderen die Augen, atmete in dem von mir vorgegebenen Rhythmus. Und statt der Kritik am Ende kam er zu mir und sag-*

*te: »Christoph, es hat funktioniert und – ich war ganz ruhig und hatte kaum Gedanken, das hat sich verdammt gut angefühlt.« Das war der Beginn einer wunderbaren Freundschaft. Wir haben viel gemeinsam unternommen, diskutieren immer wieder kontrovers und hochspannend über das Thema Leadership – und Peter ist heute Achtsamkeitstrainer. Und das ist genau das, was ich an dieser Arbeit so liebe: Der Versuch, dieses so persönliche und durchaus sanfte Thema der Achtsamkeit in der toughen Business-Welt zu vermitteln und dabei eine gemeinsame Sprache zu finden.*

## Body-Scan – Teil der Zwölf-Minuten-Methode

In der Achtsamkeit werden wir uns urteilsfrei des gegenwärtigen Augenblickes gewahr. Als Anker kann dabei nicht nur der Atem dienen, sondern auch der Körper. In der folgenden Übung, dem Body-Scan, lade ich Sie ein, die Aufmerksamkeit auf verschiedene Körperteile zu lenken. Dies wird Ihnen helfen, mit Ihrer Aufmerksamkeit im gegenwärtigen Moment anzukommen. Dadurch reduziert sich der wahrgenommene Stress, sodass es Ihnen leichter fällt, in ein kreatives Mindset zu kommen.

Sie können sich für die Übung zwei bis zehn Minuten Zeit nehmen. Je nachdem, wie lange Sie den Body-Scan durchführen, verweilen Sie mit Ihrer Aufmerksamkeit etwas länger bei den einzelnen Körperteilen. Sie können den Body-Scan im Sitzen oder Liegen durchführen.

- Schließen Sie Ihre Augen.
- Atmen Sie lang und tief ein und aus und entspannen Sie sich.
- Lassen Sie Ihre Aufmerksamkeit Schritt für Schritt durch den Körper wandern.
- Richten Sie Ihre Aufmerksamkeit auf den rechten Fuß, dann auf das rechte Knie, den rechten Oberschenkel und die rechte Hüfte.

- Richten Sie Ihre Aufmerksamkeit auf den linken Fuß, das linke Knie, den linken Oberschenkel und die linke Hüfte.
- Richten Sie Ihre Aufmerksamkeit auf das Gesäß und das Becken.
- Atmen Sie lang und tief ein und aus und entspannen Sie sich.
- Richten Sie Ihre Aufmerksamkeit auf den Bauch, Nabelbereich und Magen.
- Richten Sie Ihre Aufmerksamkeit auf die Brust, Schultern, rechten Arm und Hand und linken Arm und Hand.
- Richten Sie Ihre Aufmerksamkeit auf den Hals, Nacken, das Gesicht und den oberen Teil des Kopfes.
- Richten Sie Ihre Aufmerksamkeit auf den ganzen Körper.
- Atmen Sie lang und tief ein und aus und entspannen Sie sich.
- Bleiben Sie ein paar Minuten sitzen (oder liegen) und ruhen Sie sich aus.

## Leitgedanken zur Reflexion

- Ein agiles Mindset bedeutet, Schnelligkeit mit innerer Ruhe zu verbinden, sodass Sie flexibel und vorausschauend auf sich ändernde Umstände eingehen können.
- Um innere Ruhe zu erfahren, ist ein gesundes, ausgeglichenes autonomes Nervensystem essenziell. Der Atem ist Ihr direktester Zugang, um dieses bewusst zu beeinflussen.
- Unruhe, Stress und Ängste können dazu führen, dass wir in ein unbewusstes, reaktives Verhalten verfallen. Um kreativ handeln zu können, ist Ihre Achtsamkeit eine wichtige Grundlage.

Kapitel 3

# Unter Druck performen

Wenn ich auf meinen Weg als Speaker und Trainer zurückblicke, dann gibt es etliche Meilensteine, an denen ich gedanklich gerne verweile. An ihnen habe ich Kraft und Zuversicht geschöpft – und zuvor eine gehörige Portion Selbstzweifel überwunden. Denn seit meiner Jugend spürte ich fast schon überschäumende Kräfte in mir und das Potenzial, etwas in dieser Welt zu bewegen, und gleichzeitig begleiteten mich immer auch große Zweifel und Ängste. Heute weiß ich, Großes kann erst gelingen, wenn wir uns den Zweifeln aussetzen, sie einerseits als potenzielle Intelligenz betrachten und gleichzeitig immer wieder mit Mut ins Unbekannte schreiten. Ich bin mir sicher, dass es auch in Ihrer Karriere solch eine Situation gab, in der Sie an die Grenzen stießen, das, was Ihnen möglich schien, abwägen mussten, und dann gesprungen sind und dabei neue Dimensionen und Horizonte in sich erreichen konnten.

Der erste Meilenstein war einer meiner ersten internationalen Einsätze als Leadershiptrainer im Jahr 2003 in Madagaskar. Die Weltbank war Veranstalter, ein Programm mit der Regierung war geplant und ich fühlte eine Wohlgestimmtheit in mir. Solch eine bedeutsame Einladung in einer der schönsten Ecken der Welt war bis dahin noch nie auf meinen Schreibtisch geflattert. Und als ich mir die Liste der Teilnehmenden näher ansah, da kribbelte sogar der Stolz im Nacken: Die gesamte Regierung Madagaskars würde anwesend sein, inklusive Premierminister und aller Minister. Ich sollte dies also leiten, ich bekam Raum und Zeit, um meine Kenntnisse zu vermitteln. Kurzum: Mir war zwar mulmig und ich fühlte mich ordentlich herausgefordert, doch ich griff zum Telefonhörer und sagte spontan Ja zu dieser Herausforderung der besonderen Art und zu dieser Chance, den größten Inselstaat Afrikas kennenzulernen. Außerdem ist Madagaskar im Indischen Ozean bekannt für seine Pflanzen- und Tierwelt und für diese sagenumwobenen Piratengeschichten. Da wurde das Kind im Manne geweckt.

Erst später las ich die Konditionen durch und meine Vorfreude auf diese Reise erhielt einen Dämpfer: Da stand schwarz auf weiß der Hinweis, dass der dreitägige Workshop in französischer Sprache gehalten werden solle, ein Dolmetscher sei nicht vorgesehen. Nun, ich war der Sprache nur rudimentär mächtig, denn leider hatte ich die entsprechenden Lektionen in der Schule in bekannter Manier mit Albereien vertändelt. Hätte ich bloß geahnt, dass ich eines Tages um die Welt reisen würde! Meine Vorfreude erlosch und eilig verfasste ich per E-Mail meine Absage. Die Antwort jedoch ließ mich aus meinem Stuhl aufschnellen: Ich solle doch einfach trotzdem kommen. Ich sei ja der Trainer, hieß es da, und ich würde entscheiden, in welcher Sprache ich sprechen würde. Also packte ich die Koffer. Nur um direkt nach Ankunft in Antanavario vom örtlichen Vize-Präsidenten zu hören zu bekommen, dass die Sprache doch leider alternativlos Französisch sei.

Der Workshop sollte in zwei Tagen beginnen und eins war klar: Die Zeit bis zur Veranstaltung würde nicht reichen, um meine Kenntnisse angemessen zu verbessern. So rief ich einen alten Studienfreund an, bat ihn, die Essenz meiner Beiträge zu übersetzen – und lernte die gesamten Seiten auswendig, fertigte mir Karteikarten mit den Schlüsselsätzen an, die ich in der Hand halten wollte.

Doch innerlich war ich derart aufgewühlt, dass ich kaum schlafen konnte. Da saß ich nun in Madagaskar und würde auf großer Bühne das teilen können, was mich so bewegte und erfüllte – nur dass mir die Worte dafür komplett fehlten! Ich stand auf und begann in der Not etwas zu tun, was mich bis heute als Ritual immer wieder begleitet: Ich stellte mir vor, was im Seminar geschehen würde, und hielt dabei bewusst für diesen Augenblick die negativen Szenarien, die hochkamen, aus. Ich schob die Gedanken, wie ich blöd vor der versammelten Mannschaft stehen und zusammenhangslose französische Worte stammeln würde, nicht weg, fragte mich jedoch: Wie könnte dieses Seminar auch noch verlaufen? Was möchte ich gerne geben? Und vor allem, warum tue ich das überhaupt?

Plötzlich erfüllte mich auf meinem Hotelbett, mitten in der Nacht und tausende Meilen von meiner Heimat entfernt, ein Gefühl der Sicherheit, ein Gefühl der Freude und der Lust: Lust auf Leben, Lust auf dieses Seminar. Mir wurde klar, dass ich nicht in erster Linie etwas gewinnen wollte, dass mir die Menschen nichts geben sollten, sondern dass ich etwas teilen wollte, was mir viel bedeutete, und dass ich einfach für die Teilnehmer da sein wollte. Egal welchen Rang und Namen sie hätten. Plötzlich war es mir ein Leichtes, mir den bestmöglichen Ablauf vorzustellen, es aktivierte sich eine Freude und die Offenheit, die Neugierde in mir. Damit tat ich spontan das, was Sportler als Mentaltraining bezeichnen: Ich akzeptierte die negativen Szenarien in mir, übte im Geiste, sah Fehler voraus und begann, den gewünschten Verlauf in mir zu sehen und zu spüren. Ich machte mir den Vortrag zu eigen, als wäre er bereits hundertmal gehalten. Damit beruhigte ich mein Nervensystem und hielt den Sauerstoff-/Kohlendioxidhaushalt in der Balance. Und es ist nicht übertrieben zu sagen: Ich fühlte mich bereit. Da stand ich also 50 Teilnehmern gegenüber, die mich freundlich ansahen, wartend auf den Input. *Christoph*, sagte ich mir, *da springst du jetzt rein. Da gibst du dein Bestes.* Am Ende gab es Applaus und am Rande der Veranstaltung flüsterte mir ein Teilnehmer zu, es sei erfrischend gewesen, dass ich derart pointiert und ohne Umschweife geredet hätte. Ich grinste und dachte: *Für Umschweife fehlten mir die französischen Worte …*

Teilnehmer von Seminaren, aber auch Freunde fragen mich heute immer wieder: »Du hast ja schon so viele Seminar unterrichtet, bist du davor immer noch nervös?« Die Tatsache ist: ja, natürlich. Der ewige Rivale von Roger Federer, Rafael Nadal, sprach oft über seine Zweifel, die ihn die ganz Karriere begleiteten, und meinte: »Ich denke, Zweifel sind gut im Leben. Menschen, die keine Zweifel haben, sind entweder arrogant oder nicht intelligent.« Ich für meinen Teil habe feststellen müssen, dass ein Teil meiner Sorgen und Nervosität vor großen Events mit meinen grundsätzlichen Selbstzweifeln zu tun haben, die mir in meinem Leben vermutlich mehr geschadet als genutzt haben. Ein Teil meiner Aufregung resultiert aber einfach auch aus meiner Leidenschaft für das, was ich tue. Ich glaube, an dem Tag, an dem ich vor einem Seminar nicht mehr aufgeregt bin, liebe ich diese Tätigkeit nicht mehr. Was aber unabhängig davon gilt: Wir sind unserem eigenen Innenleben nicht ausgeliefert. Und noch viel wichtiger: Die Nervosität ist ein Energiepotenzial, das wir nutzen können!

Deshalb mein Rat: Wenn Sie vor einer herausfordernden Aufgabe stehen, nehmen Sie Anlauf, indem Sie sich auf das Ereignis mental vorbereiten. Trainieren Sie im Geiste. Beruhigen Sie Ihr Nervensystem, indem Sie den Parasympathikus durch lange, ruhige Atemzüge triggern. Bereiten Sie sich bestmöglich vor – und dann springen Sie. Und dann machen Sie eine Bestandsaufnahme, fragen Sie sich: Was brauche ich noch, um wirklich brillant zu sein?

Und der zweite Meilenstein? Der markiert meine Moderation beim World Culture Festival in Washington 2023. Er unterschied sich zum einen in der Zahl der Zuhörer, zum anderen in meiner mittlerweile verfeinerten Weise der Vorbereitung. Ich war kein Newcomer mehr, sondern einer der Etablierten mit Erfahrung. Es sollte mein bislang größter Auftritt als Moderator werden, und zwar vor einer halben Million Zuhörer. Das war eine kaum fassbare Dimension, dachte ich, und spürte schon Wochen vor dem Event eine enorme Verantwortung gegenüber den Veranstaltern und einen Druck vom Nacken bis zum Magen.

## Herausfordernde Aufgaben

Erinnern Sie sich daran, dass der größte Nerv im Körper, der Vagusnerv, für die Balance der Körpersysteme und der Emotionen zuständig ist? Erinnern Sie sich auch, dass wir ihn durch den Atem beeinflussen können? Genau diese Kenntnis habe ich vor der Moderation in diesem ungemein großen Rahmen genutzt. Ich habe den Vagusnerv durch tiefe Atmung beruhigt und somit dem Lampenfieber entgegengewirkt. Ich war, als ich auf die Bühne trat, voller Vorfreude und habe in diesem Moment geatmet und gewusst: Ich werde mit freier Stimme und körperlicher sowie mentaler Geschmeidigkeit performen! Dass ich diese Gelassenheit vom ersten bis zum letzten Wort gefühlt habe, war eine wunderbare Erfahrung und war mit Sicherheit ein Geschenk, lag jedoch auch an meiner Vorbereitung und meiner Haltung. Ich konnte die Zahl 500 000 ausblenden. Ich hätte für zwei Zuhörer Gleiches geleistet, Gleiches gegeben! Nämlich morgens nach dem Aufwachen zu meditieren, eine halbe Stunde durch den Park zu spazieren, um die Natur zu genießen. Ich hätte ebenso geduscht, ein frisches Hemd übergezogen, ein kleines Frühstück eingenommen und immer wieder den Ablauf visualisiert, ihn vor dem geistigen Auge vorüberziehen lassen. Ich hätte ebenso tief geatmet und hätte in den Sekunden vorher gedacht: *Ich liebe, was ich tue, und genau deshalb stehe ich hier.*

Sie kommen als Führungskraft immer wieder in Situationen, in denen Sie ad hoc oder terminiert Höchstleistung bringen müssen, Sie werden immer gemessen an Ihrer Performance, an jedem Tag, an jedem Ort. Und gerade deshalb ist Selbstmanagement so entscheidend. Ihre Emotionen wie Aufregung, Ängste, Freude, Ehrgeiz steuern zu können, um sich vom Druck vor einem Meeting oder Auftritt zu befreien, ist entscheidend.

Wenn Sie gut vorbereitet sind, müssen Sie sich um die Einwände der anderen keine Gedanken machen, denn Sie wissen, dass Sie über diese innere Stärke verfügen, die Sie mit Ihrem Atem abrufen können, die Ihnen eine unverwechselbare Ausstrahlungskraft gibt. Sie gehen da raus, stellen sich hin, halten Ihren Vortrag, Ihr Statement, denn Sie haben es trainiert, visualisiert, haben den Atem im Griff, weil Ihr Energiehaushalt ausgeglichen bleibt, was immer geschieht. Sie denken nicht an den Applaus am Ende, nicht an die Anerkennung des Chefs, nicht an den Neid des Kollegiums, das nach Ihrem Schreibtischstuhl schielt. All das erreicht Sie nicht. Sie performen ohne Druck und mit dem unglaublich guten Gefühl, es für sich selbst zu tun, weil Leistung für Sie eine Freude ist.

## Atembasierte Visualisierung für herausfordernde Situationen

Unvorbereitet in herausfordernde und intensive Situationen zu gehen, kostet manchmal einen Preis. Denn der Druck wird zu groß, und Ihre Performance bleibt unter dem, was Sie zu leisten fähig sind. Deshalb empfehle ich Ihnen: Bereiten Sie sich nicht nur inhaltlich vor, sondern auch mental durch atembasierte Visualisierung: Dies ist eine Technik, bei der man sich auf seinen Atem konzentriert, während man sich gleichzeitig eine bestimmte Situation oder Szene visuell vorstellt.

Nehmen Sie sich Zeit, um folgende Schritte durchzugehen:

**1. Mentale Bilder und Emotionen wahrnehmen**

Stellen Sie sich vor, was Sie erwartet. Lassen Sie Bilder zu, Gerüche sich entwickeln, nehmen Sie Stimmungen wahr – Ihre eigenen und die anderer. Alles, was vor Ihrem geistigen Auge aufsteigt, ist richtig. Vielleicht sehen Sie sich selbst, wie Sie unsicher sind oder andere gar negativ auf das reagieren, was Sie sagen? Bewerten Sie nicht. Vor allem erzwingen Sie keine positiven Sätze! Positives Denken vor einer Performance oder gar Sätze der Superlative, die machen Druck, die belasten Ihre Achtsamkeit. Bleiben Sie ein neutraler Beobachter.

**2. Zulassen und Akzeptieren**

Nehmen Sie an, was Ihnen in den Sinn kommt. Fragen Sie sich, wie Sie dabei empfinden. Blicken Sie auf Ihre inneren Bilder – und lassen Sie dann los.

**3. Aktiv Emotionalisieren und Visualisieren**

Beginnen Sie nun zu experimentieren und rufen Sie sich das Szenario auf, das Sie wirklich wollen. Stellen Sie sich vor, wie Sie sich wohlfühlen in der bevorstehenden Situation. Seien Sie der Gestalter des inneren Bilds. Wie möchten Sie sich fühlen? Im oben genannten Beispiel könnten Sie sich vorstellen, wie Sie sich zuerst verunsichert fühlen, dann dreimal tief einatmen und mit dem letzten Ausatmen langsam ruhig und zuversichtlich werden. Vielleicht sehen Sie, wie die anderen positiv auf das, was Sie sagen, reagieren. Rufen Sie die hellen Emotionen mit tiefen, ruhigen Atemzügen durch die Nase hervor. Atmen Sie in den Bauch, bewegen Sie Ihre Mitte mit dem Atem. Erinnern Sie sich an Kapitel eins: Mit dem Atem steuern Sie Ihre Emotionen.

Diese drei Schritte sind ein starkes Tool im Selbstmanagement-Instrumentenkasten. Wissenschaftliche Studien haben gezeigt, dass, wenn wir uns eine bestimmte Handlung vorstellen, dieselben Gehirnregionen aktiviert werden, wie wenn wir diese Handlung tatsächlich ausführen.[1] Forschungsergebnisse, gestützt durch bildgebende Verfahren wie die Magnetresonanztomographie (MRI), haben gezeigt, dass Menschen mit einer Spinnenphobie spezifische Aktivierungen in bestimmten Bereichen ihres Gehirns aufweisen, insbesondere in der Amygdala, wenn sie Spinnen visuell wahrnehmen. Überraschenderweise wurde ebenfalls festgestellt, dass dieselben Gehirnregionen aktiviert werden, wenn die Probanden lediglich an Spinnen denken, ohne sie tatsächlich zu sehen.[2] Dementsprechend entwickeln zum Beispiel Menschen, die nur im Geiste ihre Muskeln trainieren, tatsächlich mehr Muskelkraft.[3]

Darin erkennen wir: Das Kreieren von vorweggenommenen Bildern, in denen Sie die Hauptrolle Ihrer Wahl spielen, hat einen enormen Einfluss auf die neuronalen Netzwerke im Gehirn.

## Der Luxus der Verabredung mit sich selbst

Ich kenne etliche Führungskräfte, die sind vorbildliche Leader ihres Teams und haben die Gabe, bei Mitarbeiterinnen und Kollegen sehr frühzeitig zu erkennen, wenn sich Nöte oder Stress ankündigen. Jedoch stockt diese Gabe, wenn es um die eigenen Belange geht. Das ist schade – und auf Dauer ist es ungesund.

Ich werde Ihnen in einem späteren Kapitel hierzu die Triple-A-Methode vorstellen, die aus Achtsamkeit, Akzeptanz und Aktion besteht. Hier sei nur so viel gesagt: Eine Unterbrechung in der Tagesroutine vor einem wichtigen Einsatz kann die Performance enorm erhöhen, die Zeit, die man für eine adäquate Vorbereitung freischaufelt, kommt in der Regel x-fach zurück. Ansonsten kann es sein, dass Ihre Schlafqualität aufgrund von Druck abnimmt und sich sogar Gedankenspiralen entwickeln. Immer wieder höre ich von Führungskräften und ihren Teams, die ich trainiere, dass sie in einem gedanklichen Worst-Case-Szenario kurz vor der Performance feststecken. Die Gedanken drehen sich darum, was schieflaufen könnte. Damit bauen sich Versagensängste auf.

Nun, ich finde es durchaus zielführend, sich Gedanken über mögliche Stolpersteine zu machen. Jeder sollte sich auch gegen Unwegsamkeiten wappnen. Ähnlich wie Sie in Pressekonferenzen die gemeinste Frage eines Journalisten versuchen vorherzusehen und eine schlagfertige Antwort vorformulieren, um elegant zu parieren, so sollten Sie auch hier eine Vorausschau leisten. Denken Sie diese Szenen einmal durch, geben Sie sich dazu ein paar Minuten – und dann verlassen Sie bitte diese Gedankenspur wieder und wenden sich dem zu, was Sie erwarten, nämlich eine Gelegenheit zu wachsen. Fragen Sie sich nicht nur, was Sie heute erreichen wollen. Sondern insbesondere auch: Wer möchte ich heute sein? Mit welcher Haltung will ich die Dinge angehen?

Gehen Sie raus in die Natur, denn Grün beruhigt nachweislich den Geist und setzt zudem augenblicklich Endorphine frei. Die hundert Grünnuancen in Parks, im Wald, an Feldwegen stimmen Sie positiv. Das wissen auch Therapeuten, wenn sie ihren Patienten empfehlen, bei Sorgen, Stress, Traurigkeit ins Freie zu gehen, und zwar ohne Kopfhörer oder Knopf im Ohr, ohne einen einzigen Blick aufs Smartphone. Vielmehr achten Sie auf die Geräusche der Natur, das Rauschen der Baumkronen, das Klackern eines Spechts am Stamm, das Rascheln der Gräser, das Unterbrechen durch Motoren, das Gemurmel anderer Fußgänger. Was immer es ist, lassen Sie es zur Melodie im Hintergrund werden und konzentrieren Sie sich auf den Rhythmus Ihrer Schritte im Moment. Sie denken nicht mehr an das, was kommt, an die Vorbereitung und Herausforderung!

Während dieser halben Stunde Spazierengehens bleiben Sie sich selbst gewahr. Sie gönnen sich den Luxus, in Gedanken und Bewegung Ihren Flow zu finden. Sie bauen Ihren inneren Druck ab und kommen wieder in Berührung mit sich selbst, weil Sie im Takt Ihrer Schritte den Atem synchronisieren und damit jene Kohärenz herstellen, die Gehirn und Herz benötigen, um einen Einklang bis in die Zellen zu transportieren. In diesem einen Moment entstehen die guten Gefühle für das, was vor Ihnen liegt. Sie lieben es, Ihr Team zu führen. Sie lieben es, diesen Vortrag zu halten. Sie lieben es, diese Konferenz zu leiten.

Halten Sie das Gefühl fest, es kommt aus Ihrem Herzen, das von neuronalen Nervenzellen umwebt ist, die baugleich sind mit denen Ihres Gehirns. Wenn Herz und Hirn verbunden sind, dann fühlen Sie sich gefestigt, zuversichtlich, dann schwingt Freude statt Zweifel. Atmen Sie bewusst in dieses Gefühl hinein, und es ist gut möglich, dass Sie feststellen werden, dass dieser eine Spaziergang vor Ihrem Event Ihnen mehr gibt als die Stunde Schlaf, die Sie vielleicht dadurch verlieren, denn Sie bauen in der Bewegung Druck ab.

Ich erinnere mich an einen Manager, der zu mir ins Training kam und sagte: »Ich halte den Druck nicht mehr aus, was gäbe ich dafür, könnte ich ihn einfach nur wegatmen.« Nun, wie wir wissen, ist das in gewissem Sinne tatsächlich möglich! In Situationen hoher Anspannung können Sie durch tiefe Atemzüge die Herzfrequenz verlangsamen, den Blutdruck sinken lassen, die Muskeln entspannen. Sie verändern Ihre neuronale Chemie augenblicklich.

## Play your potential

Kaum kann man sich vorstellen, dass eine Führungskraft, die die Personalverantwortung für 10 000 Menschen innehat, die als eloquent, intellektuell und wertschätzend gilt, ihre Stimme verliert und Herzrasen bekommt, wenn sie vor dem Chef sprechen soll. Auch ich war verwundert, als mich eine sehr erfahrene Führungskraft, nennen wir ihn Sven, nach einem Führungstraining um ein Gespräch unter vier Augen bat und von diesem Problem berichtete. Denn in der zurückliegenden Seminarwoche hatte ich ihn kommunikativ, spontan und selbstbewusst erlebt.

Wir vereinbarten ein Einzelcoaching, in dem Sven mir erzählte, dass er zweimal im Jahr seinen globalen CEO traf. Auf diese Termine bereitete er sich mit Akribie vor. Die Präsentationen, die er mir zeigte, wirkten strukturiert und überzeugend. »Wo ist das Problem?«, fragte ich ihn. »Ich bringe vor meinem Chef kein Wort heraus. Ich schwitze wie ein Pennäler«, antwortete er. Beim letzten Treffen habe er gar den Raum verlassen, denn er spürte Herzrasen, er hatte tatsächlich Angst vor einem Infarkt. Die Reaktion seines Chefs, so Sven, sei verständnisvoll gewesen, denn er schätze seine Arbeit und akzeptiere den Zwischenfall. Dennoch sei es ein Graus gewesen, und wenn er nur an den nächsten Termin dachte, wurde ihm ganz anders. Sven entschloss sich zu mehreren Coachingstunden, und wir arbeiteten Folgendes heraus:

- **Sven ist mit diesen heftigen Reaktionen nicht allein.** Jeder Mensch erlebt irgendwann Situationen, in denen er nicht die beste Version seiner selbst sein kann. Wenn der Druck zu stark wird, wenn wir Ängste und Stress erleben, dann greift unser Körper auf autonome Funktionen zurück, die das Überleben sichern wollen: Die Amygdala wird aktiviert, Energiereserven werden für Versuche der Stressbewältigung in hohem Maße angezapft, bis am Ende kaum noch Energie für klares, rationales Denken übrigbleibt. Diese Mechanismen sind unter Stress normal.
- **Es gibt Möglichkeiten im kognitiven Bereich, um damit umzugehen:** Reframing, Veränderung der Zielsetzung, intensive Auseinandersetzung mit den entsprechenden Stressoren, die den Druck betreiben. Das alles ist erlern- und trainierbar. Muster sind veränderbar!
- **In der akuten Krise sind somatische Ansätze oft kraftvoller:** Der Atem kann die schädlichen psychosomatischen Muster verändern. Oft gehen wir herausfordernde Themen entweder kogni-

> tiv *oder* somatisch an, eine Kombination aus beidem aber ist wichtig. Wir finden erst Lösungen, wenn wir unser Bewusstsein ganzheitlich anheben. So sagte schon Einstein, es wäre kaum möglich, ein Problem im gleichen Bewusstseinszustand zu lösen, in dem wir das Problem geschaffen hätten.[4]

Die zentrale Frage, so vermittelte ich Sven, war die folgende: Wie erhöhen wir das Bewusstsein in diesen kritischen Situationen? Zwei Aspekte sind entscheidend: Wissen und Präsenz. Sven lernte, sein Nervensystem durch die Wellenatmung, die ich Ihnen weiter unten vorstelle, zu beruhigen. Er entwickelte ein Verständnis für das Zusammenspiel seiner Nerven und der Stimme, die vor seinem globalen Chef versagte. Er trainierte seinen Körper und seinen Geist *vor* diesem wichtigen Termin, frei nach dem Motto: Geübt wird die Kampfkunst nicht auf dem Schlachtfeld.

Die Wellenatmung ist ihm bis heute zum Ritual geworden. Und noch etwas tat Sven, was vielleicht der schwierigste Schritt im Programm war: Er vertraute sich seinem Chef an, redete von diesen Hemmungen, die ihm eine wirkungsvolle Präsentation bislang versagten. Er eröffnete seinem Chef, wie sehr ihn diese Situation unter Stress versetzte. Diese Kommunikation erwies sich als ein entscheidender Schritt auf seinem Weg. Indem er vor seinem Chef für sich einstand, setzte er sein Wohlbefinden über den momentanen Erfolg. Er war bereit, ehrlich und transparent zu sein.

Und damit arbeitete er an einem für ihn ganz entscheidenden Aspekt: Der unbedingte Wille zum Erfolg hatte ihn so unter Stress gesetzt, dass seine autonomen Körperfunktionen außer Rand und Band waren. Mit diesem Moment der Ehrlichkeit gegenüber dem Chef signalisierte er nun gegenüber sich selbst: Meine Gesundheit ist mir wichtiger als der Erfolg. Ich bin okay, so wie ich bin, und stehe für mich ein. Und genau das ist aus meiner Erfahrung einer der wichtigsten Aspekte im Selbstmanagement: Lust auf Erfolg zu haben, alles zu geben und gleichzeitig loslassen zu können und zu wissen, dass wir ohne diesen Erfolg eben auch okay sind und sein dürfen. Dann ist es uns möglich, auch in wichtigen Momenten spielerisch und leicht zu bleiben – und unser volles Potenzial zu nutzen. Ich nenne das: Play your potential.

Es dauerte ziemlich genau ein Jahr und zwei weitere Meetings mit seinem Chef, bis Sven das erste Mal mit freier Stimme und sogar mit Vorfreude auf die Herausforderung reagierte und die Präsentation bis zum Schlusspunkt vortrug. Er sagte: »Hätte ich gewusst, wie wichtig diese Zuwendung zu sich selbst ist, wäre ich viel früher für mich eingestanden.«

*Der Atem ist Ihr Schlüssel zur inneren Welt, damit Sie im Außen optimal performen.*

## Health-oriented Leadership: Die Kraft der Vorbildfunktion

Natürlich ist es die Aufgabe einer Führungskraft, die Mitarbeiterinnen und Mitarbeiter in die Kraft zu bringen und die Unternehmensziele zu erreichen. Es obliegt ihr, visionär zu denken, verantwortlich zu handeln. Und manch einer mag befürchten, dass die Praxis der Achtsamkeit ein egoistischer, gar zeitraubender Akt ist. Das aber ist nicht der Fall. Denn eine gesunde Führung bedarf der Selbstfürsorge! Anders sind die herausfordernden Aufgaben kaum zu erfüllen.

Es ist kein Zufall, dass die Zahl der Burnouts in den Unternehmen steigt. Die digital-beschleunigten Arbeitstage fordern ihren Tribut. Davon berichten die Zahlen der Krankenkassen, die jährlich aufhorchen lassen. Es ist, so will ich unterstreichen, daher eine Pflicht für jede Führungskraft, die eigene Resilienz zu stärken. Es mag hunderte Methoden und Seminare geben, um das Wohlbefinden und die Resilienz der Mitarbeitenden zu verbessern, aber der nachweislich wirksamste Weg, die emotionale Intelligenz und die seelische Widerstandskraft der Mitarbeitenden zu stärken, ist Ihre Vorbildfunktion!

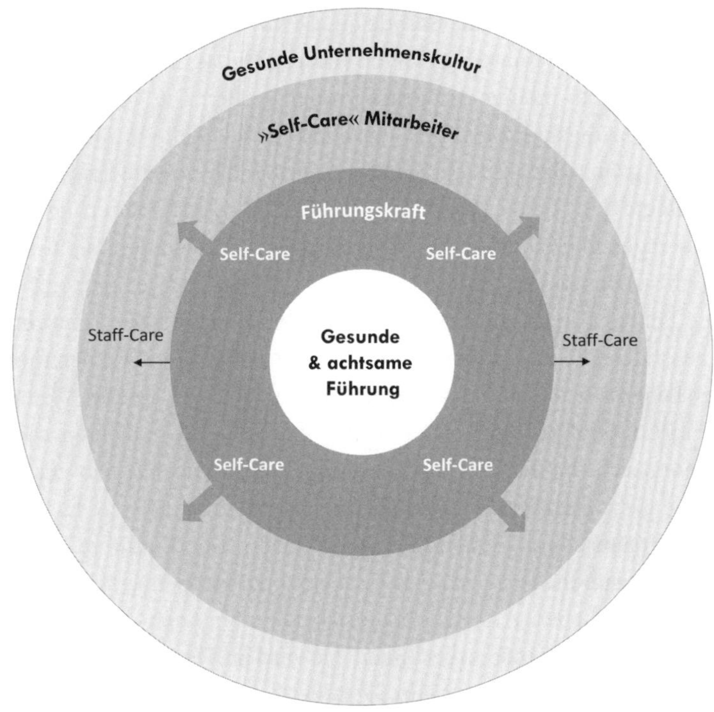


Abbildung 4: Selbstführung als Grundlage
für die gesunde Mitarbeiterführung (Quelle: TLEX)

Der »Health-oriented Leadership«-Ansatz[5] bietet ein konzeptuelles Verständnis der gesundheitsfördernden Einflussnahme durch Führungskräfte. Der Ansatz besagt, dass es zwei Faktoren gibt, über welche Führungskräfte auf die Gesundheit von Mitarbeitenden Einfluss nehmen können:

1. gesundheitsförderliche Selbstführung (Self-Care) und damit die Vorbildfunktion und
2. gesundheitsförderliche Mitarbeiterführung (Staff-Care).

Wenn die Führungskraft den Mitarbeitenden wohlwollend mitteilt, dass sie bitteschön am Wochenende ruhen sollen und nicht arbeiten, dann ist das gut und wichtig. Wenn jedoch die gleiche Führungskraft jedes Wochenende alle halbe Stunde eine E-Mail versendet, dann hat das, was getan wird, eine viel größere Wirkung als das, was gesagt wird!

Ich merke es in meinen Trainings immer wieder: Die Vorbildfunktion von Führungskräften spielt eine überragende Rolle in ihrer Karriere. Hier geht es längst nicht mehr ausschließlich um die Erfüllung von Strategie und Zielen. Was Top-Leute wollen, ist die Förderung sowohl der eigenen Gesundheit und des eigenen Wohlbefindens als auch die der Mitarbeitenden.

Eine Führungskraft, die eine gesundheitsorientierte Rolle einnimmt, setzt besondere Standards, sie dient tatsächlich als Vorbild für einen modernen Lebensstil und ein ausgewogenes Arbeits- und Privatleben. Wenn eine Führungskraft das vorlebt, kann das Mitarbeitende motivieren und inspirieren, sich ebenfalls für ihre Gesundheit einzusetzen. Gleichzeitig setzt eine gesundheitsorientierte Führung ein positives Beispiel für die gesamte Organisation. Dies kann dazu beitragen, eine Kultur zu schaffen, in der Gesundheit als wichtiges Unternehmensziel betrachtet wird.

Einen zusätzlichen Aspekt möchte ich nennen: Auch die Stimme wird gekräftigt durch Ihre Achtsamkeit. Sie wird an Tonfülle zunehmen, das hat auch Sven erfahren. Wenn Sie bedenken, dass Ihre Stimme Ihnen einen unverwechselbaren Auftritt ermöglicht, dann sollten Sie alles dafür tun, um sie zu pflegen und zu kräftigen durch atembasierte Achtsamkeit. Als ich Sven zwei Jahre nach unserem Training wiedergetroffen habe, da sagte er, seine Stimme habe nie wieder versagt. Er ist heute fähig, seinem Chef darzulegen, was er zu leisten vermag.

## Die Stimme als Ausdruck der Persönlichkeit

Es gibt viele Puzzleteile zum erfolgreichen Führen. Dazu gehört neben der inneren Ruhe, Empathie, Wissensreichtum und geschmeidiger Körpersprache auch eine angenehme, ausdrucksstarke Stimme. Erfolgreiche Führungskräfte inspirieren, sind zentriert und im Einklang mit ihrem Atem. Und oft denke ich,

Inspiration ist vermutlich das, was eine Ausstrahlungskraft zum Leuchten bringt, was sie jedoch dauerhaft unterstreicht, das ist Gelassenheit. Beides drücken Sie in der Stimme aus. An ihr erkennen Sie selbst und andere, wie es Ihnen geht, denn die Stimme zeigt unter Stress physiologische Dysbalancen.

- **Stress aktiviert das sympathische Nervensystem.** Es setzt den Körper in einen Kampf- oder Fluchtmodus. Adrenalin wird ausgeschüttet und diese physische Veränderung wirkt auf die Stimme.
- **Stress erhöht die Atemfrequenz:** Die Stimmbänder schwingen nicht mehr optimal durch Atemdruck auf den Kehlkopf, was dazu führt, dass die kleinen Flimmerhärchen an den Stimmbändern nicht aktiviert werden, ein Timbre kann nicht entstehen.
- **Stress verändert die Stimmlage.** Eine unter Stress gepresste Stimme ergibt eine höhere Tonlage, was wiederum auf eine angespannte Kehlkopfmuskulatur zurückzuführen ist. Wird es hier keine Entlastung geben, fängt die Stimme an zu flattern, der Atem wird noch flacher, die Aufregung nimmt zu und der Atem verliert einen gesunden Rhythmus. Die Nervosität steigt, der psychische Druck wird stärker, das sympathische Nervensystem wird weiter aktiviert, eine Spirale aus physiologischen und psychischen Faktoren schraubt sich hoch.

**Tipp:** Wir können unsere Stimme als Anker für unsere Präsenz nutzen! Wenn Sie zum Beispiel in einem wichtigen Meeting sehr angespannt sind, dann nehmen Sie für einige Momente ganz bewusst Ihre eigene Stimme wahr, die Tonlage, in der Sie reden: Klingt Ihre Stimme vielleicht höher als sonst? Oder gepresster? Interessanterweise führt das Beobachten, das Gewahrwerden der eigenen Stimme schon dazu, dass sie sich verändert, dass sie entspannter und ruhiger wird. Die eigene Stimme bewusst wahrzunehmen, kann somit als Anker fungieren, um sich zu zentrieren und Achtsamkeit zu erhöhen. Dann schwingt die Stimme frei, spielt mit Höhen und Tiefen; dann findet der Mensch Worte, Töne, die wirklich ankommen.

## Wellenatmung – Vorbereitungsübung für die Zwölf-Minuten-Methode

Die folgende Atemübung ist eine zutiefst ausgleichende und beruhigende Atemtechnik. Sie bildet damit eine wichtige Grundlage für die Zwölf-Minuten-Methode. Indem der Atem bewusst in den Bauch- und Brustbereich gelenkt wird, wird die Lungenkapazität erweitert, was für eine größere Aufnahme von Sauerstoff sorgt. Langes und tiefes Atmen aktiviert das parasympathische Nervensystem, was zu einer Entspannung von Körper und Geist führt.

- Setzen Sie sich mit aufgerichteter Wirbelsäule hin. Legen Sie eine Hand auf die Brust und die andere auf Ihren Bauch.
- Schließen Sie die Augen und nehmen Sie für ein paar Momente Ihren Atem wahr. Ohne ihn verändern zu wollen, nehmen Sie wahr, ob sich die Brust hebt und senkt oder der Bauch.
- Atmen Sie nun einige Male bewusst in den Bauch, sodass sich der Bauch mit der Einatmung ausdehnt und mit der Ausatmung entspannt.
- Mit der nächsten Einatmung lenken Sie Ihre Atmung zunächst wieder in den Bauch und dann weiter in den Brustbereich, sodass sich der Brustkorb hebt. Atmen Sie aus und lassen Sie zuerst den Bauch und dann den Brustkorb sich senken.
- Nehmen Sie mehrere lange tiefe Atemzüge in dieser wellenförmigen Atemweise.
- Nutzen Sie die Gelegenheit, alles, was in Ihnen geschieht, bewusst wahrzunehmen und da sein zu lassen.
- Die Wellenatmung kann für circa 2 bis 3 Minuten durchgeführt werden.

## Leitgedanken zur Reflexion

- Der Health-oriented-Leadership-Ansatz besagt, dass Ihre gesunde Selbstführung das Gesundheitsverhalten Ihrer Mitarbeitenden positiv beeinflussen kann. Die Vorbildfunktion ist dementsprechend Ihr größter Hebel, um die Gesundheit Ihrer Mitarbeitenden positiv zu beeinflussen.
- Wichtig für das Selbstmanagement in herausfordernden Situationen ist es, sowohl kognitive als auch somatische Stressmanagementtechniken einsetzen zu können.
- Damit Sie produktiv und leistungsfähig sein können, ist nicht nur gutes Zeitmanagement wichtig, sondern insbesondere ein gutes Energiemanagement.

Kapitel 4

# Gelassen führen für den Teamerfolg

Wie atmen Sie, wenn Sie sich entspannt fühlen, wenn sich in Ihnen jene fokussierte Achtsamkeit ausbreitet, die Wissenschaftler in einer Gehirnfrequenz von 8 bis 14 Hertz messen? Dann atmen Sie langsam und leicht durch die Nase in den Bauch. Ihr Gehirn gerät in einen neutralen Zustand, weil Sie eine Alpha-Aktivität der Gehirnwellen herbeiführen. Das bedeutet im Umkehrschluss: Stress und Angst sind nicht spürbar, Sie denken weder über Krankheit, Beziehungsschwierigkeiten oder Krisen nach. Das gleichmäßige ruhige Atmen harmonisiert Ihre Körpersysteme. In diesem Zustand blenden Sie aus, was Sie ansonsten umtreibt – und tauchen in Ihre Art der Kreativität ein. Sie werden empfänglich für neue Ideen, für überraschende Gedanken, es mag sogar sein, dass Ihnen in dieser Entspannung ein Geistesblitz geschenkt wird, eine Lösung, nach der Sie lange schon suchten.

Und sollten Sie in dieser langsamen tiefen Atmung eine Weile verharren, sollten Sie Ihrem Geist mehr und mehr Ruhe gönnen, wird die Frequenz Ihrer Gehirnwellen weiter reduziert. In der Folge gelangen Sie in der Regel in den Bereich der kraftvollen Theta-Wellen von 4 bis 8 Hertz. Es können innere Bilder auftauchen, Erinnerungen lebendig werden. Einige bezeichnen diesen Zustand als Tor zur Seele, weil sich fast vergessenes Wissen, brachliegende Fähigkeiten, Träume offenbaren. In diesem Zustand können Sie auf dieses Potenzial zugreifen.

Wissenschaftler nennen diesen Zustand seit der Arbeit des Psychologen Mihály Csíkszentmihályi auch den Flow-Zustand: Ein subjektives Empfinden von Menschen, das durch eine optimale Verschmelzung von Fähigkeiten und Herausforderungen gekennzeichnet ist. In diesem Zustand der vollständigen Vertiefung und maximalen Leistungsfähigkeit erleben wir uns oft in einem Zustand erhöhter Kohärenz, was auf eine optimale Balance des autonomen Nervensystems hinweist.

Eine bahnbrechende Studie von McKinsey im Jahr 2013[1] ergab, dass sich Führungskräfte im Flow-Zustand bis zu fünfmal produktiver erleben als in normalen Zuständen. Diese Erkenntnis unterstreicht die Bedeutung dieses mentalen Zustands für die Steigerung der Leistungsfähigkeit und Effektivität in verschiedenen Lebensbereichen.

Leider können wir in der Hektik des Alltags leicht vergessen, dass es dieses Tor zu unseren inneren Schätzen gibt, und ich hoffe sehr, Sie gelangen mit den Atemübungen in diesem Buch in Kontakt mit dieser inneren Kraft. Denn als Kind stießen Sie ständig auf diese Ressource. Mit den Jahren, mit dem Anwachsen von Aufgaben, Routinen und Verantwortungen, kann uns diese Gabe leicht verloren gehen.

Umso wichtiger finde ich es, sich täglich mindestens zwölf Minuten eine Auszeit von allen Verpflichtungen zu nehmen – und diese Verbindung zu sich selbst wieder zu knüpfen. Hier kommt in meinen Trainings häufig der Einwand, man habe keine Zeit für eine tägliche Atemübung. Ist das wirklich so? Bedenken Sie bitte: Es sind nur zwölf Minuten! Setzen Sie diese kleine Zeitspanne einmal in den Vergleich dazu, wie viele Stunden Sie am Smartphone verbringen! Ganz sicher bin ich kein Typ, der ständig Worst-Case-Szenarien entwirft. Ich selbst gehe eher davon aus, dass Dinge gut ausgehen, wenn wir aufmerksam bleiben und ein gewisses Maß an Gelassenheit an den Tag legen. Weitsicht bedeutet für mich Vorbeugen! Deshalb frage ich eine Führungskraft, die Mühe hat, zwölf Minuten täglich für sich selbst und Achtsamkeit im Leben einzubauen, oft, was denn die Karriere, Ruhm und Geld noch wert sind, wenn wir nicht mehr gesund sind? Wenn wir uns keine Auszeiten nehmen, kann es nämlich geschehen, dass wir beim Arbeiten zu lange in den hohen Beta-Bereichen von 14 bis 30 Hertz verweilen. Dort ist geistige und körperliche Spitzenleistung möglich. Aber Achtung! Bei andauernder Aktivität auf diesem Level kann es zu gefährlichen Spannungen im Gehirn, Angstzuständen, Schlaflosigkeit und Übernervosität kommen. Ziehen Sie frühzeitig die Reißleine! Unterbrechen Sie den Stress, bevor er Sie beherrscht. Wie funktioniert das?

Am Anfang steht oft der Mut zur Pause sowie die Einsicht, dass Schnelligkeit zwar wichtig ist, Klarheit, Richtung und Intentionalität aber ebenso. Gerade wenn es viele Bäume zu fällen gilt, ist die Qualität der Axt ganz entscheidend. Wie viel Druck empfinden wir im Leben und inwiefern haben wir den Mut, bewusst Pausen einzulegen? Um unsere Gedanken zu schärfen, Zugang zu unserer Intuition und Kreativität zu haben – und ganz einfach zur Ruhe zu kommen.

Es gibt kaum eine kraftvollere und glücklichere Ausstrahlung als jene, wenn Menschen mit sich verbunden sind und authentisch sagen können: »Ich fühle mich wohl.« Dieser Zustand ist eine Kraftquelle für jeden weiteren Tag, für mich ist er die Basis der Gesundheit, der Zufriedenheit und manchmal sogar zum Glück.

## Hat Glück ein Verfallsdatum? Zufriedenheit als Ziel

»Christoph, kann ich mich glücklich atmen?«, fragte einer meiner Seminarteilnehmer – und sandte einen Lacher hinterher. »Wenn ich die Neurochemie durch meinen Atem bestimmen, also die guten Gefühle herbeizaubern kann, dann macht das glücklich?«, fragte er weiter. Ich habe sein Augenzwinkern wahrgenommen und geantwortet: »Ja und nein. Natürlich ist es richtig: Wenn wir den Atem mit den positiven Emotionen verbinden, dann erhöhen wir auch das stimmungsausgleichende Hormon Serotonin, und manchmal kann es sogar gelingen, dass wir einzig durch den Atem einen Überschwang Endorphine produzieren, ähnlich einem Marathonlauf, wenn wir das Zielband berühren, ähnlich einem Tor beim Fußballspiel, das uns gelingt und zum Jubel der Zuschauer im Stadion führt.« Und trotzdem ist das Thema Glück natürlich viel komplexer.

Wir alle sind auf der Jagd nach Glück. Am liebsten würden wir es konservieren. Allerdings ist das nicht möglich, denn Glück wirkt nur kurze Zeit, es ist oft flüchtig und leicht vergänglich. Gehen wir davon aus, dass die von den Vereinten Nationen definierten grundsätzlichen Faktoren für Glück erfüllt sind, dann dürfen wir auf die individuellen Faktoren sehen. Neben Frieden, Gesundheit, sozialen Bindungen, langem Leben und finanzieller Sicherheit können diese so unterschiedlich sein, wie es Lebensumstände und Sozialisierungen gibt. Für die einen ist es der Porsche auf dem ersten Parkplatz rechts vor dem Haupteingang des Unternehmens, für die anderen das selbstgemalte Bild der dreijährigen Tochter und für manche die Expedition in den Dschungel von Nicaragua.

Es ist also enorm wichtig, dass wir unsere Bedürfnisse gut kennen, uns Ziele setzen und daran arbeiten, um sie zu erreichen. Und gleichzeitig stellt sich die Frage: Was brauche ich wirklich, um glücklich zu sein? Und wann werde ich glücklich sein? Kennen Sie das? In der Jugend träumen wir oft davon, dass das Glück irgendwo am Horizont liegt. Ich dachte damals mit 17: »Die Banklehre nervt, aber wenn ich erst einmal auf die Universität gehe, werde ich endlich frei sein, werde ich glücklich sein.« Als es dann endlich so weit war, sah ich neue Herausforderungen und entwickelte neue Wünsche, statt innerlich jeden Tag zu jubeln und mich von den Fesseln der Schule befreit zu fühlen. Ich dachte: »Wenn ich nur erst meinen Abschluss habe und eine Wohnung finde, werde ich glücklich sein.«

Kommt Ihnen das bekannt vor? Es ist so leicht zu sagen: Momentan ist das Leben zwar ganz okay, aber ein bisschen später, wenn dies oder jenes eintritt, dann werde ich glücklich sein. Wir setzen eine Bedingung für das Glück und denken, wenn sich diese erfüllt, dann werde ich am Ziel der Träume sein. Wir ziehen aus, finden eine Wohnung, doch nun stapeln sich die Rechnungen. Und wir denken: »Wenn ich erst einen stabilen Job und genug Geld habe, dann werde ich wirklich glücklich sein.« Also arbeiten wir hart, erklimmen die Karriereleiter und füllen unsere Konten. Doch während wir nach Erfolg streben, kommen andere Bedürfnisse hoch. »Wenn ich erst einen Partner finde, dann werde ich glücklich sein.« Wir verlieben uns, bauen eine Beziehung auf und vielleicht sogar eine Familie. Doch natürlich kann sich unser Geist immer neue Dinge erdenken und ersehnen. Und wenn wir ehrlich sind: Es gibt Menschen mit Partner, die glücklich sind, und auch Menschen ohne Partner, die glücklich sind. Und es gibt Menschen ohne Partner, die unglücklich sind, und Menschen mit Partner, die unglücklich sind.

Das Glück ist keine endlose Jagd nach dem Unbekannten. Es ist vielmehr eine Reise, auf der wir lernen, dass wahres Glück nicht im Morgen liegt, sondern im Hier und Jetzt.

Dass dem so ist, belegt auch eine eindrückliche Harvard-Studie aus dem Jahre 2010.[2] Anhand Befragungen mit über 15 000 Menschen wurde untersucht, wie glücklich Menschen in ihren Alltagstätigkeiten sind und ob ihre Gedanken dabei abschweifen. Die Ergebnisse zeigten, dass Menschen in dem Moment am glücklichsten sind, wenn sie vollständig in ihrer aktuellen Tätigkeit präsent sind, unabhängig davon, was sie tun.

Mit anderen Worten: Die Wahrscheinlichkeit, glücklich zu sein, ist höher, wenn wir beispielsweise beim ungeliebten Abwaschen ganz präsent sind, als wenn wir den liebsten Freund treffen, jedoch mental abwesend sind. Eindrücklich: Die Studie zeigte auch, dass die Probanden in 47 Prozent aller Fälle gedanklich abschweiften bei dem, was sie gerade taten!

Glück hat also viele Facetten, und doch ist die biochemische Mischung, die ihm zugrunde liegt, immer die gleiche. Und es ist unsere Präsenz, die Fähigkeit, ganz im Jetzt zu sein, die ganz entscheidend für unser Glücksempfinden ist.

Es ist die Abwesenheit des Stresshormons Kortisol und die Herrschaft von Endorphinen im Blut, allen voran Dopamin. Und in diesem Kapitel wünsche ich mir für Sie, dass Sie sich an der einen oder anderen Stelle zurücklehnen und sich fragen, wie es mit Ihrem Gefühl von Glück bestellt ist. Um es aufrechtzuerhalten, um es wiederzubeleben, benötigen wir manchmal gar nicht viel. Es sind lediglich zwölf Minuten täglich, die Sie aufwenden sollten, damit sich Ihre positive Energie nachweislich erhöht und es Ihnen leichter fällt, präsent zu sein. In mehr als 2 000 Seminartagen, die ich absolviert habe, habe ich eines stets festgestellt: Eine Führungskraft, die ganz präsent ist, ist ein ungemein empathischer und inspirierender Leader. Sie strahlt jene positive Energie aus, die ansteckend sein kann, die Leistung mit Erfolg verbindet. Da gibt es keinen Zweifel am Erreichen der Ziele. Hindernisse sind auf der Strecke, um überwunden zu werden. Und genau diese Situation der Präsenz und des Selbst-Gewahrseins ist eine wichtige Grundlage, um die Schwarmintelligenz zu nutzen, dieses faszinierende Phänomen, das die kollektive Intelligenz und Effektivität von Gruppen oder Gemeinschaften beschreibt.

## Durch Achtsamkeit Schwarmintelligenz nutzen

Ähnlich wie bei Vogel- oder Fischschwärmen, so zeigen neueste Untersuchungen, kollaborieren Menschen dann am erfolgreichsten, wenn sie die kollektive Intelligenz nutzen.[3] Denn um komplexe Probleme zu lösen, Entscheidungen zu treffen oder kreative Lösungen zu finden, geht es nicht nur um das einzelne Mitglied, sondern um die Gesamtheit der Ideen, Fähigkeiten und Erfahrungen der Gruppe: Schwarmintelligenz beruht auf Prinzipien wie dezentralisierter Organisation, Selbstorganisation und kollektivem Lernen. Indem jeder Einzelne sein Wissen und seine Perspektive einbringt, können Schwarmintelligenzsysteme erstaunliche Ergebnisse erzielen, die weit über das hinausgehen, was Einzelpersonen allein erreichen könnten. In einer schnelllebigen Welt, in der Innovation mehr denn je das A und O ist, gilt es also für Führungskräfte, Prozesse so anzuleiten, dass kollektive Weisheit genutzt werden kann.

Es geht hier beileibe nicht darum, den einfachen Herdentrieb zu bedienen. Es geht darum, die kollektive Weisheit im Team zu erkennen sowie Muster und Ängste zu identifizieren, die Menschen von ihrem Potenzial abhalten könnten. Um die Schwarmintelligenz eines Teams voll auszuschöpfen, sollten wir bereit sein, Feedback anzunehmen und eine offene Kommunikation zu fördern. In dieser Dynamik sind wir nicht länger die isolierte Führungskraft auf einem Thron, sondern sollten näher an das Team heranrücken, um dessen Einblicke und Ideen zu integrieren. Dies kann Ängste auslösen, erfordert andere Führungsmuskeln und ein höheres Maß an emotionaler Intelligenz im Vergleich zu einem klassischen Verständnis der Führung, in dem die Führungskraft die Lösung hat und lediglich Prozesse anleitet.

Wie steht es um meine Anerkennung, wenn meine Ideen als Führungskraft offen diskutiert und durchaus auch kritisiert werden? Was, wenn es sich herausstellt, dass Mitarbeitende bessere Ideen haben als ich, vernetzter denken, leistungsstärker sind? Wir erahnen: Was einfach klingt, ist in Tat und Wahrheit hochkomplex und erfordert ein Trainieren von neuen Führungsmuskeln.

Doch Alternativen gibt es kaum, denn in unserer Welt der konstanten Transformation und des globalen Wettbewerbs kennt die Führungskraft oft nicht mehr die Lösung, sondern nur noch das Problem. Es geht also darum, eine Umgebung des Vertrauens und der Offenheit zu schaffen, in der Teammitglieder sich gehört und respektiert fühlen und in der die kollektive Weisheit des Teams zum Tragen kommen kann.

Joiner und Josephs haben in ihrer hochspannenden wissenschaftlichen Arbeit zu agiler Führung[4] dokumentiert, dass gerade, weil das Nutzen der Schwarmintelligenz eine enorm hohe emotionale Intelligenz erfordert, Gewahrsein und Achtsamkeit von entscheidender Bedeutung sind. Sie konnten empirisch zeigen, dass agile Führungskräfte signifikant oft Techniken anwenden, um präsent zu sein, wie zum Beispiel die atembasierte Achtsamkeit. Denn Gewahrsein ermöglicht es Führungskräften, die eigenen Gedanken, Gefühle und Motivationen zu verstehen, was hilft, Bedürfnisse, Stärken und Schwächen ihrer Teammitglieder besser wahrzunehmen und empathisch zu reagieren. Dies schafft eine Umgebung des Vertrauens und der Offenheit, in der die Schwarmintelligenz des Teams voll zur Geltung kommen kann. Indem Führungskräfte Gewahrsein und Achtsamkeit kultivieren, können sie die Vielfalt der Perspektiven und Ideen im Team nutzen, um kreative Lösungen zu finden und Innovationen voranzutreiben. Mit anderen Worten und mit einem Schmunzeln sage ich: mit Atmen zum Erfolg! Ein Leader, der gleichmäßig atmet, der auch bei kritischen Gesprächen und in Situationen, in denen seine Ideen herausgefordert werden, nicht aus der Puste gerät, der vermittelt einen vertrauensvollen, zugewandten, gelassenen Stil, der andere inspiriert.

In Vier-Augen-Gesprächen mit Top-Managerinnen und -Managern erfahre ich regelmäßig, dass Mitarbeitende verunsichert sind, wenn der Chef emotional schnell aus der Balance gerät. Sie werden in Meetings schweigsamer, die Kreativität leidet, die Schwarmintelligenz, die sich aus Ideen Einzelner zu einem Gesamtwerk fügt, kann nicht genutzt werden. Man begegnet sich nicht im besten Sinne dieses Wortes. Man ist nicht präsent in der Art, dass jeder sich mit Sinn, Verstand und Gefühl mit dem gegenwärtigen Moment verbindet. Wie soll in solch einem Klima das Potenzial abgerufen werden? Wie kann dann ein Team zu Siegern werden? Es ist immer die Energie im Raum, die darüber entscheidet. Und eine einzige Person, die Stress ausdrückt, die sich an Fakten klammert, statt eine Herzensebene zu berühren, kann das gesamte Team in Intelligenz und Leistung drosseln.

Ich will es einmal sehr deutlich formulieren: Sie als Projektleiter oder Chefin tragen nicht nur Verantwortung für die Zielerreichung in einem Projekt, sondern Sie schultern auch die Verantwortung für das Engagement und die Kreativität Ihrer Mitarbeitenden. Selbst das kleinste Team ist nicht zu stoppen, wenn die Energie stimmt.

### Wie Gedanken an andere unseren Atem und unser Wohlbefinden beeinflussen – Vertiefungsübung

Unsere Gedanken an andere beeinflussen Körper und Atem entscheidend. Ein einfaches Experiment zeigt das. Gerne lade ich Sie zur folgenden Übung ein.

- Legen Sie sich auf den Rücken.
- Legen Sie eine Hand auf den Bauch, die andere auf die Brust.
  - Atmen Sie fünfmal lang und tief ein und aus und entspannen Sie sich dabei.
  - Lassen Sie sich einen Moment Zeit, um ganz loszulassen.
  - Denken Sie anstrengungslos an eine Person, die Sie innig lieben. Stellen Sie sich vor, dass diese Person jetzt mit Ihnen im Raum ist. Beobachten Sie Ihre Empfindungen und Ihren Atem.
- Dann lassen Sie dieses Bild wieder los und atmen Sie lang und tief ein und aus.
  - Denken Sie nun an jemanden, mit dem Sie derzeit im Konflikt sind. Stellen Sie sich vor, dass diese Person mit Ihnen im Raum ist. Beobachten Sie Ihre Empfindungen im Körper und Ihren Atem.
- Dann lassen Sie dieses Bild wieder los und atmen Sie lang und tief ein und aus.
- Denken Sie jetzt noch einmal anstrengungslos an eine Person, die Sie innig lieben. Stellen Sie sich vor, dass diese Person jetzt mit Ihnen im Raum ist. Beobachten Sie Ihre Empfindungen und Ihren Atem.
- Bleiben Sie noch einen Moment liegen und entspannen Sie sich.

Der bloße Gedanke an eine Person kann die Qualität unseres Atems ändern, da der Atem ein Spiegel unserer Gefühle ist. Dieser Mechanismus ist jedoch keine Einbahnstraße: Atmen in verschiedenen Rhythmen beeinflusst direkt unsere Gefühle. In der nächsten Übung schauen wir uns das genauer an.

***Atem, Gedanken und Gefühle beeinflussen sich gegenseitig. Diesen Zusammenhang können wir nutzen.***

Durch Interaktion und Kommunikation zwischen Mitgliedern einer Gruppe treffen wir gemeinsame Entscheidungen. Dies führt uns zu einem intelligenten Verhalten, ohne dass sich jeder Einzelne dessen bewusst ist. Wer einmal die Formation der Stare am Himmel beobachtet hat, die wie ein Ballett zwischen Wolken anmutet, der ahnt, wie einfach es sein kann, selbst komplexe Aufgaben mit der Energie eines Teams zu lösen. Deshalb ist die mentale Situation einer Führungskraft so wichtig für die Wirksamkeit eines Teams. Wenn er oder sie täglich seine Präsenz trainiert, dann wirkt sich das signifikant auf das gesamte Team aus! Besonders in Zeiten der künstlichen Intelligenz, in der mehr und mehr Maschinen eingesetzt werden und Algorithmen die Grundlage für Entscheidungen sind, halte ich es für äußerst wichtig, dass eine Führungskraft in der Lage ist, die Potenziale ihrer Mitarbeitenden zu nutzen. Sie kann die Routineaufgaben und -entscheidungen gerne den Maschinen überlassen, aber die Kreativität, das Fördern der Talente der Menschen, die mit ihr arbeiten, sollte durch empathische und soziale Intelligenz an erster Stelle stehen. Wagen wir einen Blick in die Kristallkugel Ihres Unternehmens: Das Führungsverständnis hat sich stark gewandelt. Der klassische Experte als Chef wird in Zukunft immer weniger eine Rolle spielen. Mitarbeitende der Gegenwart und Zukunft sind empowered. Sie üben sich in Gelassenheit, sie kennen die Kraft der Präsenz und der Entfaltung einer gemeinsamen Energie, egal ob jung oder alt. Gewünscht ist also eine Führung der Zukunft, die jedem einen Platz einräumt und jedem eine individuelle Bedeutung gibt.

Natürlich gibt es Ausnahmen: Wenn die Hütte brennt, hat einer das Wort – und das ist auch gut so. In Krisen, die ein schnelles Handeln erfordern, können Diskussionen fehl am Platz sein. Ansonsten aber gilt der Denkansatz im modernen Management: Jeder von uns kommt mit einzigartigen Fähigkeiten und seiner Art zu leben auf die Welt. Da gibt es keine Blaupause, kein Trainingsmuster, um dieses zu vereinheitlichen. Jeder hat vielmehr den Wunsch, in dieser Einzigartigkeit gesehen und anerkannt zu werden. Und sollte das geschehen, im Job oder im Privaten, dann ist das eine schöne Form von Glück. Und die Innenkehr ist dafür ein ganz entscheidender Faktor. Wir müssen wissen, was wir leben, wer wir sind, was unsere wirkliche und wesentliche Bestimmung ist. Diesen Anspruch haben Sie als Chef – und jeder einzelne Mensch im Team.

## Lieben, was wir tun

Wenn wir lieben, was wir tun, empfinden wir eine andere Art Glück, ich nenne es Zufriedenheit. Es lohnt sich also, einmal genauer hinzusehen und sich zu fragen: Was ist es, das mich wirklich erfüllt? Je näher wir dabei unserem Talent kommen, desto eindrucksvoller werden unsere Antworten sein.

Es gibt verschiedene Forschungen, wie ein Talent entsteht, wie man es zur Stärke entwickelt. Das Gallup-Institut weist nahezu jährlich mit Studien darauf hin, dass Unternehmen ihren Erfolg steigern, wenn sie die Talente ihrer Mitarbeitenden erkennen und fördern. Im Jahr 2020 publizierte McKinsey eine Studie, die zeigte, dass Mitarbeitende, die am Arbeitsplatz Sinnhaftigkeit erleben, ein fünfmal höheres Wohlbefinden und ein viermal höheres Engagement aufweisen.[5] Eine Erkenntnis, die unterstreicht, dass Arbeit nicht nur als Mittel zum Lebensunterhalt betrachtet werden muss, sondern je nach Situation durchaus auch als Quelle persönlicher Erfüllung und Zufriedenheit.

Das ist richtig und gut. Allerdings möchte ich hinzufügen: Auch Sie als Führungskraft dürfen es nicht versäumen, sich immer wieder mit Ihrer eigenen Sinnhaftigkeit zu verbinden.

Wenn ich in meinen Trainings für Leader darauf hinweise, dann sehe ich immer wieder in fragende Gesichter. »Ja, wie denn? Wie kann ich im starren Korsett meines Unternehmens Sinnhaftigkeit leben?« Und nicht selten steht dann die Vermutung im Raum, dass die Suche nach Sinnhaftigkeit bedeutet, den Job zu wechseln. Doch was, wenn es auf der Suche nach Sinn vielmehr um das Wie geht? Also um die innere Ausrichtung? Worin liegt die innere Freiheit von Führungskräften?

Führungskräfte können ihrer Arbeit Sinnhaftigkeit geben, indem sie sich auf ihre persönlichen Werte und Überzeugungen besinnen und diese mit ihrer beruflichen Rolle verbinden. Sie sollten sich die Frage stellen, warum sie in ihrer Position sind und welchen Beitrag sie zur Welt leisten möchten. Durch das Festlegen klarer Ziele und die Ausrichtung ihrer Handlungen an diesen Zielen können Führungskräfte ein Gefühl der Erfüllung und Sinnhaftigkeit in ihrer Arbeit entwickeln. Zudem ist es wichtig, die Bedürfnisse und Werte der Mitarbeitenden zu berücksichtigen und eine Arbeitsumgebung zu schaffen, die für alle Beteiligten sinnstiftend ist. Indem Führungskräfte authentisch handeln und eine positive Unternehmenskultur fördern, können sie dazu beitragen, dass sich sowohl sie selbst als auch ihre Mitarbeitenden mit ihrer Arbeit verbunden und erfüllt fühlen.

***Wir haben immer die Freiheit, unsere Haltung gegenüber Dingen zu verändern. Sinnhaftigkeit ist etwas, das wir in uns erschaffen können.***

## Die Werteskala in Ihnen

Doch was sind Ihre Werte? Wer sind Sie wirklich und für was möchten Sie einstehen? Ich sage: Durch Momente der inneren Ruhe und Besinnung verbinden Sie Ihren Geist mit Ihren Werten, mit Ihrem Herzen. Bleiben Sie in der Stille. Horchen Sie in sich hinein. Hören Sie auf Ihren Herzschlag. Nehmen Sie die Wärme wahr, die sich in Ihnen ausbreitet, wenn Sie diesen inneren Kreis Ihrer Werte betreten.

Es kann geschehen, dass dann plötzlich alte, längst vergessene Bilder auftauchen. Diese Bilder erzählen Ihnen von einer seit der Kindheit vergrabenen Sehnsucht, von einem Traum, von etwas, für das andere Sie beneideten. Nehmen Sie diese Bilder ernst, geben Sie ihnen eine Bedeutung, egal wie klein sie Ihnen erscheinen: Sie sind eine Spur zu Ihren Talenten und Werten. Ich habe es selbst erfahren.

Als Kind hatte ich, wie erwähnt, keine leichte Zeit. Hausaufgaben erledigte ich auf den letzten Drücker, ebenso die Vorbereitung auf Klausuren. Zum Leidwesen meiner Eltern machte es mir keinen Spaß, dem Unterricht zu folgen. Das war für meine Eltern umso bemerkenswerter, da mein Vater Inhaber von Privatschulen in der Schweiz und Deutschland war. Die Thematik des Lernens spielte in meiner Familie also eine große Rolle, und bald stand die Frage im Raum: Wer übernimmt das Lebenswerk meines Vaters? Für mich war klar, dass ich das nicht wollte. Ich konnte nicht rationalisieren, warum, doch allein die Vorstellung verursachte mir Herzrasen.

Heute weiß ich: Ich suchte einen Weg, meine ganz persönliche Art zu finden und auszudrücken, meine ganz persönlichen Werte zu finden und zu leben. Ich würde, so erklärte ich im Alter von 18 Jahren meinen Eltern, eines Tages etwas machen, was ich wirklich lieben würde. Das war meine Berufsbezeichnung. Meine Mutter war skeptisch und überlegte, was aus mir werden könnte, wollte ich kein Direktor der Schulen sein. Sie nahm die Dienste diverser Berufs- und Studienberater in Anspruch, erfolglos. Zwar bescheinigten die Damen und Herren mir einen durchaus hohen Intelligenzquotienten, aber was, so fragte meine Mutter, könne man konkret damit anfangen? Die Antworten blieben die Berater schuldig.

Nach einer dreijährigen Banklehre und nachfolgendem Abitur entschied ich: Ich wollte studieren, möglichst viel, möglichst umfassend, um mir so ein breites Bild von Wissenschaft und Lehre zu machen. Doch welche Studien würden mich auf die richtige Spur bringen? Ich saß zweifelnd in Vorlesungen zum Thema Medizin, Wirtschaft, Philosophie und Psychologie – und fand darin trotz diverser Abschlüsse keine Erfüllung. Allmählich nagte der Zweifel, nahm die Sinnsuche übergroße Konturen an. Ich erbat mir Antworten in der Kirche. Beriet mich mit dem Priester, dachte, er hätte vielleicht den transzendenten Durchblick und könnte mir raten, was als Nächstes zu tun wäre. Ich erstellte Rankings, verschlang Selbstfindungsbücher. Ich habe Menschen gesucht, die mich inspirieren könnten. Habe mir an manchen Wochenenden das ganze Dilemma, in dem ich hockte, weggedröhnt, wie es junge Menschen in Phasen der Verzweiflung eben machen. Und dann trafen drei Umstände aufeinander: Ich lernte die atembasierte Achtsamkeit, traf Sri Sri Ravi Shankar und machte mich später auf den Weg, Führungskräften diese Atemtechniken zu vermitteln.

Ich erinnere mich noch wie heute an mein erstes Seminar für Top-Manager. Es war 2003 im Mittleren Osten. Die Führungs-Crew der Citigroup hatte das Seminar gebucht. Also bereitete ich mich optimal vor und beschloss, mein schulterlanges wallendes Haar etwas trimmen zu lassen, um mehr in das Bild meiner Klientel zu passen. »Bitte schneide mir zwei Zentimeter ab«, vermittelte ich dem örtlichen Friseur in Zeichensprache. Und um jede Minute zu nutzen, schloss ich während des Haareschneidens meine Augen, um zu meditieren. Doch als ich die Augen wieder öffnete, da setzte ein Schock ein: »Fast eine Glatze!« Auch die Teilnehmer reagierten später irritiert, raunten etwas hinter vorgehaltener Hand. Doch was folgte, entpuppte sich für mich genau als der Moment, auf den ich so viele Jahre gewartet hatte: Es durchströmte mich ein Gefühl, angekommen zu sein. Es war richtig, genau jetzt, genau hier zu sein, und das zu tun, was ich tat: mit Top-Managerinnen und -Managern meine Erfahrungen zu teilen. Zum ersten Mal nach all den Studienjahren ging mir etwas leicht und intuitiv von der Hand, so leicht, dass ich fast dachte, es wäre keine Leistung! Und in der ersten Pause schon kamen einige Führungskräfte auf mich zu und sagten: »Zeig uns deinen Kalender, wir blocken alle deine Termine. Wir wollen, dass alle unsere Teammitglieder dieses Seminar besuchen.«

Nun gut, mein Kalender war damals gähnend leer. Doch was ich entdeckte, war unendlich wertvoll für mich. Oft gehen wir davon aus, dass etwas anstrengend sein muss, um als Leistung zu gelten. Das ist jedoch nicht der Fall. Wenn wir etwas als sinnhaft erleben, wenn es ein natürlicher Ausdruck unserer Werte ist, dann kann uns das richtiggehend energetisieren.

Ich dachte später, als ich allein im Hotel war, an meine erste Begegnung mit Sri Sri Ravi Shankar anno 1994. Damals besuchte ich sein Atemseminar, weil es Inspiration versprach. Gespannt auf diesen Mann, dem ein ruhmhafter Ruf vorauseilte, sprach ich ihn nach dem Seminar an. Ich erzählte, ich sei auf der Suche nach etwas, das mich wirklich begeistere im Leben. Er lächelte und bemerkte, ich stehe mir selbst im Weg, denn ich würde zu viel überlegen. Das saß! Ich selbst war der Verhinderer meines Glücks?

Seither weiß ich, eine einzige Bemerkung kann, wenn sie treffend formuliert ist, ein kleines Wunder bewirken. Ich jedenfalls interpretierte seine Worte richtig. Ich begann, zu mir selbst zu stehen. Meine innere Spur des Talents anzunehmen, wertzuschätzen. Sie führte mich geradewegs zu dem, was ich heute tue und was ich liebe. Warum ich Ihnen das erzähle? Weil ich Sie inspirieren möchte. Zu jeder Zeit, an jedem Ort können wir den Anker in uns selbst finden.

Und genau darum geht es auch im Team! Als Manager gilt es, zu erahnen, wo die Liebe zu den Aufgaben in jedem Einzelnen sitzt. Das, was Sie als Führungskraft in sich tragen, Werte, Einstellungen, Ziele und Wünsche, all das lebt auch in Ihren Mitarbeitenden. Da liegt das Teampotenzial. Wie ein Team sich gegenseitig stärkt, wie es Krisen gemeinsam überwindet, wie es sich überhaupt in guten Zeiten Wertschätzung entgegenbringt, so wird sich die Stimmung bilden, so wird sich der Weg zum Erfolg gestalten.

## Teamerfolg in fünf Dimensionen – Wenn das Ganze mehr als die Summe der Teile ist

Teamresilienz ist die Fähigkeit eines Teams, gesund und leistungsstark durch Veränderungen, Störungen und Herausforderungen zu navigieren. Es bedeutet die flexible Anpassung an Stress-Situationen, und zwar ohne nennenswerten Energieverlust! Dieser erstrebenswerte Umstand geschieht, wenn Teams befähigt werden, mentale, emotionale und physische Belastungen auszuhalten. Den Rahmen dazu ziehen Sie als Führungskraft. Durch Ihre eigene Resilienz, die für das Team einen vorbildhaften Charakter einnimmt, bieten Sie einem Team Vertrauen, Richtung, Synergie, Improvisation und Balance.

Finden Sie hier eine Übersicht der fünf Dimensionen der Teamresilienz, wie sie unser Institut aufgrund jahrelanger Untersuchungen definiert hat.

Abbildung 5: Die Dimensionen der Teamresilienz (Quelle: TLEX)

### 1. Vertrauen

Vertrauen gilt als Grundlage für die Resilienz von Teams und für funktionierende und kohäsive Teams im Allgemeinen.

*Verlässlichkeit*

Verlässlichkeit beschreibt das Maß, in welchem sich Teammitglieder aufeinander verlassen können und darauf vertrauen können, dass der andere das tut, wozu er sich verpflichtet hat.

Das schafft ein Gefühl der Sicherheit, Kontrolle und Stabilität und hilft, Stress zu reduzieren.

**Tipp:** Stärken Sie Vertrauen im Team, indem Sie Verlässlichkeit vorleben und diese auch von Teammitgliedern einfordern.

*Psychologische Sicherheit*

Psychologische Sicherheit ist die Zuversicht von Teammitgliedern, dass andere sie nicht zurückweisen, in Verlegenheit bringen oder bestrafen, wenn sie sich offen äußern. Das erlaubt Teammitgliedern, offen ihre Ideen zu teilen, ihre Bedenken zu äußern und Fragen zu stellen.

**Tipp:** Legen Sie die Basis für ein Umfeld der psychologischen Sicherheit in Ihrem Team, indem Sie Teammitglieder wertschätzend dazu ermutigen, Ideen, Sorgen und Kritik zu äußern.

### 2. Richtung

»Richtung« steht für das größere Bild, auf das sich das Team zubewegt. Diese Dimension umfasst sowohl Richtung im Außen in Form von expliziten Zielen als auch Richtung im Inneren, den inneren Kompass, in Form von Werten und Zielen, die dem Team den Weg weisen, was zu tun ist, warum und wie.

*Gemeinsame Ziele & Vision*

Gemeinsame Ziele und eine emotional relevante Vision tragen dazu bei, die Energie und das Potenzial der Teammitglieder freizusetzen und Klarheit zu schaffen, was besonders in schwierigen Momenten entscheidend ist.

**Tipp:** Beziehen Sie die Teammitglieder beim Erarbeiten einer gemeinsamen Vision und von gemeinsamen Zielen mit ein. Das erhöht Ownership und stärkt das Wir-Gefühl.

*Gemeinsame Werte & Sinnhaftigkeit*

Gemeinsame Werte im Team, die mit den persönlichen Werten der Teammitglieder übereinstimmen, sind wichtig, da sie die

Leistung, das Wohlbefinden und das Engagement steigern und gleichzeitig das kollektive Handeln leiten. Auch das Gefühl von Sinnhaftigkeit der Arbeit erhöht das Engagement der Teammitglieder und trägt somit zur Resilienz des Teams bei.

**Tipp:** Nehmen Sie sich Zeit und Raum, um ein gemeinsames Warum im Team zu erarbeiten.

**3. Synergie**

Synergie beschreibt eine Situation, in der das Ganze mehr ist als die Summe seiner Teile. Gute Strukturen und gegenseitige Unterstützung fördern Synergie.

*Strukturen*

Diese Dimension beschreibt, inwieweit Rollen, Verantwortlichkeiten und Erwartungen aneinander innerhalb des Teams klar sind und inwieweit diese Strukturen der Gesundheit und dem Wohlbefinden der Teammitglieder förderlich sind. Gut definierte und förderliche Strukturen geben den Teammitgliedern auch ein Gefühl von Stabilität, Zuverlässigkeit und Vorhersehbarkeit.

**Tipp:** Stellen Sie sicher, dass Rollen und Verantwortlichkeiten im Team klar verteilt und allen bekannt sind.

*Unterstützung & Verantwortung*

Diese Dimension beschreibt, inwieweit Teammitglieder bereit sind, sich gegenseitig über die ihnen zugewiesenen Aufgaben hinaus zu unterstützen. Ein positives Klima im Gegensatz zu einem Klima der Negativität und der Schuldzuweisung ist entscheidend für das Wohlbefinden und schafft ein Gefühl der Verbundenheit.

**Tipp:** Reflektieren Sie, wie gut sich Teammitglieder unterstützen oder zu welchem Grade Schuldzuweisungen stattfinden.

### 4. Improvisieren

Improvisieren bedeutet, auf eine unerwartete Situation zu reagieren, indem man neue Ideen entwickelt und etwas tut, was vorher nicht geplant war, während man Ressourcen und Mittel nutzt, die in diesem Moment verfügbar sind.

*Kreativität*

Vor allem in Zeiten von Krisen und Angst können Innovation und Kreativität leiden, da die Teammitglieder sich davor scheuen, Fehler zu machen. Eine Kultur, die die Kreativität von Teammitgliedern fördert, indem sie Raum für kreatives Denken und Risikobereitschaft bietet und auch Fehlschläge zulässt, ist entscheidend für die Förderung der Improvisationsfähigkeit eines Teams.

**Tipp:** Fördern Sie die Kreativität in Ihrem Team, indem Sie bewusst Zeit einplanen, in der kreativ gearbeitet werden kann.

*Kollektive Wirksamkeit*

Kollektive Wirksamkeit beschreibt den Glauben des Teams an die eigene Fähigkeit, Ziele erfolgreich erreichen zu können. Kollektive Wirksamkeit ermöglicht es Teammitgliedern, angesichts von Widrigkeiten zuversichtlich, ruhig und gelassen zu bleiben, und gibt ihnen die Kraft, auch unter herausfordernden Bedingungen durchzuhalten.

**Tipp:** Reflektieren Sie, wie selbstwirksam sich Ihr Team wahrnimmt und wie Sie diese Selbstwirksamkeit erhöhen können. Beispielsweise könnten Sie bisherige Erfolge feiern.

### 5. Balance

Diese Dimension beschreibt, inwieweit es einem Team gelingt, eine Balance zu finden zwischen Tun und Sein, zwischen dem Fokus auf Ergebnissen und Aufgaben einerseits und dem gemeinsamen Feiern, Reflexion, gesunder Work-Life-Integration und echter Wertschätzung füreinander andererseits.

*Gegenseitige Wertschätzung*

Inwieweit hat ein Team eine Kultur der gegenseitigen Wertschätzung entwickelt und nimmt sich gegenseitig als Kollegen und Menschen wahr?

**Tipp:** Gehen Sie mit gutem Vorbild voran in Sachen Wertschätzung. Nehmen Sie ab und zu ganz bewusst einen tiefen Atemzug und überlegen Sie, was Sie alles an Ihrem Team wertschätzen. Bringen Sie es zum Ausdruck!

*Innehalten*

Wie fähig ist das Team, im hektischen Alltag einen Moment innezuhalten und sich auch in Krisen Zeit zu nehmen, um sich bewusst zu entspannen, zu reflektieren, sich auszutauschen und zu lernen?

**Tipp:** Bauen Sie für Ihr Team Momente der Achtsamkeit ein, in denen Sie gemeinsam feiern, reflektieren und aus Fehlern und Erfolgen lernen. Dies ist ein Zeitinvest und erfordert oft Mut, zahlt sich aber um ein Vielfaches aus.

## Atmen, um Konflikte zu lösen – Vertiefungsübung

Um gelassen zu führen und das Potenzial im Team optimal zu nutzen, ist es wichtig, innere Konflikte mit Teammitgliedern auflösen zu können. Dabei kann die folgende Übung unterstützend wirken. Erinnern Sie sich an unsere Übung am Anfang des Kapitels, wo es darum ging, wie der Gedanke an bestimmte Menschen unseren Atem beeinflusst. Diese Übung führen wir nun fort, indem wir den Atem nutzen, um in Konfliktsituationen mit Teammitgliedern eine neue Perspektive einnehmen zu können.

- Nehmen Sie sich einen Moment Zeit und rufen Sie sich die Person ins Gedächtnis, mit der Sie im Konflikt (groß oder klein) stehen. Denken Sie an die Person und beobachten Sie, ob und wie der Gedanke an sie Ihren Atem verändert.
- Beginnen Sie nun in der Wellenatmung zu atmen. Nehmen Sie die Perspektive der anderen Person ein – schauen Sie diese Situation sinnbildlich durch seine/ihre Brille an.
- Nehmen Sie ein paar tiefe Atemzüge und überlegen Sie sich, wie Sie die Situation am besten beeinflussen und lösen könnten.

Frei nach Albert Einstein: Wir können Probleme nicht mit der gleichen Denkweise lösen, mit der sie entstanden sind. Durch das bewusste Atmen und Sich-vor-Augen-führen bringen Sie sich in eine andere Energie, die es erlaubt, neue Lösungen zu finden.

## Leitgedanken zur Reflexion

- Teamresilienz befähigt Teams, gesund und leistungsstark Herausforderungen zu bewältigen. Fünf Dimensionen sind dabei entscheidend: Vertrauen, Richtung, Synergie, Improvisieren und Balance.
- Das Ganze ist mehr als die Summe der einzelnen Teile: Um die Schwarm- oder kollektive Intelligenz Ihres Teams nutzen zu können, brauchen Sie ein hohes Maß an emotionaler Intelligenz.
- Unsere Präsenz ist ein entscheidender Schlüssel zum Glück: Studien zeigen, dass es wichtiger ist, dass wir mental präsent sind bei einer Tätigkeit, als *was* wir tun.

Kapitel 5

# Chefsache: Die Frage nach dem Mindset

Es gibt keinen Managementjob ohne Stress. Das lässt sich weder ignorieren noch wegatmen. Sie sollten beides nicht versuchen, sondern den Stress annehmen wie eine ganz besondere Note, denn Stress gehört zum Job wie das Salz in der Suppe. In der richtigen Menge hinzugefügt, kann es die Aromen verstärken und die Sinne anregen, aber zu viel davon kann den Geschmack verderben. Stress mobilisiert unsere ganze Kraft, die wir brauchen, um erfolgreich zu sein. Ohne ihn würden wir vermutlich antriebslos durch den Tag gleiten, würden wir den Aufgaben einen anderen Takt, eine andere Bedeutung zuordnen, und mit der Zeit würde Ihr sympathisches Nervensystem träge werden. Es würde verlernen, in herausfordernden Situationen alle Ressourcen zu nutzen, weil ein einziger Gedanke Sie antreibt: *Ich gebe alles, um mein Ziel zu erreichen.*

Gefährlich wird Stress erst, wenn Sie ihn als Feind wahrnehmen oder wenn Sie Ihre eigene Stressgrenze missachten. Dann nämlich schütten Sie jene Neurotransmitter aus, die Ihren Geist belasten und im Folgenden den Körper schwächen können. Alles beginnt mit Ihren Gedanken, mit Ihrer Haltung zu dem, was Sie tun. Sie setzen die Impulse, Sie entscheiden über Ihre Wahrnehmung, Ihr Handeln, Sie sind der Regisseur Ihres Innenlebens. Machen Sie sich das bewusst. Sie können sich in anstrengenden Situationen sagen: *Diese Aufgabe nehme ich mit Freude an.* Sie können ebenso entscheiden, dass sich ein Einsatz nicht lohnt, dass Sie das nicht schaffen werden oder der Preis zu hoch ist. Auch das kann eine wichtige bewusste Entscheidung sein. Oder Sie können sich zum Spielball der anderen machen, können resignieren und denken: *Das schaffe ich sowieso nicht, das ist zu viel. Andere sind besser als ich.* Was glauben Sie, mit welcher Haltung werden Sie gesünder leben?

Natürlich sind die äußeren Paramater ganz entscheidend für unser Stressempfinden. Wenn wir systematisch überfordert sind, dann setzt uns das zu und tut niemandem gut. Die Corona-Krise, die Kriege und Unsicherheiten in der Welt hinterlassen bei vielen von uns Spuren und können zu einem Gefühl der Hilflosigkeit führen. Und doch: Heute belegen zahlreiche Studien, dass unsere Sichtweise auf die eigene Lebenssituation ganz entscheidend ist. Dass die seelische Widerstandskraft wächst, wenn wir uns den Herausforderungen stellen und ein Empfinden der Selbstwirksamkeit entwickeln können.

Ein Aufsteigen auf der Karriereleiter ist kein Spaziergang. Stressbedingte Zweifel sind der allgegenwärtige Begleiter auf diesem Weg. Wie erwähnt, kenne ich das selbst zur Genüge. Aber wem erzähle ich das? Sie werden bereits manche Selbstzweifel erfolgreich überwunden haben. Meist beginnen diese mit der Frage: *Bin ich gut genug?* Und ich bin mir sehr sicher: Ja, Sie bringen alles mit, was Sie auf Ihre ganz einzigartige Art und Weise erfolgreich machen kann.

Ich begleite seit zwei Jahrzehnten Menschen in großer Verantwortung und kenne den Zwiespalt aus Freude und Angst. Ein Erfolg zieht oft den Zweifel nach sich, die Sorge darum, was morgen oder übermorgen geschehen wird. Die Unsicherheit über die Entwicklung am Markt und die Frage, ob man den Erfolg wiederholen kann, wird oft ein Wermutstropfen im gegenwärtigen Erfolgsrausch bleiben. Das scheint uns allen ähnlich zu gehen. Egal auf welchem Kontinent ich Führungskräfte begleite, diese Bedenken finde ich in jeder Kultur. Oft flammt die Frage im Kopf auf: Mit wem könnte ich über meine Sorgen und Ängste und Zweifel sprechen, wer könnte mich auffangen, mich beruhigen, wer könnte zuhören, ohne daraus ein Szenario des Scheiterns zu entwerfen? Nehmen Sie all die Gedanken und Gefühle an, verdrängen Sie nichts, Zweifeln ist ein Teil Ihres Jobs. Er ist der Antagonist Ihres beruflichen Drehbuches.

Mein Rat? Nehmen Sie diese Stimme wahr, aber lassen Sie sie nicht zu laut werden, suchen Sie den Dialog mit Ihnen wohlgesinnten Menschen und erinnern Sie sich immer wieder daran, was Sie schon alles geschafft haben! Denn, so weiß die Forschung heute, wie wir uns an die Vergangenheit erinnern, so gestaltet sich auch die Zukunft.

## Es war einmal ein Prinz …

Nennen wir ihn Prinz C. Er war einer der einflussreichsten Prinzen Saudi-Arabiens, ein Anwärter auf den Thron. Der Prinz wollte Gutes für sein Land bewirken, wie die Gesundheit seines Volkes schützen, die Rolle der Frau in der Gesellschaft stärken, die Wirtschaft ankurbeln und die Kulturstätten bewahren. Es mag sein, dass die vielfältigen Pflichten ihn manches Mal aufregten, dass auch ihn hin und wieder der Zweifel befiel, ob er alle Chancen ergriff oder gar Wichtiges übersah. Man kann sich vorstellen, dass ein Prinz von seinem Format über eine Schar Berater verfügte und Experten um sich versammelte, weil er diese Aufgaben nicht allein bewältigen konnte. So landete eines Tages, es war im Sommer 2002, eine Anfrage auf meinem Schreibtisch mit königlichem Stempel und Absender: Der Prinz beauftragte mich, ihn die Atemtechnik zu lehren. Er bemerkte, dieser Auftrag sei dringlich, denn es gehe ihm nicht gut, er fühle sich gesundheitlich angeschlagen.

Ich zögerte und horchte in mich hinein. Wollte ich diesen Auftrag annehmen? War es mein Wunsch, zum Dunstkreis der königlichen Familie zu gehören, von deren Wirken ich nicht genug wusste? Ich besprach mich mit meiner Familie, überlegte, wie dieser Einsatz vonstattengehen könnte, was die Konsequenzen wären. In Phasen der Entscheidung gönne ich mir normalerweise etwas Zeit und auch einen Sparringspartner, um das Für und Wider einer Frage abzuwägen und ein Ergebnis zu reflektieren.

Ich sagte also zu und flog zum Prinzen, der sich gerade in Österreich aufhielt. Ich wurde in einem Hotel untergebracht – es gehörte zu seinem Besitz –, und am Abend vor meinem Einsatz klopfte sein Leibarzt an die Tür, um mich vertraulich vom Gesundheitszustand des Prinzen zu unterrichten. Dieses Briefing schloss der Arzt mit den Worten: »Wenn Seiner Hoheit die Methoden gefallen, dann ist das sehr gut für dich und deine Organisation, wenn nicht, dann ist das schlecht …« Was das wohl zu bedeuten hatte? Nun aber war keine Flucht mehr möglich und ich sagte mir: »Christoph, den Weg gehst du jetzt, du gibst dein Bestes.« Dennoch muss ich zugeben, als ich dem Prinzen gegenübertrat, war ich nervös. Hinter ihm saß ein Stab einflussreicher Mediziner, die mich kritisch beäugten. Sie mochten sich gedacht haben, was ich schon ausrichten könne mit meiner Anleitung zum Atmen, wo doch andere

Methoden nicht anschlugen. Ich blendete ihre Blicke aus. Ich konzentrierte mich auf den Prinzen, der, wie ich später erfuhr, damals bereits schwer krank war. Ich tauchte geistig und körperlich in diesen Moment ein, der den Start des Trainings setzte. Es gab in meinem Ansinnen nur den Prinzen und mich und die Energie, die uns umgab.

Ich will es hier abkürzen: Am Ende meines Atemtrainings sagte der Prinz, er fühle sich entspannt wie seit langem nicht mehr, so entspannt, wie er einst als Kind in den Armen seiner Mutter gewesen war. Damit entschied der Prinz, ich müsse bei ihm bleiben und werde nun zu seinem Expertenstab gehören. Es fiel mir nicht leicht, doch ich musste ihm mitteilen, dass ich das nicht wollte und nicht könnte. Wir einigten uns auf regelmäßige Besuche. Einmal im Monat reiste ich zu ihm, trainierte mit ihm Atem- und Achtsamkeitsmethoden, er war zufrieden – und ich war es auch. Irgendwann jedoch brach der Kontakt plötzlich ab, zunächst wunderte ich mich darüber und war dann aber sehr besorgt, da mir mitgeteilt wurde, dass seine Gesundheit sich sehr stark verschlechtert hatte und er zu schwach war für unser Training. Dann, nach einem Jahr, in dem ich bloß mit seinen Beratern im Kontakt war, kam ein Anruf: »Christoph, du musst kommen, sofort! Dem Prinzen geht es besser, er braucht dich.« Wir einigten uns darauf, dass ich den Prinzen ein wenig später in Portugal besuchte.

Und was er mir dann erzählte, berührte mich sehr. Ein Eingriff war notwendig geworden und wegen seines instabilen körperlichen Zustands überließen es die Ärzte dem Prinzen, ob er eine Narkose machen lassen würde. Aufgrund seiner körperlichen Situation rieten sie davon ab, weil er einfach zu schwach sei und sogar dabei sterben könnte. Doch der Schmerz würde groß sein und deshalb sei es allein seine Entscheidung. Da dies aber keine wirkliche Entscheidung war, verzichtete er auf die Narkose und wendete in der Not die Atemtechniken an. Und er empfand entgegen allen Erwartungen praktisch keinen Schmerz. Das beeindruckte ihn enorm. Er sagte mir: »Jetzt weiß ich, dass ich mehr bin als mein Körper.«

Verstehen Sie mich nicht falsch, ich rate keinem Menschen auf dieser Erde, auf die Narkose zu verzichten und einfach zu atmen! Natürlich nicht. Aber er war in dieser ausweglosen Situation und deshalb habe ich seine Entscheidung verstanden.

Daraufhin bat er mich, mit ihm im Privatjet nach Saudi-Arabien zu reisen. Ich tat es spontan, und erst später wurde mir klar, was es eigentlich bedeutete, dass ich ohne Visum nach Saudi-Arabien gereist war. Wenn ich heute daran zurückdenke, bleibt mir der stürmische Empfang der Menschen, die dort lebten, in Erinnerung, denn der Prinz war beliebt beim Volk. Es bleibt mir auch in Erinnerung, wie begierig er war, alles über den Atem und die alten Yogaweisen zu erfahren. Und wie wir stundenlang über das Leben philosophierten. Ich lernte sehr viel über die örtliche Kultur – eine Erfahrung, die ich nie vergessen werde. Dass ich den Palast ohne Visum nicht verlassen durfte, war für mich nebensächlich. Ich konzentrierte mich zwei Monate lang auf das tägliche Training mit dem Prinzen und später auch mit anderen Familienmitgliedern. Und eines Tages sagte der Prinz: »Diese Art von Yoga und diese Atemübungen sind nicht im Konflikt mit meiner Religion, das sollten alle meine Landsleute lernen.« In den nächsten Jahren vermittelte ich tausenden Menschen und vor allem Führungskräften im Mittleren Osten die Techniken. Obwohl sein Zustand schlechter wurde, absolvierte der Prinz die Übungen bis kurz vor seinem Tod. Heute weiß ich, es war seine Art, der Krankheit die Stirn zu bieten, es war der Versuch, Normalität zu leben und seine innersten Kräfte zu mobilisieren.

Dieser Einsatz zählt zu den einschneidenden in meinem Leben. Und wenn ich bedenke, dass der Selbstzweifel mich fast davon abgehalten hätte, die Begegnung mit dem Prinzen zu ermöglichen, so wäre ich um einige Erfahrungen, sogar um ein Abenteuer ärmer. Dabei haben mich Selbstzweifel und Angst seit meiner Kindheit begleitet. Und heute kann ich sagen: Es ist ein Glück, dass auch die andere Seite in mir, nämlich Mut und Aufbruchstimmung, sich mischt.

In vielen Situationen, in denen ich den Schritt nach vorne gesetzt habe, habe ich schlussendlich viel mehr von mir und der Welt kennenlernen dürfen. Es haben sich Grenzen verschoben, ich habe die Welt neu entdecken dürfen. Allerdings ging jedem dieser Schritte ein Durchkneten der Gedanken, ein Hochhalten des Selbstzweifels, eine Angst vor dem Scheitern voraus. Und manches Mal hätte ich mir in meinen ersten Berufsjahren als junger Trainer gewünscht, mit mehr Selbstvertrauen und mehr Freude solche ersten Schritte zu setzen. Damals habe ich mit Sri Sri Ravi Shankar über das Thema philosophiert. Er meinte: »It is your ambition, that holds you back.«

Es dauerte eine Weile, bis ich diesen klugen Satz wirklich verstand: Es ist die Ambition, die uns nach vorne pusht und uns gleichsam zurückhalten kann. Um das volle Potenzial in uns zu nutzen, gilt es immer wieder, vollen Einsatz zu geben und gleichzeitig zu realisieren, dass wir das Resultat nie zu 100 Prozent kontrollieren können. Es geht also darum, im Vertrauen in die Ungewissheit zu schreiten. Eine Fähigkeit, die mir gerade heute, in einer Welt, in der alles immer schneller und unsteter wird, wichtig ist. Zweifel kann ein Motor sein, er kann ebenso der Grund für Zögern und Abwägen sein. Er kann uns vorsichtig machen oder den Mut hervorlocken. All das mag im Vorfeld einer Entscheidung richtig sein. Im Moment der Handlung jedoch zählt nur das Vertrauen und die Offenheit demgegenüber, was das Leben vorhat.

## Selbstzweifel

So möchte ich Ihnen hier einen Rat geben: Wenn der Selbstzweifel an Ihnen nagt, dann arbeiten Sie auch an Ihrem Mindset. Vertrauen Sie dem Leben – und nicht nur dem Erfolg. Mit diesem Mindset, das auch Growth Mindset genannt wird, werden Sie in Kontakt mit etwas Größerem kommen. Sie wagen den Sidestep, betreten unbekanntes Terrain, Sie atmen in den noch fremden Moment, der bald Ihre Erfahrung sein wird. Sie setzen Ihre Fähigkeit ein, hier und jetzt. Atemzug für Atemzug.

Das Growth Mindset, oder Wachstumsdenken, ist eine Denkweise, die sich auf die Überzeugung stützt, dass die Fähigkeiten und Talente einer Person nicht festgelegt sind, sondern durch Arbeit, Lernen und Durchhaltevermögen entwickelt werden können. Diese Idee steht im Gegensatz zum Fixed Mindset, eine starre Denkweise, bei der man davon ausgeht, dass die Fähigkeiten und Talente einer Person von Natur aus festgelegt sind und sich nicht wesentlich verändern können.

Roger Federer ist ein herausragendes Beispiel für jemanden, der ein Growth Mindset lebt. Nach großen Niederlagen oder Rückschlägen – und davon gab es viele, hat er doch ein Drittel aller Grand-Slam Endspiele verloren – hat Federer oft betont, wichtige Daten gesammelt und viel gelernt zu haben, was für die Zukunft wichtig sei. Anstatt sich von

Misserfolgen entmutigen zu lassen, betrachtet er sie als Gelegenheit zum Lernen und zur Weiterentwicklung.

Diese Einstellung hat Federer in den Medien oft Kritik eingebracht, da viele der Meinung waren, dass es in einem so wettbewerbsorientierten Umfeld wie dem Profisport wichtiger ist, zu siegen als zu lernen. Sie deuteten es nicht selten als ein Zeichen, dass er womöglich auf dem absteigenden Ast war und seine Karriere bald enden könnte.

Zahlreiche wissenschaftliche Studien aber unterstützen, wie wichtig seine Haltung ist. Forschungen von Psychologen wie Carol Dweck[1] haben gezeigt, dass Menschen mit einem Growth Mindset tendenziell widerstandsfähiger sind, sich schneller von Rückschlägen erholen und letztendlich größere Erfolge erzielen können.

Der Unterschied zwischen Roger Federer und Millionen anderer Spieler lag also meiner Meinung nach nicht nur in seinem Talent, sondern in der Fähigkeit, mit Niederlagen und Rückschlägen umzugehen, diese zu nutzen und schlussendlich sein Spiel und seinen Charakter auf dem Platz zu formen. Denn auch der große Roger Federer hat in seiner Karriere insgesamt erstaunliche 46 Prozent aller je gespielten Punkte verloren.

Mit einem Growth Mindset einen Schritt in unbekanntes Terrain zu wagen, Fehler und Niederlagen als Chance von Wachstum zu sehen, kann ein mutiger Sidestep sein. Nun kommen diese Niederlagen meist ohne Vorankündigung. Aus diesem Grund ist es wichtig, sich Zeit zu nehmen, um den Sidestep vorherzusehen, ihn vorzubereiten.

Mein ganz persönlicher Tipp: Gönnen Sie sich vor wichtigen Einsätzen eine Verabredung mit sich selbst. Zum Beispiel, indem Sie genügend schlafen, früh morgens raus in die Natur gehen und sie in all ihren Stimmungen und Farben wahrnehmen, oder gönnen Sie sich eine extra Portion Sport, denn Bewegung gibt Druck ab. Stellen Sie sich die Frage: Was möchte ich heute erreichen? Und vor allem: Wer möchte ich heute sein?

Dies alles kann Ihr Mindset vorbereiten. Ich persönlich habe hierzu eine wichtige Lektion gelernt. Bei Trainings, die nicht gut liefen, habe ich oft bei der Vorbereitung das Inhaltliche über das Mindset gestellt und mir keine Zeit für den entscheidenden Sidestep eingeräumt. Aber das hat sich selten als gute Idee herausgestellt. Natürlich sind die zu vermittelnden Inhalte die Basis, aber meine Haltung ist der wichtigste Aspekt und ermöglicht mir, auch auf Unvorhergesehenes agiler einzugehen.

Und sollte Ihr Gewissen mahnen, dass ein Spaziergang in der Natur Ihre To-do-Liste nicht schmälert, dann denken Sie lächelnd: »Dafür erhöht sich die Energie. Dafür komme ich in Kontakt mit mir selbst. Was kann größer sein als dieses Gefühl der inneren Verankerung?«

Das ist das Gegenteil von Stress, Zweifel, Angst. Nichts gibt Ihnen mehr Sicherheit als das Verankern in Ihrer inneren Mitte.

## Die Rolle des Mindsets

Wir können uns sicherlich noch alle sehr gut an die Finanzkrise 2008 erinnern. Was als Bankenkrise begann, weitete sich im Folgenden sogar bis in jeden Haushalt weltweit aus. Nur wenige wirtschaftliche Desaster der Neuzeit haben solch gravierende Spuren hinterlassen. Wir haben gemerkt, wie alles mit allem zusammenhängt, wie der Riss an einer Stelle zum Zerbröckeln eines ganzen Systems führen kann. Führungskräfte in Unternehmen verschiedener Branchen, die ich zu dieser Zeit begleitete, standen massiv unter Druck. Ihnen gemein waren die typischen Signale: Nervosität, Gedankenspiralen, Schlaflosigkeit, Herz-Kreislauf-Probleme und die Vorstellung einer dunklen Zukunft. Wer sich in diesem Energiefeld befindet, der sieht das Problem – die Lösung erkennt er nicht.

Zu dieser Zeit der Finanzkrise beschäftigten sich kluge Köpfe der Harvard- und Stanford-Universität mit dem Zusammenhang von Stress und Mindset. Denn aus Umfragen war längst bekannt, wie Führungskräfte litten, wie viele von ihnen kurz vor der Erschöpfung standen. Es ging darum, die Leistungsfähigkeit zu erhalten, denn die ist besonders während einer Krise gefragt, da zeigen sich seelische Widerstandskraft und kreative Ansätze einer Führungsriege.

Die Wissenschaftler arbeiteten hierzu mit 388 Führungskräften des Finanzdienstleistungsunternehmens UBS zusammen, um in einer Phase massiver Entlassungen zu untersuchen, ob man wahrgenommenen Stress durch ein verändertes Mindset beeinflussen kann.[2] Dazu teilten sie die Führungskräfte per Zufall in zwei Gruppen ein. Der ersten Gruppe wurde erklärt, dass Stress sie schwäche, lähme, krank mache.

Man stellte in einem Video ausführlich diese signifikanten Nebenwirkungen von Stress dar. Der zweiten Gruppe der Führungskräfte sagte man, Stress stärke Körper und Geist, mache widerstandsfähig und bringe den Leistungspegel auf ein höheres Niveau. Auch diesen Bankern wurde ein Video gezeigt, das die Fakten wissenschaftlich untermauerte. Das Ergebnis überraschte: Bereits das Ansehen eines Videos veränderte das Stress-Mindset der Probanden. Diejenigen, die das »Stress ist gut«-Video angesehen hatten, klagten weniger über Schlaflosigkeit, Muskelverspannung, Herzrasen, all die negativen Begleiterscheinungen des Stresses minimierten sich. Zudem berichtete diese Gruppe, dass sie sich selbst als leistungsbereiter und positiver gestimmt wahrnahm. Das Studienergebnis wurde seither mehrmals belegt.

*Unser Mindset ist die Brille, durch die wir die Welt betrachten.*

An dieser Stelle will ich weitergehen und Ihnen versichern: Es bedarf keiner Krise, um sein Mindset zu verändern. Sie können sich völlig freiwillig jeden Tag dazu entscheiden. Denn jede Routine, jedes einzelne Erleben, jedes Überraschen ist abhängig davon, welche emotionale, sachliche, empathische, stilistische, soziale Sichtweise Sie einnehmen.

Stellen Sie sich vor, Sie wollen ein Pressestatement abgeben. Sie könnten sich sagen, dass die Journalisten Ihren Text aus dem Kontext reißen und somit dem Image des Unternehmens schaden werden. Sie könnten Angst haben, nicht die richtigen Worte zu finden, auf eine Frage nicht adäquat zu kontern, Zahlen und Fakten nicht parat zu haben. Sie könnten sich bereits vor dem Statement in Zweifeln verlieren, obwohl Sie wissen, dass Sie gut vorbereitet sind. Bei solchen Gedanken werden Sie vermutlich in der Nacht vor dem Termin schlecht schlafen, Sie werden zu viel Kaffee trinken, Ihre Unterlagen nochmals durcharbeiten, sich in der Zeit verlieren und Ihre Nervosität vorantreiben, bis Sie tatsächlich fast atemlos vor die Presse treten. Sie haben sich dann in Gedanken die Negativität bereits antrainiert. Und Sie wissen ja, dem

Gehirn ist es völlig egal, ob etwas in Theorie oder Praxis stattfindet. Die Vorstellung reicht aus, um die Neurochemie zu mixen, in diesem Falle ist es die Chemie für Stress. Dann brüllt es in Ihnen: »Gefahr!« Und Sie werden keine Freude an der Herausforderung empfinden.

Fragen Sie sich doch einmal: *Wie sieht meine innere Welt aus? Welches Mindset leitet mein Handeln?*

Ich habe Führungskräfte beraten, die über ein hohes Maß an Wissen und Empathie verfügten – und doch kurz vor dem Burnout standen. In Erinnerung geblieben ist mir Konrad. Er war Manager in einem großen DAX-Unternehmen, hatte bislang eine vorbildliche Karriere hingelegt. Als ich seine Unterlagen las, überkam mich der Respekt mit Blick auf die Aufgaben, die er täglich stemmte. Es gehörte nicht viel Fantasie dazu, um sich auszumalen, dass Stress sein ständiger Begleiter war. Er ging virtuos damit um. Was ihn aber aus der Spur brachte, war die Tatsache, dass er kaum Zeit für seine Familie fand. Es ängstigte ihn, dass er seine Kinder zu wenig sah, dass sie sich von ihm entfremden könnten. Er wollte, so erzählte er mir, nicht nur eine vorbildliche Führungskraft, sondern auch ein engagierter Vater sein. Damit setzte er sich selbst enorm unter Druck.

Geistiger Druck aber erzeugt Stress, und Stress bringt auf Dauer physische Probleme mit sich, bei Konrad waren es Schlafstörungen und im Folgenden eine Erschöpfung. Ich empfahl ihm, täglich zwölf Minuten die Atemübungen, die ich ihm zeigte, zu praktizieren. Diese sollten, so erklärte ich, sein sympathisches Nervensystem herunterfahren und den Parasympathikus stärken. Zunächst sah er mich entsetzt an, bemerkte, dazu keine Zeit zu haben, denn zwölf Minuten täglich seien fast eineinhalb Stunden Spielzeit mit den Kindern pro Woche. Dieser Einwand zeigte mir, wie gefährlich nah er jenem Punkt war, an dem Stress ins Ungesunde kippt. Ich fragte ihn: »Was ist dir wichtig? Für wen oder was möchtest du fit sein?« Die Antwort kam wie aus der Pistole geschossen: »Für meine Kinder.« »Dann«, so bat ich ihn, »atme für deine Kinder, tu es für deine Familie, die dich fit und energiereich erleben will. Sag dir während dieser zwölfminütigen Auszeit, dass du jeden Atemzug deinen Kindern widmest.« Das tat Konrad. Er arbeitete an seinem Mindset, veränderte die Brille, durch die er den eigenen Plan betrachtete, und sprang damit quasi dem Burnout von der Schippe. Statt einem weiteren To-do, das ihn von seinem Fokus für die Familie wegbrachte, wurden diese zwölf Minuten eine Zeit, in der er für die Familie Kraft tankte. Er zog sich, wie er das nannte, in diesen paar Minuten wie im Flugzeug in Notsituationen die Sauerstoffmaske auf, sodass er seiner Familie danach wieder helfen konnte.

Ich kenne viele Führungskräfte, die trotz oder vielleicht gerade wegen des enormen Drucks, unter dem sie operieren, den Mut haben, diese Sauerstoffmaske immer wieder aufzusetzen, und kurze Atemsequenzen in den Tagesplan einbauen, um loszulassen von den eigenen Gedanken, die Druck erzeugen. Ich habe sie ermutigt, sich Inseln im Alltag zu bauen, die kein negativer Gedanke, kein Vorwurf, keine Belastung je erreichen kann. Auf diesen kleinen Inseln herrscht eine innere Ruhe, fernab von Problemen. Und wenn diese Menschen danach wieder in den ganz alltäglichen Wahnsinn ziehen, dann geschieht das mit einer Energie, die sich aus guten Gedanken und hellen Farben mischt. Sie gehen mit einem inneren Lächeln voran.

## Stimuli für Emotionen

Jeder Gedanke, jede wahrgenommene Situation kann eine Emotion auslösen und eine entsprechende Energie freisetzen. Eine Emotion ist Energie in Bewegung, die sich zu einer sehr raffinierten, diffizilen Kettenreaktion steigert. Das gilt im positiven wie im negativen Sinne. Machen wir uns klar: Ein einziger destruktiver Gedanke kann Ihren gesamten Energiehaushalt aus der Balance bringen, also Ihr Herz aus dem Takt, Ihren Darm aus dem Rhythmus reißen, die Zusammensetzung Ihres Blutes verändern, die Gefäße verengen, den Atem verflachen und so weiter.

Setzen wir hier kein inneres Stoppschild, wird sich die Negativspirale der Gedanken drehen und mehr und mehr physischen Tribut fordern. Ein teuflischer Kreislauf entsteht: Das Mindset beeinflusst die Energie und umgekehrt bildet sich die Energie in dem Mindset ab. Dementsprechend schnell können wir in dunkle Emotionen wie Angst, Wut, Ärger, Hoffnungslosigkeit und Traurigkeit abrutschen. Wenn wir durch gezielte Handlungen unsere Energie wieder erhöhen, kann sich die Wahrnehmung in kürzester Zeit ins Positive wenden, wie Abbildung 6 zeigt:

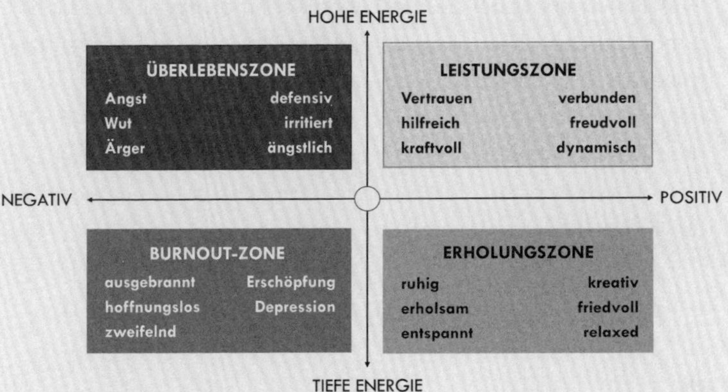


Abbildung 6: Die vier Energiequadranten
(Quelle: TLEX, angelehnt an Loehr und Schwartz[3])

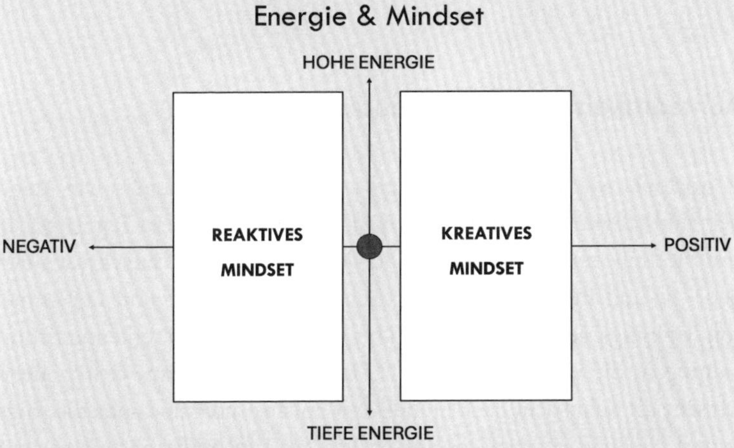

Energie & Mindset

HOHE ENERGIE

NEGATIV

**REAKTIVES MINDSET**

**KREATIVES MINDSET**

POSITIV

TIEFE ENERGIE

Abbildung 7: Der Einfluss des Energieniveaus auf das Mindset (Quelle: TLEX)

Wenn wir uns in den Bereichen Überlebenszone oder Burnout-Zone befinden, führt uns das tendenziell in ein reaktives Mindset: Unsere Überlebensinstinkte werden aktiviert und unser System beruft sich auf Muster, die in der Vergangenheit funktioniert haben. Das ermöglicht uns jedoch nicht mehr, agil und kreativ auf das einzugehen, was jetzt gerade stattfindet und nötig wäre.

Wenn wir uns in der Leistungs- und der Erholungszone befinden, ermöglicht unser Energieniveau den Zugang zu einem anderen Bewusstsein. Wir können Situationen klarer wahrnehmen, unsere eigenen Motive besser verstehen und sie erfolgreicher abgleichen mit dem, was im Außen vorgeht: Wir sind in einem kreativen Mindset.

Es ist zu beachten, dass es völlig normal ist, alle vier Quadranten immer mal wieder zu erleben.

***Unser Mindset, das heißt, wie wir die Welt wahrnehmen, hängt stark vom Energielevel ab. Sie können Ihr Energielevel jederzeit durch gezielte Atemtechniken beeinflussen.***

## Achtsamkeit im Moment und sonst nichts

»Christoph, wie kann ich ein kreatives Mindset erreichen?« »Die Aufgaben sind zu viel, zu zeitraubend, zu herausfordernd. Mein Tag ist gefüllt von Meetings und einer endlosen To-do-Liste. Wie soll ich da kreativ bleiben?« So und ähnlich äußern sich viele Teilnehmerinnen und Teilnehmer von Trainings. Ich sehe dabei in übermüdete Gesichter, erkenne Schonhaltungen, die von verspannten Nacken- und Schultermuskeln zeugen. Ich sehe die Sehnsucht nach Freude und Entspannung und auch die Ängste und die angegriffene Gesundheit. In Vier-Augen-Gesprächen vertrauen mir viele Menschen an, dass sie am Limit agieren, dass sie große Sorge um ihr Wohlergehen haben, dass sie sich jedoch nicht trauen, darüber zu sprechen. Denn von Top-Mitarbeitenden der ersten Liga erwartet man Einsatz, Gesundheit und Durchhaltevermögen. »Aber wir sind keine Götter, wir sind verletzbar, wir gehen unzufrieden, geschwächt und manchmal krank aus Krisen heraus. Und wo, bitteschön, gibt es heutzutage keine Krisen, keinen Wandel, keine Unsicherheit?« Wenn ich solche Sätze höre, dann empfinde ich Mitgefühl, weil ich erkenne, da geht jemand bis an die Grenzen der Belastung und darüber hinaus. Gesundheit und Achtsamkeit stehen nicht mehr im Einklang mit den Aufgaben.

Ich will es hier deutlich formulieren, weil mir Ihre Gesundheit wichtig ist: Wer stets im Stressmodus agiert, der schadet auf Dauer seinem Gehirn, seinem Körper und der riskiert seine Leistungskraft. Dann überlegen Führungskräfte rückblickend, ob sie in der Vergangenheit einen Fehler übersehen haben. Dann lähmt die Vorstellung, in der Zukunft ein Detail zu vergessen. Das ist unnötiger und schädlicher Stress! Solche Gedanken versperren Ihre Abenteuerlust, die Sie nach vorne bringen kann!

Bereits 1908 haben die Wissenschaftler Robert Yerkes und John D. Dodson darauf hingewiesen, dass Leistung vom Erregungsniveau abhängt.[4] Das visualisierten sie mit einer Stresskurve, die bis heute gültig ist: Es kommt auf den Grad des Druckes an und auf das Mindset, das diesen Stress begleitet.

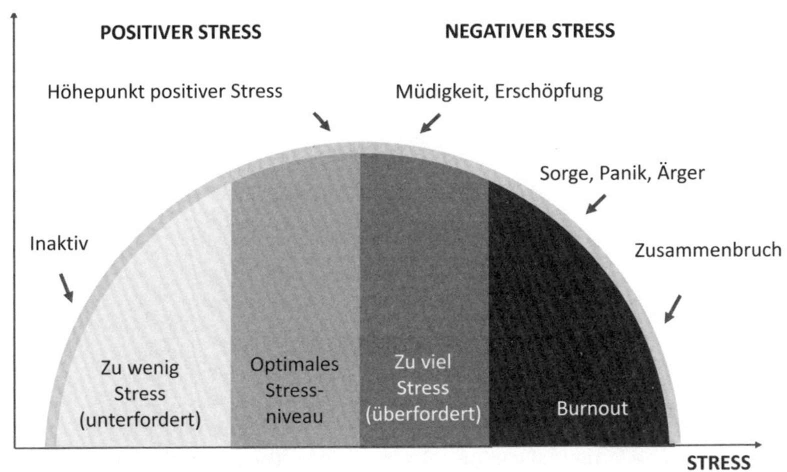


Abbildung 8: Die Auswikung von Stress und Druck auf die Leistungsfähigkeit (Quelle: TLEX, angelehnt an das Yerkes-Dodson-Gesetz)

Nehmen Sie bei allem, was Sie tun, wahr, wann Ihre persönliche Leistungskurve zu kippen droht. Dann halten Sie unbedingt inne! Und merken Sie, wo genau diese Grenze verläuft. Beide Aspekte – die äußere Belastung sowie das innere Mindset – gilt es zu überprüfen und zu managen.

Die folgende Atemübung hilft Ihnen, das Energieniveau anzuheben, das, wie wir wissen, wiederum direkt das Mindset beeinflusst.

## Blasebalg – Teil der Zwölf-Minuten-Methode

Wir haben in diesem Kapitel besprochen, wie wichtig bewusstes Energiemanagement für unser Mindset und unsere Leistungsfähigkeit ist. Spezifische Atemtechniken können das Energielevel im Körper deutlich erhöhen. Eine der besten Übungen hierfür ist der Blasebalg, der seinen Ursprung im Yoga hat und in Sanskrit Bhastrika heißt. Durch das etwas stärkere und schnelle Ein- und Ausatmen wird das sympathische Nervensystem aktiviert: Wir fühlen uns energetisiert und können eine neue Sichtweise auf uns selbst und die Welt bekommen.

- Setzen Sie sich an das vordere Ende Ihres Stuhls, stellen Sie beide Füße fest auf den Boden und halten Sie den Rücken gerade. Bringen Sie mit angewinkelten Armen beide Hände vor die Schultern und machen Sie lockere Fäuste, wobei die

Handflächen nach vorne zeigen. Die Arme und Ellbogen hängen entspannt an den Seiten des Körpers. Entspannen Sie die Schultern. Atmen Sie tief ein und vollständig aus.

- Atmen Sie nun kräftig durch die Nase ein, strecken Sie die Arme schwungvoll nach oben und öffnen Sie dabei die Hände.
- Mit dem Ausatmen ballen Sie die Fäuste und bringen die Arme wieder schwungvoll nach unten in die Ausgangsposition. Beim Ausatmen können die Ellbogen die Seiten des Körpers leicht berühren.
- Nehmen Sie 15 Atemzüge zusammen mit der Armbewegung. Wie ein Blasebalg füllen und leeren Sie Ihre Lungen rhythmisch. Nehmen Sie sich ein bis zwei Sekunden Zeit pro Atemzug.
- Nach 15 Atemzügen legen Sie die Hände in den Schoß ab, wobei die Handflächen Richtung Decke zeigen, und entspannen Sie für 10 bis 15 Sekunden.
- Führen Sie dann zwei weitere Runden mit je 15 Atemzügen durch.

Führen Sie die Übung möglichst mit geschlossenen Augen durch, sodass Sie sich noch mehr auf die Atmung konzentrieren und besser zwischen den Runden entspannen können.

Wenn Sie schwanger sind, an Atemwegserkrankungen oder hohem Blutdruck leiden, dann praktizieren Sie diese Übung leicht und locker, hören Sie auf Ihr Körpergefühl und machen Sie nur so viele Wiederholungen, wie für Sie angenehm sind. Oder besprechen Sie sich mit Ihrem behandelnden Arzt.

## Leitgedanken zur Reflexion

- Das Mindset ist die mentale Brille, durch die wir die Welt wahrnehmen und interpretieren. Es beeinflusst unser Denken und Handeln, was sich unmittelbar auf Gesundheit, Leistungsfähigkeit sowie Wohlbefinden auswirkt. Wichtig: Ihr Energieniveau hat einen direkten Einfluss auf Ihr Mindset.
- Ein Growth Mindset legt den Fokus auf Lernen und Entwicklung und ermöglicht damit hohe Kreativität unter Druck: In Situationen von Niederlagen ermöglicht es, das Augenmerk auf das Lernpotenzial und weniger auf das Gefühl des Scheiterns zu legen.
- Ein optimaler Grad an Stress kann Sie motivieren und Ihre Leistungsfähigkeit steigern. Ein gutes Selbstmanagement setzt die Achtsamkeit voraus zu bemerken, wenn die persönliche Leistungskurve zu kippen droht.

Kapitel 6

# Die Rettung des Präsenzmuskels

»Christoph, wo sitzt der Präsenzmuskel? Ich habe noch nie von ihm gehört.« Klar. Sie haben völlig recht mit diesem Einwand. Medizinisch gesehen trägt im menschlichen Körper kein Muskel diesen Namen. Denn der Präsenzmuskel ist eine Analogie, er besteht nicht aus Fasern, ist nicht von Bindegewebe umgeben – und doch überträgt er seine Kraft auf unsere Nerven! Und er bestimmt ganz entscheidend mit, wie wir uns fühlen, wie wir denken und handeln.

Die gute Nachricht: Sie können diesen imaginären Muskel trainieren wie Ihren Bizeps. Dann nämlich nimmt er an Umfang und Widerstandsfähigkeit zu. Je intensiver Sie sich ihm widmen, desto größer wird er und formt Ihren Charakter. Ich finde diese Kongruenz extrem spannend, denn wer diesen Zusammenhang versteht, der wird gesünder und bewusster leben, er wird seine Leistung messbar steigern. Dass bereits ein viertägiges Achtsamkeitstraining messbare positive Effekte bewirkt, zeigt eine im Jahr 2010 veröffentlichte Studie: Bei Studienteilnehmern verbesserten sich die Stimmung, die visuell-räumliche Verarbeitung, das Arbeitsgedächtnis und weitere kognitive Fähigkeiten signifikant nach dem Training.[1]

Um es auf den Punkt zu bringen: Ihr Präsenzmuskel ist ein entscheidender Faktor, um ein kreatives Mindset zu haben, er nimmt Einfluss auf Ihre Bewusstseinszustände, er steuert Ihre Aufmerksamkeit im Moment und damit ist er in Ihrem Gehirn verankert. Spielen wir also in diesem Kapitel mit dieser Analogie. Um die Bedeutung des Achtsamkeitsmuskels in seiner Fülle zu erfahren, lassen Sie uns anschauen, wie sich unser Leben auf allen Ebenen unseres Seins verändert, wenn wir Achtsamkeit praktizieren.

Wir können unsere Existenz unter unterschiedlichsten Gesichtspunkten betrachten. Ich möchte hier vereinfachend sieben Dimensionen unseres Seins unterscheiden, die im Selbstmanagement entscheidend sind: Körper, Atem, Geist, Intellekt, Gedächtnis, Ego und das Selbst. Sie gilt es zu beachten und zu managen, denn diese Bereiche sind es, die Ihre Multidimensionalität aus Wissen, Wohlbefinden, Emotionen und Leistung markieren.

**Körper:** Die physische Ebene des Körpers ist die offensichtlichste Dimension der Existenz. Wir sehen ihn, wir spüren ihn und wir nehmen uns täglich Zeit für seine Pflege. Stress kann sich auf dieser Ebene durch körperliche Spannungen, Krankheiten und Erschöpfung manifestieren. Die achtsame Fürsorge für unseren Körper durch gesunde Ernährung, regelmäßige Bewegung und ausreichend Schlaf ist wichtig, um Stress zu reduzieren und das volle Potenzial des Körpers zu nutzen.

**Atem:** Die Ebene des Atems ist schon etwas subtiler, denn wir können ihn nicht sehen, nur spüren. Wie bereits erwähnt, lässt sich mithilfe des Atems Einfluss auf den Geist nehmen. Deshalb steht der Atem für die Verbindung zwischen Körper und Geist. Stress kann sich bei dieser Dimension durch flache, unregelmäßige Atmung ausdrücken, was schnell zu einer erhöhten Spannung und Unruhe im Körper führt. Achtsamkeit bei der Atmung oder die Anwendung von Atemübungen können den Atemrhythmus regulieren und dadurch den Körper und den Geist entspannen.

**Geist:** Der Geist nimmt über alle fünf Sinne die Welt um uns herum wahr. Wenn Ihr Geist nicht präsent ist, während Sie diesen Text lesen, können Sie den Inhalt nicht verstehen. Wenn wir gestresst sind, hängt unser Geist in der Zukunft und macht sich Sorgen, über das, was vor uns liegt. Oder er verweilt in der Vergangenheit und ärgert sich über Dinge, die bereits geschehen sind. Der achtsame Umgang mit dem Körper und die bewusste Atmung können den Geist in den gegenwärtigen Moment bringen und sein ganzes Potenzial entfalten.

**Intellekt:** Er repräsentiert die Ebene des Denkens und der Analyse. Während Sie jetzt gerade lesen, können Sie vielleicht eine innere Stimme wahrnehmen, die sagt: »Ja, das sehe ich auch so, das ist richtig.« Oder vielleicht sagt sie auch: »Nein, das stimmt sicher nicht.« Mithilfe des Intellekts können wir über Sachverhalte nachdenken und mit seiner Unterscheidungsfähigkeit zu Schlussfolgerungen gelangen. Wahrscheinlich kennen Sie es, dass das klare Denken und damit Entscheidungen oft schwerer fallen, wenn Sie gestresst sind oder sehr intensive negative Emotionen erleben,

Der Intellekt kann, da er Teil des Gehirns ist, bis ins hohe Alter durch Wissen und Erfahrung wachsen. Die Annahme, ein Gehirn bilde sich lediglich bis zum 20. Lebensjahr aus, ist längst überholt. Je mehr wir lernen, neugierig bleiben, uns kniffeligen Lebensaufgaben stellen, Neues begreifen und üben, desto fitter bleiben wir im Kopf. Denn unser Gehirn hat die wunderbare Fähigkeit der Plastizität, es passt sich den Herausforderungen des Lebens an.

**Gedächtnis:** Es speichert alles Erlebte, Erfahrene ab und macht es zur Erinnerung. Es trägt zu unserer reifenden Persönlichkeit bei. Und Sie tun gut daran, dieses Erfahrene zu schätzen, zu nutzen! Durch bewusstes, achtsames Atmen halten Sie die Episoden Ihres Lebens präsent. In Achtsamkeitsübungen können Sie fast Vergessenes wieder abrufen. Auch für das Gedächtnis gilt: Was wir nicht nutzen, baut sich ab. Und wenn wir gestresst sind, dann erinnern wir uns oft vermehrt an das Negative.

**Ego:** Das Ego repräsentiert die Identität und das Selbstbild eines Individuums und hat damit eine wichtige Funktion. Stress kann sich auf der Ebene des Egos als Selbstzweifel, Überheblichkeit und überhöhtes Bedürfnis nach Anerkennung manifestieren. Es kann dazu führen, dass wir uns unnatürlich und von anderen Mitmenschen stark getrennt fühlen.

**Selbst:** Je mehr wir mit dem Selbst verbunden sind, desto mehr sind wir in unserem Beobachtermodus. Das hilft uns, bewusste Entscheidungen zu treffen, die nicht von Stress getrübt sind oder aus einem reaktiven Verhalten heraus gefällt werden. Wir sind bedächtig, beobachtend, reflektierend.

Aus dieser Perspektive erkennen wir die Gründe für unser Verhalten, für Stress und reaktive Muster. Das Selbst nimmt urteilsfrei wahr. Wenn wir vom Selbst aus auf die Welt schauen, dann ist der Blick klar, denn er ist frei von jeglichem Stress, der sich auf den anderen Existenzebenen abspielen kann und den Blick vernebelt. Wenn wir unseren Präsenzmuskel trainieren, gehen wir immer häufiger in Verbindung mit unserem Selbst. Und darin liegt der Schatz. Denn im Trubel des Alltags kann es geschehen, dass wir so sehr im Tun sind, dass wir unser Handeln nicht mehr beobachten. Und doch ahnen Sie es bereits: Sich aus der Perspektive des Selbst zu beobachten, auch in dynamischer Aktivität, ist entscheidend für Ihre Achtsamkeit und die Qualität Ihres Führens und darüber hinaus für das Level Ihres individuellen Bewusstseins. Wenn wir in unserem beruflichen Alltag in komplexen Situationen entscheiden müssen, wenn es darum geht, innerhalb eines Bruchteils einer Sekunde bewusst abzuwägen, was es genau in dieser Situation, die in dieser Einzigartigkeit vermutlich noch nie da war, zu tun gilt, ist es ganz entscheidend, aus dieser Ebene des Beobachters wahrzunehmen und damit unsere Motive zu verstehen.

Nehmen wir an, Sie sind in einem Meeting, in dem ein Konflikt zwischen Teammitgliedern auftritt, und Sie merken, dass Sie intervenieren müssen. In solch einer Situation hilft es enorm, wenn Sie sich Ihrer eigenen Motive und Befindlichkeiten bewusst sind, bevor Sie intervenieren. Zieht sich Ihr Bauch zusammen, weil die Disharmonie im Raum schwierig auszuhalten ist? Versuchen Sie, elegant über das Thema hinwegzusehen?

Ich habe als CEO unseres Unternehmens und als Mensch, dem Harmonie sehr wichtig ist, aus dem Autopiloten heraus oft so gehandelt. Und natürlich immer wieder einen Preis dafür bezahlt. Daher ist es mittlerweile sehr wichtig für mich, in solchen Situationen genau hinzuschauen und wahrzunehmen:

- Was braucht das Team gerade?
- Woher kommen meine Impulse?
- Springt gerade mein Gedächtnis an und sagt: Bloß nicht schon wieder ein Streit?

- Ist es gerade ratsam, Ruhe zu bewahren und das Thema später anzugehen?

Wenn wir in kritischen Situationen beides schaffen – Beobachter zu sein und aktiv zu handeln – dann können wir kreative Lösungen finden, die auf die Bedürfnisse aller Beteiligten eingehen.

*In der Achtsamkeit beobachten wir das, was in uns vorgeht, urteilsfrei aus der Beobachterperspektive.*

## Das Sehnen nach Wonnemomenten

Wir streben alle nach glücklichen Augenblicken, nach solchen Erlebnissen, die wir am liebsten in einem Kästchen all unserer guten Erfahrungen festhalten würden. So geht es mir auch. Denn in hektischen oder traurigen Phasen kann solch eine Erinnerung an schöne Momente die Stimmung aufhellen. Wir greifen in dieses innere Schatzkästchen unserer Wonnemomente und hoffen, uns von Trübsal abzulenken.

Aber manchmal kann es besser sein, die schlechten Phasen für eine begrenzte Weile sehr bewusst auszuhalten – erst dann kann die Seele heilen und sich der Gefühlsnebel wieder lichten. Denn wir können unseren Geist nicht nach Belieben lenken. Auch Atemübungen vermögen es nicht, nur Glanz und Erfolg zu inhalieren. Und sollte Ihnen jemand versprechen, dass Sie mit wenigen tiefen Atemzügen Ihre Wünsche ins Universum senden können und sich diese somit gleich erfüllen, so halte ich das nicht für zielführend. Vor einem Erfolg steht meist die Leistung und nach einer glücklichen Zeit folgt oft eine Phase von Zweifel, Angst oder Traurigkeit.

So ist das Leben. Es ist ein ewiges Auf und Ab, es ist wie Ebbe und Flut. Denn unsere Wahrnehmung basiert auf Gegensätzen. Ohne Licht gibt es kein Dunkel. Der Geist lässt sich nicht dressieren! Sie können ihm nicht befehlen, augenblicklich Glück zu empfinden und Zufriedenheit für alle Zeit zu etablieren. Solange wir leben, werden unsere Gedanken kommen und gehen. Es werden schlechte, schmerzhafte darunter sein und völlig unerwartet kann ein schlimmes Erlebnis Sie niederdrücken. Meine Erfahrung? Lassen Sie alles zu. Das Gute und das Schlechte. Für einen Moment, in diesem Augenblick der Erfahrung, nehmen Sie das an, was da ist – und lassen es wieder los. Sie haften nicht an, klammern sich an nichts, Sie lassen Ihrem Geist die Freiheit und geben ihm doch zu verstehen, dass Sie ihn respektieren, egal wie sein Zustand ist. Das ist aus meiner Perspektive Achtsamkeit: in Akzeptanz wahrnehmen, was jetzt gerade da ist!

Ich vergleiche das gerne mit einem Verhalten eines kleinen Kindes. Wenn ein kleines Kind hinfällt und weinend auf Sie zukommt, dann ist der erste, heilende Schritt oft die Umarmung und die Anerkennung, dass es Schmerzen hat. Sollten wir nicht genauso mit uns selbst umgehen? Der erste Schritt zur Transformation ist das Wahrnehmen und Annehmen von dem, was gerade in uns vorhanden ist. Es ist okay, wie Sie fühlen, wie Sie sehnen, zweifeln oder hoffen, Ihre Stimmung ist okay. Wenn Sie aus der Ebene des Beobachters, des Selbst, auf das schauen, was gerade in Ihnen geschieht, dann erleben Sie eine andere innere Qualität. Dann sind Sie nicht mehr Subjekt Ihrer Erfahrung!

Besser, als Ihren Geist verändern zu wollen, ist es, sich im Hier und Jetzt achtsam zu halten durch bewusstes Atmen. Mit den Atemübungen in diesem Buch wird Ihnen das mehr und mehr auch in kritischen Situationen gelingen. An jedem Ort, zu jeder Zeit können Sie zu sich gelangen und sich mit sich selbst verbinden. Sie flüchten nicht. Sie bleiben in Kontakt mit sich selbst. Sie akzeptieren, was ist. Sie nehmen den Moment in all seinen Farben wahr. In dieser Art wird Ihr Selbst zu einem verlässlichen Beobachter, sogar zu Ihrem besten Freund. Das bedarf allerdings Ihrer Bereitschaft, den Geist fliegen zu lassen und ihn nicht in enge Denkmuster einzusperren. Sie können ihm sowieso nichts diktieren.

Oder ist es Ihnen je gelungen, ihm zu befehlen, auf Kommando einzuschlafen oder etwas zu vergessen? Ihr Geist reagiert, wie er will. Sie sind nicht sein Dompteur. Sobald Sie ihn aber annehmen, wertschätzen, ihn aus der Perspektive Ihres starken Selbst beobachten, kann es sein, dass er Ihnen wohlgesonnen bleibt.

*Achtsamkeit beschreibt eine Situation, in der wir ganz präsent sind und das, was gerade geschieht, urteilsfrei wahrnehmen. Es ist also beides, ein Zustand und eine Technik.*

## Emotionale Intelligenz als Schulfach?

Sport und Bewegung ist ein Teil der Bildungspläne vom Kindergarten bis zu den Universitäten. Gut so. Bereits im Kindergarten stehen Spiel- und Wanderausflüge in der Natur auf dem Programm. In der Schule ist oft derjenige beliebt, der sportliche Leistung bringt. Beim Sport werden Freundschaften geschlossen, die oft bis ins Erwachsenenalter halten. Später sind wir Mitglied im Tennis-, Golf-, Fitnessclub und versuchen dort, unseren Bewegungsmangel während des Jobs auszugleichen. Das ist alles gut und sinnvoll. Und dennoch frage ich Sie: Warum verwenden wir in unserer Kindheit nicht gleich viel Zeit und Energie darauf, zu lernen, mit unseren Emotionen umzugehen, den Geist in Bewegung zu halten, zu stärken und seine geschmeidige Kreativität zu nutzen?

Während körperliche Kraft oft mit Anstrengung einhergeht – denn ohne Schweiß gibt es bekanntlich keinen Preis –, folgt der Geist anderen Gesetzmäßigkeiten. Erinnern Sie sich an eine schlaflose Nacht? Wer hat sie nicht erlebt. Man will eine Lösung herbeizwingen, aber kein vernünftiger Gedanke kommt in den Sinn. Im Gegenteil, die Nervosität schlägt zu. Man will schlafen, und zwar sofort, denkt, man könne ansonsten den nächsten Tag kaum bewältigen. Das Resultat ist wenig überraschend: Man liegt wach.

Dies verdeutlicht einen wichtigen Aspekt des Geistes: Der Schlüssel liegt nicht in Anstrengung, sondern oft in der Anstrengungslosigkeit. Der vergessene PIN zur Kreditkarte fällt uns ein, wenn wir loslassen, nicht wenn wir verbissen danach suchen. Wie viel Zeit investieren wir in Schule und Studium in die Suche nach diesem Schlüssel, der uns den Zugang zu unserem Geist ermöglicht? Und welche Botschaften werden uns dabei vermittelt? In unseren Seminaren haben wir Tausende von Führungskräften gefragt, was ihnen als Kindern in der Schule oder zu Hause gesagt wurde, wenn sie emotional völlig außer Kontrolle gerieten. Mit überwältigender Mehrheit berichten die Erwachsenen, dass ihnen dasselbe beigebracht wurde, was auch mir als Kind gesagt wurde: »Komm zurück, wenn du dich wieder beruhigt hast.« Denn lautes Geschrei und emotionale Ausbrüche sollten nicht toleriert werden. Das Problem dabei ist jedoch: Wenn wir uns geistig gegen etwas wehren, bleibt das in der Regel haften.

Viele Studien haben das bis heute belegt. Spannend finde ich insbesondere die Untersuchung der Harvard University.[2] Probanden wurden gebeten, nicht an einen weißen Bären zu denken. Im Gegenteil: Sie sollten versuchen, den Gedanken an einen weißen Bären zu unterdrücken und stattdessen an etwas anderes zu denken. Was die Forscher entdeckten, war äußerst interessant: Die Probanden dachten viel häufiger an weiße Bären, sobald sie versuchten, den Gedanken daran zu unterdrücken.

Der Versuch, bestimmte Gedanken zu unterdrücken, kann paradoxerweise dazu führen, dass diese Gedanken verstärkt auftauchen. Dies wird oft als »ironischer Prozess« bezeichnet. Es scheint, dass unsere Bemühungen, unerwünschte Gedanken zu kontrollieren, manchmal genau das Gegenteil bewirken können.

Diese Studie verdeutlicht die Komplexität der menschlichen Denkprozesse und zeigt auf, wie schwierig es sein kann, Gedanken bewusst zu kontrollieren. Und doch versuchen wir es immer wieder aufs Neue.

So ist es kein Zufall, dass wir als Erwachsene oft mental auf uns einprügeln, damit wir unsere Ziele erreichen. Wir wollen mit mentaler Anstrengung schnellstmöglich den Erfolg, indem wir uns in Schablonen drücken.

***Ein starker Geist kann einen schwachen Körper tragen, aber ein starker Körper kann einen schwachen Geist nicht managen.***

## Vom Multitasking zum Singletasking – eine Sache der Achtsamkeit

Wir streben nach Multitaskingfähigkeiten und auch nach der Kondition, durch die Tage zu hecheln. Fragen Sie sich bitte einmal, wie häufig Sie im Online-Meeting die Kamera ausschalten, um zusätzlich E-Mails zu beantworten, aufs Smartphone zu sehen, um Infos zu checken. Das macht den Geist nervös! Er kann nicht mehr ruhen, kann kaum noch einen Gedanken beleuchten, reflektieren, er wird zum Getriebenen. Und irgendwann entwickelt sich daraus ein Suchtverhalten. Sucht nach Infos, ob relevant oder nicht. Sucht nach Aufmerksamkeit in den sozialen Medien – und auch Sucht nach der Unterbrechung. Das hat Konsequenzen: Es geht zulasten unserer Kreativität. Sie wird gedrosselt, wir agieren im Autopiloten.

Eine Harvard-Studie belegt das: Hier wurden Probanden gebeten, sehr schnell einen Knopf zu drücken, sobald ein Licht angeht. Gingen jedoch zwei Lichter an, verlängerte sich die Reaktionszeit. Solche Ergebnisse sind bekannt, werden aber kaum beachtet. Und ich frage Sie: Was mag der Grund dafür sein? Wissenschaftler vermuten, wir gieren nach emotionaler Betäubung oder nach Stimuli, um uns abzulenken. Das mag zunächst ein probates Mittel sein, um durch die Tage der Anstrengung zu kommen, um Krisen im Job zu begegnen. Aber Achtung: Ungünstige Wege, die Sie gehen, führen Sie fort von Ihren Zielen. Sie werden jeden einzelnen Schritt wieder zurücksetzen müssen. Das habe ich selbst erfahren.

## Mit dem Smartphone ins Bett

Auch ich hatte vor einigen Jahren meinen Präsenzmuskel eine Weile vernachlässigt, es ist mir gesundheitlich und nervlich damit nicht gut gegangen. Als ich mit 19 Jahren meine erste Wohnung mietete, entschied ich mich sehr bewusst gegen einen Fernseher. In dieser Bude, so dachte ich, wollte ich lesen, schreiben, kreativ sein, ich wollte mich mental entfalten, ohne sinnlose Stunden auf der Couch vor der Mattscheibe zu vergeuden. Rückblickend war das eine großartige Entscheidung.

Das Drama begann etliche Jahre später mit der Idee, mobil zu sein, erreichbar für die anderen und mich selbst mit dieser Welt des Digitalen zu verknüpfen. Ein Blackberry sollte es also sein – der digitalen Transformation sei es gedankt. *Networking* war das Zauberwort damals und auch ich unterlag diesem Sog, ständig *on* zu sein und somit Teil zu sein von diesem menschlichen Experiment der Digitalisierung. Der Preis war hoch.

Bald wurde mein Mobiltelefon zum Wecker. Und am Morgen im Bett gemütlich ein paar Sportnews zu konsumieren, war für mich zu Beginn ein Hochgenuss. Und wenn ich gerade dabei war, galt es natürlich auch die E-Mails zu checken!

Im digitalen Rausch des Anfangs wurde ich davon eingenommen – und ließ es zu, dass ich Zeit vertrödelte und meine Morgen an Qualität verloren: hier eine kurze Zeile auf WhatsApp (geht ja schnell), dort eine E-Mail beantworten (dann ist das mal abgebarbeitet), hier eine kleine Recherche (die mich oft eine halbe Stunde im Netz hielt). Und plötzlich nahm die Digitalität in meinem Leben mehr geistige Kraft in Anspruch, als ich das je geahnt hätte. Aus jenem *schnell mal zwischendurch* wurde ein Abhaken wie auf einer To-do-Liste und manchmal sogar ein sinnloses Surfen, Lesen, Konsumieren von Informationen, die ich nicht brauchte. Ich begann deshalb sehr früh, mich intensiv mit dem Thema digitale Gesundheit zu beschäftigen, und wusste um die Mahnungen bezüglich der reduzierten Aufmerksamkeit, die Neurowissenschaftler publizierten, und doch wurde mir erst schleichend bewusst, was gerade geschah. Irgendwann entwickelte ich – das musste ich mir eingestehen – eine Sucht. Ein Thema, das heute wie erwähnt fast 40 Prozent aller Deutscher betrifft. Schon der Blick aufs Smartphone ließ mein Belohnungszentrum glühen, Dopamin flutete die Gefäße, ich griff zum Handy wie Alkoholsüchtige nach der Flasche Schnaps. Ich saß in der Falle, immer mehr und mehr vom Gleichen wollte ich und dachte unbewusst, damit hätte ich die Glückseligkeit gepachtet.

Wie oft greifen Sie nach Ihrem Smartphone, obwohl Sie das nicht wollen? Eine Mehrzahl aller Führungskräfte sagt, dass dieser Griff ihnen zur Gewohnheit geworden ist und damit zu einer unwillkürlichen Geste – wie das Atmen!

Sollte es uns wundern, dass die digitalen Medien eine derartige Kraft entwickelt haben? Wenn wir doch wissen, dass gerade jetzt, da Sie diese Zeilen lesen, tausende hochintelligente, hochbezahlte Ingenieure in den größten Tech-Unternehmen der Welt darüber beraten, wie sie uns länger in den sozialen Medien halten können? Wohl kaum. Ich jedenfalls saß eines Abends im Bett, mit dem Smartphone in der Hand scrollte ich durch Postings und Mails, las die elektronische Ausgabe der Zeitung, sah Nachrichten an und mir wurde bewusst, dass ich Strukturen brauchte, die meine Präsenz, mein Wohlbefinden und meine Produktivität schützen.

Wie entscheidend das ist, belegen neueste Forschungsergebnisse. Eine Metastudie aus dem Jahr 2023 zeigt, wie stark unsere Aufmerksamkeitsspanne seit vielen Jahren bereits sinkt.[3] Waren es 2003 noch zweieinhalb Minuten, die wir uns auf ein Thema konzentrieren konnten, so sind es heute nur noch 44 Sekunden! Digitalität wirkt wie Schokolade oder ein Eis: Man will mehr davon, auch wenn die Nebenwirkungen bekannt sind. Es gehört eine dicke Portion Willen dazu, um gegenzuhalten. Denn wer sich im digitalen Netz verliert, der braucht diese Stimuli, um sich zu spüren. Eine Spirale, der nicht einfach zu entkommen ist.

Und natürlich kann die Lösung nicht sein, das Mobiltelefon aus dem Fenster zu werfen und sich aus dem digitalen Leben zu verabschieden. Der bewusste Umgang damit ist jedoch ganz entscheidend.

Als gute Nachricht kann ich Ihnen sagen: Es gibt den Weg zurück, die Sucht der Digitalität lässt sich abschütteln, der Umfang strukturieren. Zwar geschieht es nicht gänzlich ohne Entzugserscheinungen, aber mit wenigen Veränderungen im Alltag und mit der bewussten Entscheidung, achtsam im Moment zu bleiben, wird Ihnen das gelingen. Zwei Wege sehe ich dabei als entscheidend an: den Achtsamkeitsmuskel zu stärken und gehirnfreundliche Strukturen zu finden.

In meinem Schlafzimmer übrigens wird niemand mehr ein Handy finden. Auf meinem Nachttisch stapeln sich Lieblingsbücher, und der Wecker ist analog.

## Schädliches vermeiden – gehirnfreundliche Strukturen finden

Jeder Moment, in dem wir nicht achtsam sind, sondern uns von Informationen überfluten lassen, macht es uns etwas schwerer, in der Zukunft ganz präsent zu sein. In der Zukunft nämlich wird sich fortsetzen, wie Sie heute handeln. Und irgendwann wird Ihr Wunsch von einem guten Leben sich derart weit entfernt haben, dass Sie kopfschüttelnd anhalten und denken: So habe ich mir den Weg nicht vorgestellt, den will ich nicht nehmen. Erinnern Sie sich: Sie müssen jeden Schritt, den Sie in eine für Sie falsche Richtung marschieren, auch wieder zurückgehen.

Deshalb ist mein Rat: Halten Sie zwischendurch an, aktivieren Sie Ihr Selbst als Beobachter, und fragen Sie sich: Stehe ich wirklich an dem Punkt, an dem ich sein will? Fügen sich Erfolg, Erlebnisse, Pausen aneinander, die meiner Gesundheit zuträglich sind und mein Talent fördern, meine Beziehungen kräftigen, mir Sicherheit und inneren Frieden schenken?

## Präsenz in Zeiten des Smartphones

Jeder Griff zum Smartphone setzt einen Reiz. Machen Sie es sich bewusst: Wollen Sie das Smartphone wirklich am Körper tragen, es ständig im Blickfeld haben bei der Arbeit? Was genau hat es im Schlafzimmer zu suchen? Wollen Sie in Meetings, in digitalen Konferenzen, in Gesprächen, wo Sie von Mensch zu Mensch agieren, wirklich ständig auf das Display schauen? Welche Signale senden Sie damit und wohin lenkt es Ihre kostbare Aufmerksamkeit?

Zählen Sie drei Tage lang, wie oft Sie nach Ihrem Handy greifen und Ihrem Gehirn Informationen zumuten. Ich habe es bereits erwähnt, im Schnitt sieht ein Berufstätiger wöchentlich über 20 Stunden auf sein Handy, eine halbe Arbeitswoche! Passt das wirklich zu Ihnen? Der Macherin, dem Analytiker, der Ziele bestimmt, Prozesse optimiert, der den Erfolg im Blick hat? Denn auf Dauer kapituliert Ihr Gehirn, auch der Versuch eines Multitaskings hat eben seine Grenzen!

Ihr Kurzzeitgedächtnis verkraftet und speichert höchstes neun Informationen gleichzeitig. Die hält es für einige Sekunden präsent, danach werden sie gelöscht oder im Langzeitgedächtnis abgelegt. Wenn Sie Ihrem Kurzzeitgedächtnis mehr zumuten, dann überreagiert es zunächst, dann erschöpft es, dann verweigert es die Verarbeitung. Wir werden vergesslich. Und genau deshalb ist die Stärkung des Präsenzmuskels durch atembasierte Achtsamkeit heute wichtiger denn je.

## Störfaktor Emotion für den Präsenzmuskel

In den Trainings höre ich oft die Frage: »Christoph, wie sieht es mit den negativen Emotionen aus? Die können doch auch den Geist schädigen.« Ja, das ist richtig. Aber dennoch will ich hier gegenhalten: Es kann nicht das Ziel sein, keine negativen Emotionen mehr zu erleben. Wir würden übervorsichtig werden, würden Herausforderungen meiden und unseren Aktionsradius enorm einschränken. Das hilft uns nicht dabei, unser Potenzial zu nutzen!

Viel wichtiger ist es, sich der gegenwärtigen Emotion bewusst zu werden, sie anzunehmen und wieder loszulassen. Emotionen können wertvolle Informationen vermitteln und sie kommen und gehen! So wie Sie sich fühlen, ist es okay. Wenn eine Situation Sie aufregt, sollten Sie ärgerlich, wütend werden. Wenn ein Ereignis Sie aus der Spur wirft, dann gehört Trauer zum emotionalen Konzept, um dieses Ereignis zu verarbeiten. Fest steht jedoch: So wie Sie fühlen, so handeln Sie oft. Deshalb ist es wichtig, sich auf den Moment zu konzentrieren und die vorherrschenden Emotionen zu akzeptieren. Damit verhindern Sie, dass Sie zu lange in negativen Emotionen verweilen. Ich hatte das Glück, auf meinen Reisen sehr unterschiedliche Menschen in über 60 Ländern der Welt kennenzulernen, und ich bin der Meinung:

Jeder Mensch kann zu jedem Zeitpunkt jede Art von Emotionen erleben. Die Frage ist nur: Wie gehen wir damit um und wie lange bleiben wir in einer Emotion verhaftet? »Idealerweise bleibt jede Emotion nur so lange, wie wir einen Strich sehen, den wir mit dem Finger über das Wasser ziehen«, sagt Sri Sri Ravi Shankar. Ein spannender Gedanke.

Nehmen Sie sich Zeit für diese Bewusstheit. Selbst in Phasen tiefer Trauer bleibt es wichtig, die Emotion anzunehmen, aber nicht zu verfestigen. Vermutlich ist es der größte Schmerz, wenn ein geliebter Mensch von uns geht. Da ist es nahezu unmöglich, sich vorzustellen, dieser Schmerz könne jemals wieder enden. In Indien pflegen Menschen die Tradition, beim Tod eines Angehörigen mehrere Tage zu trauern. Bis zu zwei Wochen Weinen, Leiden, sich zurücknehmen aus dem Alltag, aus jeglichen Pflichten. Danach gibt es ein Fest, man ist zurück im Leben. Das mag für Sie wie ein extremes Beispiel anmuten, aber es bedeutet, den Schlussstrich auch unter extreme Situationen zu ziehen, um dem eigenen Geist keinen Schaden zuzufügen. Es ist der Strich der Akzeptanz im Wasser, den die Inder an dieser Stelle ziehen, um alles Weitere einer höheren Macht zu übergeben.

*Das Bewusstsein ist ein entscheidender Faktor für das, was wir als Führungskraft erreichen können.*

## Präsenz in der digitalen Arbeitswelt

Studien aus der Neurowissenschaft zeigen deutlich, wie die ständige Exposition gegenüber digitalen Technologien unsere Fähigkeit zur Konzentration und zur Aufrechterhaltung unserer Aufmerksamkeit beeinflusst. Die Fülle an Informationen, Benachrichtigungen und Ablenkungen, denen wir täglich ausgesetzt sind, kann unsere Gehirne überlasten und dazu führen, dass wir uns ständig zwischen verschiedenen Aufgaben hin- und hergerissen fühlen.

In dieser Atmosphäre des digitalen Overloads wird die Kunst der Präsenz zu einem kostbaren Gut, das bewusst kultiviert werden sollte.

Wie können wir das tun? Es gilt, Präsenz zu schützen und zu stärken:

### 1. Präsenz schützen durch gehirnfreundliche Strukturen

Gehirnfreundliche Strukturen helfen, Präsenz und Aufmerksamkeit trotz zu vieler digitaler Stimuli zu bewahren. Gleichzeitig helfen sie, digitalen Stress zu reduzieren.

Hier sind drei Beispiele von gehirnfreundlichen Strukturen:

- **Eat the frog:** Nehmen Sie sich morgens in der ersten Stunde des Arbeitstages ganz bewusst Zeit für anspruchsvolle Aufgaben. In dieser einen Stunde schalten Sie externe Störfaktoren aus und lesen bewusst vorher keine E-Mails. Diese Technik hilft, die Präsenz für die wichtigsten Dinge zu bündeln.
- **Digitalfreier Morgen:** Gestalten Sie Ihren Morgen und das Aufwachen digitalfrei. Sie könnten es beispielsweise für sich zur Regel machen, das Smartphone erst nach dem Frühstück einzuschalten. Diese Technik hilft, die innere Klarheit des Morgens möglichst lange zu konservieren.
- **Notifikationen ausschalten:** Notifikationen (z.B. Banner und Töne), sei es auf dem Smartphone oder dem Computer, können einen extrem aus der Konzentration reißen. Nehmen Sie sich einen Moment Zeit und entscheiden Sie ganz bewusst, welche Notifikationen Sie ausschalten und welche Sie behalten möchten. Diese Strategie hilft, den Fokus bei der Arbeit zu halten.

### 2. Präsenz stärken durch Mikro- und Makro-Momente

Präsenz lässt sich über zwei Wege stärken, nämlich mit sogenannten Makro- und Mikro-Momenten. Beide helfen, resilienter gegenüber Ablenkungen zu werden.

- **Makro-Momente:** Das Üben von Atem- und Achtsamkeitstechniken erzeugt sogenannte Makro-Momente. Makro-Momente benötigen etwas Zeit, sodass man sich für das Praktizieren aus der Aktivität zurückzieht, diese also »off the pitch« durchführt. Diese Art von Übungen erhöht langfristig Achtsamkeit und Präsenz und unterstützt uns, im Alltag in herausfordernden Situationen ruhig und kreativ zu bleiben. Gleichzeitig haben diese Techniken einen sehr stressreduzierenden Effekt und erhöhen Wohlbefinden, geistige Klarheit und Gelassenheit.
- **Mikro-Momente** sind kurze Interventionen, die »on the pitch«, das heißt im Laufe des Tages, direkt in herausfordernden Situationen eingesetzt werden können. Sie finden zum Beispiel in kritischen Meetings, beim Schreiben einer herausfordernden E-Mail oder während einer Präsentation Anwendung, ohne dass andere Menschen etwas davon bemerken. Durch Mikro-Momente, wie zum Beispiel das für Außenstehende nicht zu erkennende Beobachten des Atems, kann die Präsenz und Leistungsfähigkeit erhöht, die Gesundheit und das Wohlbefinden verbessert und die Führungseffektivität gesteigert werden. Doch dazu mehr in Kapitel 9.

## Körbe-Übung – Vertiefungsübung

Diese Übung kräftigt den Präsenzmuskel, hilft, den Geist zu beruhigen und sich innerhalb von wenigen Minuten zu entspannen. Achtsamkeit wird oftmals mit Konzentration verwechselt und mit einer Situation, in der wir keine Gedanken haben dürfen. Diese Zielsetzung kann jedoch zu Verspannung und letztendlich negativen Resultaten führen. Die nachfolgende Übung hilft Ihnen, Ihre Gedanken urteilsfrei zu beobachten und damit einen Zustand von entspanntem Gewahrsein zu erlangen. Konzentration ist dann ein Resultat der Übung.

Lesen Sie sich die folgende Anleitung zuerst durch und führen Sie danach die Achtsamkeitsübung durch.

- Setzen Sie sich bequem mit möglichst aufrechtem Rücken hin. Sie können sich hierfür auf einen Stuhl setzen und sich leicht anlehnen. Stellen Sie beide Füße auf den Boden und legen Sie die Hände entspannt auf den Schoß, wobei die Handflächen nach oben zeigen.
- Schließen Sie die Augen und nehmen Sie ein paar tiefe Atemzüge durch die Nase. Mit jedem Ausatmen lassen Sie Ihr Gewicht ein bisschen mehr auf den Stuhl sinken.
- Stelle Sie sich jetzt vor, dass Sie jeweils in Ihrer rechten und in Ihrer linken Hand einen Korb halten. Der Korb in der rechten Hand ist für alle Gedanken, die die Zukunft betreffen. Der Korb in der linken Hand ist für alle Gedanken, die mit der Vergangenheit verbunden sind.
- Werden Sie sich jetzt Ihrer Gedanken gewahr. Wenn Sie einen Gedanken wahrnehmen, prüfen Sie, ob dieser Gedanke die Zukunft oder die Vergangenheit betrifft.
- Betrifft er die Zukunft, dann legen Sie ihn gedanklich in den Korb in Ihrer rechten Hand ab. Betrifft er die Vergangenheit, legen Sie ihn in den Korb in Ihrer linken Hand. Betrifft der Gedanke die Gegenwart, lassen Sie ihn einfach da sein.
- Für die nächsten drei bis fünf Minuten suchen Sie nach Gedanken, und wenn einer auftaucht, legen Sie ihn in dem entsprechenden Korb ab.
- Beenden Sie die Übung, indem Sie ein paar tiefe Atemzüge nehmen. Beginnen Sie, Ihren Körper aufzulockern, indem Sie Ihre Füße und Hände bewegen und sich strecken. Wenn Sie sich bereit fühlen, öffnen Sie Ihre Augen wieder.

Machen Sie diese Übung ohne jegliche Anstrengung. Sobald Sie eine Anstrengung bemerken, nehmen Sie einen tiefen Atemzug und entspannen Sie sich bewusst. Vielleicht stellen Sie auch fest, dass Sie bei der Übung gar keine oder nur wenig Gedanken haben. Seien Sie einfach offen für das, was ist, ohne es zu bewerten.

## Leitgedanken zur Reflexion

- Sieben Ebenen unserer Existenz sind für das Selbstmanagement entscheidend: Körper, Atem, Geist, Intellekt, Gedächtnis, Ego und das Selbst. Das Trainieren des Präsenzmuskels hilft Ihnen, sich aus der Ebene des Selbst zu beobachten: eine wichtige Basis für erfolgreiches Selbstmanagement.
- Um den Körper zu stärken, bedarf es Anstrengung. Um den Geist zu trainieren und damit Zugang zur Achtsamkeit und zur mentalen Kraft zu finden, ist Anstrengungslosigkeit der wichtigste Schlüssel.
- Permanente Nutzung von digitalen Medien und Multitasking erschweren es, präsent zu sein, und können zu einer verkürzten Aufmerksamkeitsspanne führen. Schützen Sie Ihre Präsenz mit gehirnfreundlichen Strukturen vor andauernden Unterbrechungen durch digitale und analoge Stimuli.

Kapitel 7

# Ihr Atem: Die Energie, die 24 Stunden trägt

Das Atmen ist selbstverständlich, es ist ein unbewusster Vorgang, wir schenken ihm kaum Beachtung: einatmen, ausatmen, fertig. So begleitet uns der Atem durch die Tage, die Jahre, er ist unser Elixier, ein ganzes Leben lang. Doch Achtung: Was einfach scheint, was als angeborenes Muster wirkt, gerät im Alltag in Gefahr. Wir atmen zu flach, zu schnell, bringen den Gasaustausch in Unordnung und das Herz aus dem Takt. In zahlreichen Studien wird belegt: Wer nicht auf seinen Atem achtet, riskiert seine Gesundheit und kann sein Leben verkürzen.

Nach einem Bericht der Helsana Versicherung atmen 60 bis 80 Prozent der Menschen in Deutschland zu kurz oder durch den Mund, sie atmen zu flach und nicht bis in das Zwerchfell.[1] Dabei geht auf halber Strecke viel Energie verloren: Der Sauerstoff bleibt im Brustraum stecken, und zwar ungefiltert und unbefeuchtet. Das wiederum hat Folgen für Herz, Kreislauf, Gehirn, für den Austausch in den Zellen – und das beeinflusst die Emotionen in negativer Weise, denn falsches Atmen verändert die Botenstoffe, die im Körper kreisen. Kurzum, die Gesundheit schwindet, wenn der Atem seine Kraft verliert. Sie erinnern sich? Wir können etliche Tage ohne feste Nahrung und nur von Wasser leben, doch ohne Sauerstoff setzt nach wenigen Minuten die Bewusstlosigkeit ein, danach der Tod. Das alles ist bekannt, wir wissen es! Und doch vernachlässigen wir das Atmen, wir nehmen es als gegebenen Automatismus hin und legen in der Hektik des Alltags kaum Wert und Konzentration darauf.

Es geschieht eben, egal, ob wir darauf achten oder nicht, wir ziehen Sauerstoff ein und geben Kohlendioxid wieder ab, so mögen auch Sie denken. Das aber ist zu kurz gesprungen. Denn wie in allen anderen Bereichen des Trainings, ob es um Wissen oder Sport oder um

Charakterbildung geht, müssen wir feststellen: Was wir nicht üben, das schwächt sich ab! Das gilt auch für das Atmen. Und wenn ich Ihnen nun mitteile, dass Sie durch zwölf Minuten Atemtraining das Geschenk des Atmens wieder viel aktiver nutzen können, dann ist das, so finde ich, die beste Botschaft in diesem Buch.

Zwölf Minuten für Ihre körperliche und seelische Gesundheit, zwölf Minuten zur Steigerung Ihrer Energie und Leistungsfähigkeit.

## Erste Begegnung mit Folgen

Als ich 1994 Sri Sri Ravi Shankar zum ersten Mal traf, ahnte ich noch nicht, dass sich daraus eine tiefe Freundschaft entwickeln sollte. Ich hatte zuvor bei einem seiner Lehrer ein Atem-Seminar gebucht und empfand dabei zunächst: nichts. Das Glück, das ich triggern wollte, blieb unentdeckt in mir, und auch mein Körper fühlte sich nicht leicht und schwebend an. Ich saß auf dem harten Boden, sehnte das Ende dieses Kurses herbei. Und fühlte mich einigermaßen ausgegrenzt, hatten doch alle anderen Teilnehmer von tiefgründigen Erfahrungen zu berichten. »War doch klar«, dachte ich mir, ich war eben der Zappelphilipp, der die innere Ruhe nur vom Hörensagen kannte.

Ich hatte zugesagt, am Abend auf meine beiden kleinen Neffen aufzupassen, selbst diese Herausforderung kam mir spaßiger vor als das Verweilen in dem Raum. Während die anderen Teilnehmer nach dem Unterricht von ruhigen, anregenden, freudigen Gefühlen sprachen, einer sogar begeistert erzählte, er wisse nun, was wahre Gelassenheit bedeutete, empfand ich all das nicht. Ein wenig ärgerte es mich, dass ich meine Zeit abgesessen hatte, aber dann merkte ich etwas Überraschendes am Abend: Ich fühlte mich ruhiger, irgendwie entspannter. Und: Meine Neffen blieben friedlich. Sie kuschelten sich an mich. Der Zweijährige war artig, lächelte mich an, der Säugling schlief in meinen Armen ein. Hatte mir bei meinen Einsätzen zuvor nach einer Stunde der Schweiß auf der Stirn gestanden, empfand ich jetzt Freude an diesem Abend. Es muss, so sagte ich mir, an meiner Ausstrahlung liegen. Tatsächlich fühlte ich eine angenehme Ruhe in mir, und ich merkte, dass ich durch das Atemtraining in meiner Mitte verankert war und die kleinen Kinder das genossen.

Und wenn Sie mich nun fragen würden, warum ein Team leistungsbereiter ist als ein anderes, obwohl die Ziele ähnlich definiert sind und auch die Rahmenbedingungen ähnlich, so ist ein wichtiger Parameter sicherlich: Ihre Energie, Ihre positive Schwingung, die Ihr Team erreicht und mitnimmt, wenn Sie mit sich selbst im Reinen sind.

Mit dieser Erfahrung besuchte ich auch am nächsten Tag das Seminar. Es stand »Atmen in Stille« auf dem Programm, durchgeführt vom Yogi selbst, von Sri Sri Ravi Shankar. Als er den Raum betrat, ging ein Raunen durch die Teilnehmerreihen, man hing an seinen Lippen, jeder sah ihn gespannt an. Das rief in mir einen Widerstand hervor. Ich war noch nie jemand gewesen, der einen anderen Menschen mit Blicken und Gesten erhöht, das entspricht nicht meinem Naturell. Ich nahm mir vor, nach dem Seminar abzureisen und diesen Ausflug in die Welt der Yogis zu beenden.

Doch dann begann er über die *Pantanjali Yoga Sutras*, das Standardwerk des Yoga, zu sprechen – und meine kritische Haltung wandelte sich in Neugierde, ja, er packte mich mit dem, was er unterrichtete und – dies vor allem – wie er das machte. Ohne Attitude, ohne zu belehren. Sondern echt und dem Leben so nah. Und mir wurde plötzlich klar: Ich hörte mit voller Aufmerksamkeit zu, wollte mehr erfahren.

Ich hatte schon viel gelesen, um Antworten zu Sinn und Ziel im Leben zu finden. Hatte Bücher großer Schriftsteller von Hermann Hesse bis Dostojewski gewälzt, mich mit unterschiedlichsten Philosophien auseinandergesetzt, viel gelernt und doch nie jenes Aha-Gefühl erlebt, in dem sich etwas fundamental Wichtiges offenbarte. Hier aber, in diesem kleinen Raum am Vierwaldstättersee gegenüber einem bescheiden wirkenden Inder sitzend und atmend, da kam ich dem, was ich suchte, näher. Es war eine Diskussion über die Kunst des Lebens in einer Form ganz ohne Pathos, ohne Richtig oder Falsch, ohne den Anspruch auf absolute Wahrheit.

Wer mich kennt, der weiß: Einmal eine Spur aufgenommen, will ich den ganzen Weg bis zu Ende gehen. Und so fuhr ich drei Jahre später nach Indien, um eine Ausbildung zum Seminarleiter zu absolvieren. Woher kommen diese Techniken und passen sie zu mir, dem fußballverrückten Skeptiker aus der Schweiz? In der Stadt des Yoga, Rishikesh am Fuße des Himalayas, dort, wo der Ganges mit klarem Wasser fließt, wo die Beatles sich einst zur Meditation zurückgezogen hatten, lernte ich die Atemtechniken, die Stille und die alten Yogalehren zu praktizieren.

Die alten Lehren beeindrucken mich bis heute. Sie wurden vielfach von Forschergruppen renommierter Universitäten auf Plausibilität untersucht und in ihrer Wirksamkeit bestätigt. Sie wurden kopiert, weitergetragen in die Welt.

## Die Kraft der atembasierten Achtsamkeit

Das Herzstück der Atemtechniken nach Sri Sri Ravi Shankar ist die SKY-Atemtechnik. Sie knüpft an die alte Yogalehre an, die uns lehrt, dass jede Emotion mit einem einzigartigen Atemrhythmus verbunden ist. Die SKY-Atmung ist ein rhythmisches Atmen und harmonisiert Körper und Geist. Wie effektiv atembasierte Achtsamkeit und Atemtechniken sind, konnte das Forscherteam um die Professorin Emma Seppälä bestätigten.

In einem persönlichen Gespräch mit Emma Seppälä schilderte sie mir ihre Erkenntnisse wie folgt. »Der Atem ist eines der wichtigsten Werkzeuge, um mit Stress und negativen Emotionen umzugehen. Wenn du gestresst bist, kannst du dir nicht einfach sagen, dass du jetzt nicht mehr angespannt sein willst. Das wird nicht funktionieren. Mithilfe des Atems kannst du dagegen direkt auf der physiologischen Ebene von Stress und Anspannung ansetzen, und zwar beim autonomen Nervensystem. Es gibt unzählige Studien, die zeigen, wie effektiv Achtsamkeitstechniken wie MBSR – Mindfulness Based Stress Reduction – sind, aber ich wage zu behaupten, dass Atemtechniken noch effektiver wirken, um schnell in eine Entspannung zu kommen. In einer Studie von mir und meinem Team an der Yale University haben wir den Effekt von drei unterschiedlichen Wellbeing-Trainings verglichen.[2] Die erste Gruppe erlernte Atemtechniken und atembasierte Achtsamkeit, die zweite Gruppe erlernte die MBSR-Achtsamkeitsmethode und die dritte Gruppe nahm an einem Seminar für emotionale Intelligenz teil. Die Gruppe, die atembasierte Achtsamkeit erlernte, erzielte die größten positiven Effekte in Bezug auf geistige Gesundheit, soziale Verbundenheit, positive Emotionen, Stresslevel, Depression und Achtsamkeit. Ich denke, dass der Atem als Werkzeug so wertvoll ist, nicht nur, weil er direkt mit dem autonomen Nervensystem verbunden ist, sondern weil er für die meisten Menschen einen einfacheren Zugang darstellt als die Meditation. Gerade für Anfänger ist es leichter, sich auf den Atem zu fokussieren, also bewusst zu atmen, als sich hinzusetzen und die eigenen Gedanken von Null auf Hundert urteilsfrei zu beobachten.«

Im weiteren Verlauf unseres Gesprächs kamen wir auch auf das Thema Kreativität zu sprechen. Emma, der das Thema sehr am Herzen zu liegen schien, sagte: »Die wichtigste Eigenschaft, die CEOs bei neuen Mitarbeitenden suchen, ist laut einer großen IBM-Umfrage nicht Disziplin, Intelligenz oder emotionale Intelligenz. Es ist Kreativität! Und das ist nicht verwunderlich, denn wer heute als Unternehmen überleben will, muss innovativ sein. Und dafür braucht es kreative Führungskräfte. Doch wie kommen wir als Führungskraft an unsere kreativen Potenziale heran? Die Wissenschaft zeigt, dass wir oftmals dann kreativ sind, wenn unser Gehirn nicht im Arbeitsmodus ist, sondern wenn wir entspannen, spazieren gehen, uns inspiriert fühlen oder, wie ich es sagen würde, Zugang zu diesem inneren Raum in uns haben, der sich auftut, wenn wir aufhören, auf unser Smartphone zu schauen, und stattdessen die Gedanken fließen lassen. Atembasierte Achtsamkeit hilft uns, genau dahin zu kommen, nämlich Zugang zu unserer inneren Stille zu finden, welche die Quelle von Kreativität ist.«

Die Erkenntnisse von Emma Seppälä liefern eine klare Botschaft: Atemtechniken sind nicht nur ein Werkzeug zur Stressbewältigung, sondern auch ein Schlüssel zur Entfesselung unseres kreativen Potenzials. Und tatsächlich habe ich auf meinen Reisen immer wieder beobachtet, dass sich viele Top-Führungskräfte trotz enormer beruflicher Belastung immer wieder die Zeit nehmen, diese innere Stille regelmäßig zu kultivieren. Und ich sehe darin einen wichtigen Schlüssel zum nachhaltigen Erfolg.

***Im Atem liegt der Schlüssel zur harmonischen Balance zwischen Tun und Sein.***

## Entspannung auf Knopfdruck

»Ich möchte mich entspannen, und zwar effektiv und das sofort!« Diese implizite Forderung steht oft im Raum, wenn ich in Unternehmen Seminare unterrichte. Und ich kann das nur zu gut verstehen. Denn auch für mich musste immer alles sofort passieren. Ich war als Jugendlicher, wie erwähnt, extrem ungeduldig und hibbelig. Bis heute habe ich viel Energie in mir, möchte Dinge bewegen. Die Forderung nach hocheffizienter Entspannung auf Knopfdruck ist mir bekannt – sie funktioniert aber nicht. Und die Vorstellung, dass solch ein Zeitinvestment selbstverständlich ein sofortiges Return-of-Investment haben sollte, kann ich zwar verstehen, doch habe ich erfahren, dass wir dadurch so weit weg von der Entspannung sind wie die Schweizer vom Gewinn der nächsten Fußball-Weltmeisterschaft. Und wenn sich Führungskräfte in genau dieser Situation hinsetzen und zum ersten Mal eine Achtsamkeitsübung praktizieren und dabei noch als KPI die absolute Gedankenlosigkeit vor dem geistigen Auge haben, dann ist der Erfolg so wahrscheinlich wie der Sechser im Lotto. Was also gilt es zu tun?

Genau mit dieser Frage haben wir uns in unserem Institut über zwei Jahrzehnte intensiv beschäftigt. Und Sie ahnen, dass ich sagen werde: Neben dem richtigen Mindset ist der Atem hierfür der entscheidende Schlüssel. Denn der Atem ist das ideale Tool, um den Übergang von der dynamischen Aktivität zur inneren Ruhe zu gestalten. Die richtig gewählte Atemtechnik kann uns innerhalb kürzester Zeit ermöglichen, von der Aktivität des sympathischen in die Entspannung des parasympathischen Nervensystems zu wechseln. Der Atem reguliert unsere Emotionen und damit auch die Gedanken. Genau deshalb wenden wir die atembasierte Achtsamkeit an.

Atembasierte Achtsamkeit ist eine Praxis, die im ersten Schritt die Aufmerksamkeit auf den Atem lenkt, um das Bewusstsein für den gegenwärtigen Moment zu vertiefen und innere Ruhe zu fördern. Dies ermöglicht uns, im zweiten Schritt Achtsamkeitsübungen oder Meditation anstrengungslos und effektiv anwenden zu können.

Idealerweise ist es sogar ein Dreiklang an leichter körperlicher Bewegung, gefolgt von Atemtechniken und zuletzt Achtsamkeitsübungen, die uns zur inneren Ruhe zurückkehren lassen. Denn wie der Ozean, der zwar an der Oberfläche unruhig und stürmisch sein kann, jedoch gleichzeitig in der Tiefe ruhig ist, so erleben auch wir Menschen an der Oberfläche Unruhe, können jedoch Zugang zu der Tiefe und Ruhe in uns finden, die in uns fortwährend koexistiert.

## »Ich will nichts und bekomme alles« – die Haltung macht's

Teilnehmerinnen und Teilnehmer der Seminare fragen mich oft, welche Atemtechnik denn nun die beste sei. Meine Antwort ist immer wieder: Die beste Atemtechnik ist diejenige, die wir regelmäßig anwenden. Denn eine der großen Herausforderungen der heutigen Zeit, in der durch Internet und Co. die Auswahl an Angeboten stark gestiegen ist, ist gerade für leistungsbewusste Menschen immer wieder die Idee, dass irgendwo da draußen noch ein viel schnellerer und besserer Weg zum Ziel ist. Eine Idee, die leicht vom regelmäßigen Praktizieren abhalten kann. Um das wahre Potenzial einer Technik zu entdecken, braucht es das regelmäßige Praktizieren. Deshalb rate ich: Praktizieren Sie für mindestens 21 Tage am Stück. Dann haben Sie eine Vorstellung von der Kraft Ihrer gewählten Technik.

In der Welt von Führungskräften dreht es sich oftmals um Optimierung und Ergebnisse – ein ständiger Drang, das Beste aus jeder Situation herauszuholen. Doch genau hier liegt oft das größte Hindernis auf dem Weg zur Entfaltung des vollen Potenzials: in der eigenen Haltung.

Beim Erlernen einer neuen Technik, sei es eine Atemübung oder eine andere Form der Selbstoptimierung, ist die richtige Haltung entscheidend. Bei der atembasierten Achtsamkeit sind drei wesentliche Aspekte zu beachten:

1. **Ich tue nichts.** Diese scheinbar paradoxe Idee bedeutet, sich zu erlauben, einfach nur zu sein, ohne Anstrengung oder Zielstrebig-

keit. Es ist wie bei einer Massage: Man folgt den Anweisungen des Masseurs, entspannt und lässt sich fallen, ohne den Wunsch nach Kontrolle oder Perfektion.

2. **Ich will nichts.** Die Vorstellung, nichts von der Übung zu wollen, ist von entscheidender Bedeutung. Sich Zeit zu nehmen, ohne einen bestimmten Return on Investment zu erwarten, ermöglicht einen Raum der Ruhe und Erholung, in dem wahre Regeneration möglich wird.

3. **Ich muss niemand sein.** In diesen wenigen Minuten der Übung können Sie sich erlauben, alle Rollen und Verantwortlichkeiten loszulassen. Sie müssen nicht leisten, niemand sein. Es ist eine kurze Pause vom Druck und von den Erwartungen des Alltags, um anschließend mit neuer Energie und Klarheit zurückzukehren.

Indem man diese Haltung annimmt, indem man sich erlaubt, nichts zu tun, nichts zu wollen und niemand zu sein, öffnet man die Tür zu einer tieferen Entspannung und für persönliches Wachstum und Leistungsfähigkeit. Es ist eine spielerische, jedoch wissenschaftlich fundierte Herangehensweise, die den High Performer dazu einlädt, an die Grenzen des Möglichen zu gehen und sein Potenzial voll zu entfalten.

***Wenn Ihnen die Achtsamkeit abhandenkommt, praktizieren Sie für eine Minute die Kunst des Nichtstuns. Halten Sie inne. Nichts tun, nichts wollen, niemand sein.***

## Atmen für Fortgeschrittene – Die Wirkung auf Körper und Geist

Wer träumt nicht davon, gesund und leistungsfähig zu bleiben und das Ganze einzubetten in ein unerschütterliches Wohlgefühl? Diese Möglichkeit liegt mehr in Ihrer Hand, als Sie vermutlich denken! Forschungsergebnisse zeigen nämlich, wie atembasierte Achtsamkeit dazu beitragen kann, die physische und psychische Gesundheit zu stärken und Leistungsfähigkeit zu steigern. In den letzten Jahren haben wissenschaftliche Veröffentlichungen zu atembasierten Achtsamkeitstechniken zugenommen. Eine der am detailliertesten untersuchten Techniken ist dabei die SKY-Technik. Im Folgenden habe ich einige Studien anschaulich zusammengestellt.

### Gehirnfunktion

Neuere Studien zeigen, dass die Atmung eng mit der neuronalen Aktivität des Gehirns verbunden ist. Zum Beispiel wurde herausgefunden, dass die Atmung die neuronale Aktivität in der gesamten Großhirnrinde synchronisiert.[3] So ließen sich Schwankungen in der Nervenzellaktivität messen, die dem Atemrhythmus folgen. In einer weiteren Studie wurde Studienteilnehmern eine Reihe von Bildern gezeigt, die sie sich merken sollten, während die Wissenschaftler die Atmung der Teilnehmer beobachteten. Die Studie kam zu dem Ergebnis, dass sich die Teilnehmer besser an die Bilder erinnern konnten, welche sie sich während des Einatmens einprägten.[4]

In einer weiteren Studie wurde mithilfe der Elektroenzephalografie (EEG) die elektrische Hirnaktivität von Studienteilnehmern vor dem Durchführen der oben beschriebenen SKY-Technik und danach aufgezeichnet.[5] Das Ergebnis zeigt, dass bereits eine einzige SKY-Sitzung eine hochfrequente zerebrale Hirnaktivität bewirkte. Dies deutet laut den Autoren der Studie darauf hin, dass das Praktizieren von Atemtechniken wie der SKY-Technik Aufmerksamkeit und Gedächtnis verbessert sowie zu verbesserten kognitiven Funktionen führt.

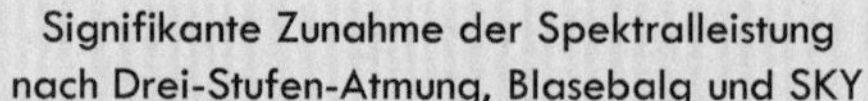


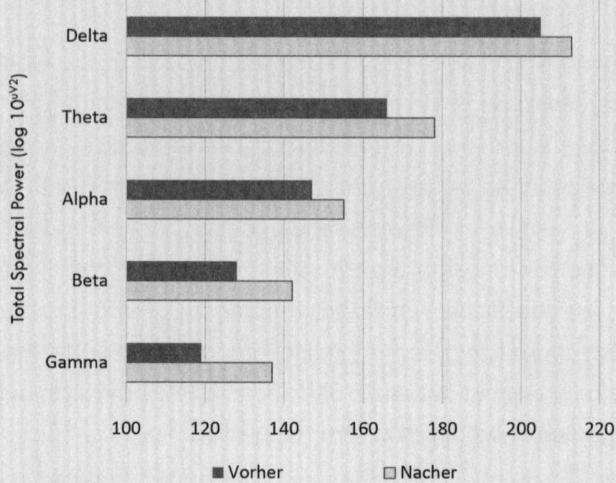


**Delta:** Tiefschlaf und tiefe Entspannung (niedrigste Frequenz).

**Theta:** Schlaf, Tagträumen, Entspannung.

**Alpha:** Entspannter Wachzustand, ruhig.

**Beta:** Aufmerksam, beschäftigt und fokussiert.

**Gamma:** Sehr wach und bewusst, hohes Maß an Konzentration und kognitiver Leistung (höchste Frequenz).

Abbildung 9: Die Auswirkung von Atemtechniken auf die Gehirnfunktion (Quelle: TLEX, angelehnt an Bhaskar et al., 2020)

## Kognitive Flexibilität und logisches Denkvermögen

Untermauert werden die Ergebnisse von einer anderen Studie aus dem Jahr 2013.[6] Die Forscher der Studie fanden heraus, dass eine zwölfwöchige, regelmäßige Praxis von Atemtechniken wie dem in diesem Buch vermittelten siegreichen Atem und dem Blasebalg das Arbeitsgedächtnis, kognitive Flexibilität und logisches Denkvermögen verbesserte sowie Reaktionszeit positiv beeinflusste. Schnelle Atemtechniken wie der Blasebalg führten darüber hinaus zu einer Verbesserung des auditiven Gedächtnisses und der Sensomotorik.

### Lungenfunktion

Dass auch die Lungenfunktion durch Atemtechniken verbessert werden kann, zeigt eine Studie aus dem Jahr 2019, in welcher Studienteilnehmer angehalten wurden, für sechs Wochen regelmäßig Atemtechniken zu praktizieren. Verschiedene Parameter der Lungenfunktion wie zum Beispiel die Lungenkapazität verbesserten sich signifikant.[7]

### Immunfunktion

In weiteren Studien zur SKY-Technik, in deren Rahmen auch die in diesem Buch vermittelte Drei-Stufen-Atmung und der Blasebalg angewandt wurden, konnte gezeigt werden, dass es bei Studienteilnehmern, die die Atemtechniken neu erlernten und für drei bis sechs Monate praktizierten, zu einem signifikanten Anstieg von natürlichen Killerzellen kam, was auf eine verbesserte Immunfunktion hinweist.[8]

### Stress und Burnout

Auch in Bezug auf Depressionen, Stress und Burnout konnten Studien die Effektivität von atembasierter Achtsamkeit aufzeigen. So ergab eine Studie aus dem Jahr 2017, dass die Symptome von Menschen mit schweren depressiven Störungen deutlich zurückgingen, nachdem sie an einem Programm teilgenommen hatten, in welchem der siegreiche Atem und Yoga unterrichtet wurden.[9] Zu einem ähnlichen Ergebnis kommt eine weitere Studie, in welcher Studienteilnehmende, die an Depression litten, die SKY-Technik erlernten. Bereits nach einem Monat regelmäßiger Praxis reduzierte sich die depressive Symptomatik signifikant und sank weiter bis zum dritten Monat.[10]

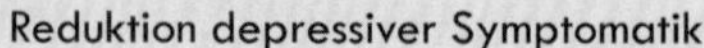


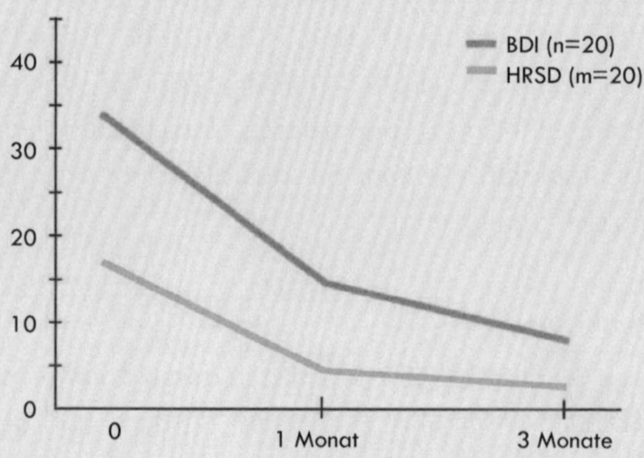


Abbildung 10: Reduktion depressiver Symptomatik gemessen mit dem Beck Depression Inventory (BDI) und der Hamilton Depression Scale (HRSD) (Quelle: TLEX, angelehnt an Murthy et al., 1998)

Dass atembasierte Achtsamkeitstechniken auch präventiv gegen Burnout effektiv sein können, zeigt eine weitere Studie aus dem Jahr 2024 mit Ärztinnen und Ärzten als Studienteilnehmern. Prof. Fahri Saatcioglu und sein Team fanden heraus, dass Ärzte und Ärztinnen, die die Techniken erlernten und für zwei Monate regelmäßig praktizierten, im Vergleich zur Kontrollgruppe eine signifikante Abnahme von Stress, Depression, Ängstlichkeit und Schlafstörungen und eine signifikante Zunahme an beruflicher Erfüllung zeigten.[11]

Fahri Saatciolgu ist Professor für Biochemie und Molekularbiologie an der Universität Oslo. In einem Gespräch erzählt er mir von seiner wissenschaftlichen Arbeit zur atembasierten Achtsamkeit: »In meiner Forschung schaue ich mir die Epigenetik an, also wie äußere Einflüsse die Genexpression beeinflussen. Es gibt Dinge, die bestimmte Gene ein- und ausschalten. So weiß man, dass traumatische Erlebnisse in der Kindheit die Genexpression so beeinflussen, dass man im Erwachsenenalter eher an einer Depression erkrankt. In meinen Untersuchungen konnte ich zeigen, dass das Praktizieren von Atemtechniken im Vergleich zu anderen Entspannungstechniken wie zum Beispiel Entspannungsmusik oder Spazierengehen in der Natur zu einer sehr schnellen veränderten Genexpression führte.[12] Das könnte eine Erklärung dafür sein, warum atembasierte Achtsamkeit so effektiv ist und sehr schnell positive Effekte auf die Gesundheit entfaltet. Spannend ist, dass der Wirkmechanismus auf der grundlegendsten Ebene unseres Daseins passiert: auf der Ebene unserer Gene!«

## Spiritualität und Wissenschaft

Wenn wir bewusst Zeit mit uns selbst verbringen, können wir die enorme kreative Kraft spüren, die jeder Mensch in sich trägt. Diese Kraft macht jeden Menschen zu einem einzigartigen Wesen. Sie wartet darauf, erkannt und genutzt zu werden – in Stille, im Atmen.

Dass einige Führungskräfte beim Wort Spiritualität zurückzucken, mag daran liegen, dass dieses Wort oft mit Religiosität verbunden wird. Für mich beschreibt Spiritualität ganz einfach eine Situation, in der wir ganz mit dem sind, was wir als unser Selbst wahrnehmen. Ganz praktisch und unspektakulär. Und diese Momente sind für uns alle ganz entscheidende Kraftquellen.

Ich denke, was dieses Thema oft kontrovers macht, ist die Sprache. Wir alle haben für diese Themen einzigartige Ausdrucksweisen und Beschreibungen, die für uns Sinn ergeben. Doch gerade weil es sich um so persönliche und wichtige Themen handelt, reagieren wir in der Regel sehr sensibel darauf, wenn die Beschreibung uns nicht anspricht und, ganz wichtig, wenn die Themen in zu großer Absolutheit betrachtet werden.

Für uns im TLEX Institute ist es ein wichtiger Leitgedanke, alle Techniken auf säkulare Art und Weise zu vermitteln. Natürlich entstammen beispielsweise die Yogatechniken der alten indischen und insbesondere der hinduistischen Kultur. Heute jedoch sind sie durch die Wissenschaft in allen Winkelzügen untersucht – und ganz ehrlich: Auch Pizzas werden global gegessen, und uns allen ist klar, dass wir durch den Besuch in der Pizzeria nicht zum Italiener werden. Dementsprechend werden wir beim Praktizieren von Yogaübungen nicht zum Inder. Sri Sri Ravi Shankar beispielsweise will explizit nicht, dass

Yoga und Atemübungen in einem religiösen Kontext vermittelt werden. Er betont stets den Unterschied dieser beiden Bereiche und sagt: »Religion ist die Bananenschale, Spiritualität die Banane.« Ich habe geschmunzelt, als ich diesen Satz hörte, aber er hat recht: Wir sollten nicht mit dem Schälen der Banane den Genuss beenden, es wäre schade, denn erst das Innere der Schale nährt.

Ich will Ihnen mit diesem Buch Selbstwirksamkeit in Ihrem Selbstmanagement vermitteln, es ist die Grundlage für Erfolg und Gesundheit. Allzu oft nämlich suchen Managerinnen und Manager im Außen nach Lösungen und auch nach Halt. Doch wie können wir diesen Halt auch in uns selbst finden? Ein Weg dazu ist die atembasierte Achtsamkeit. Yoga basiert auf der Verbindung zwischen Körper und Geist. Und Pranayama-Atemtechniken können diese Verbindung herstellen. Prana bedeutet Energie und Ayama steht für die Kontrolle und Vertiefung des Atems. Mit jedem Atemzug, so die Schriften, nehmen wir Lebensenergie auf und steuern achtsam diese Energie durch unseren Körper und unseren Geist. Der Atem fließt, er aktiviert Ihre Wahrnehmung, Ihre Kreativität und ermöglicht eine Vitalität, die im Stress und unter Druck oftmals abhandenkommt. Der Geist klärt sich. Muskeln entspannen. Körpersysteme finden in eine Balance. Wenn Sie üben, Ihren Atem unangestrengt zu führen, wird sich Ihr Management verändern: Es wird bewusster, achtsamer, kreativer, zentrierter, zielorientierter, klarer werden. Dabei sollten Sie während der Atemübungen auf Ihren eigenen Rhythmus eingehen, denn in den langen Jahren meiner eigenen Praxis habe ich eines erfahren: Jeder Atem hat seinen Takt. Er ist abhängig von der Stimmung, von dem Umstand, von den Erlebnissen, die Sie mit sich tragen. Ihr Atem kann morgen ein anderer sein als heute, er kann sich verändern, wie auch das Leben sich stets wandelt, wie auf Freude der Schmerz und auf den Sieg die Niederlage folgt.

Wichtig: Bleiben Sie inbesondere in den dunklen Tagen dran. Atmen Sie. Atmen Sie in das hinein, was gerade da ist, egal wie groß ein Riss klafft. Konfrontieren Sie sich mit Ihren Emotionen, weichen Sie nicht aus. Gehen Sie vielmehr in die Emotion, berühren Sie diese mit Ihrem Atem, bevor der Schmerz zum inneren Dauerbrennen wird. Ein Schmerz kann chronisch werden. Es kann sich darüber die Hoffnungslosigkeit und die dauerhafte Traurigkeit legen. Ich weiß, dass es

Schicksalsschläge gibt, die jeden Sinn entbehren, die einen Menschen in die Knie zwingen, ihn kraftlos werden lassen. Atmen Sie dennoch bewusst, bleiben Sie mit sich selbst verbunden. Alles andere wäre wie eine Flucht. Es würde bedeuten, Ersatzhandlungen vorzunehmen, wie übermäßigen Konsum von Alkohol, Nikotin, Koffein. Das bringt Sie um den Schlaf und verzögert die Heilung. Besser ist es, die innere Reise nicht zu scheuen, sich nicht ablenken zu lassen.

## Die Kraft der Stille

Die große Transformation geschah bei mir erst durch das regelmäßige Praktizieren der atembasierten Achtsamkeit. Die ersten Übungseinheiten erzielten bei mir keine Wirkung. Ich versuchte vielleicht zu verkrampft, eine Art von Glück zu spüren. Dann das Überraschende – heute würde ich sagen: Ich fand den Zugang zu mir selbst. Nie hätte ich gedacht, dass ich solch ein reines Gefühl in mir berge! Seit dieser Erfahrung, aus der ich so vitalisiert und zuversichtlich zurückkehrte, wollte ich mehr davon. Ich begann, täglich zu praktizieren, weckte meine innere Kraft – und habe nie wieder davon losgelassen. Es ist für mich ein Ritual wie das Zähneputzen am Morgen, und es ist zu einem Handlauf im Alltag geworden. Ich möchte Ihnen diese tägliche Verabredung mit sich selbst empfehlen, denn sie ist ein Schutz gegen Alltagsattacken im Beruf und im Privaten. Sie können durch tägliches Atmen in Stille in die feinen Gedankenschichten gelangen, zu denen Sie ansonsten keinen Zugang haben. Sie werden nach einer Zeit gelassener. Sie werden sich dem Leben da draußen wieder freudvoll zuwenden können. Ihr Investment sind zwölf Minuten Atmen in Stille am Tag.

## Der Vagusnerv

Der Vagusnerv ist der längste von unseren zwölf Hirnnerven. Der Vagusnerv zieht sich vom Gehirn über beide Seiten des Halses durch den Brustkorb bis hin zum Darm und ist über seine Seitenäste mit fast allen Organen im Hals-, Brust- und Bauchbereich verbunden. Als wichtigster Teil des parasympathischen Nervensystems ist der Vagusnerv unter anderem für die Erholung und den Aufbau von Energiereserven zuständig. Gleichzeitig ist er für verschiedene Organfunktionen verantwortlich wie den Herzschlag, die Atmung, Verdauung und die kardiovaskuläre Aktivität. Menschen, die über einen guten Vagusnervtonus verfügen, deren Vagusnerv also gesund ist, können nach einem stressigen Ereignis leichter entspannen und ihr Körper ist besser in der Lage, Entzündungen und Darmprobleme zu bewältigen.[13] Dass der Vagusnerv auch in Verbindung mit der mentalen Gesundheit steht, konnten Studien zeigen, die herausfanden, dass Menschen, die an Depressionen leiden, auch einen schwachen Vagusnervtonus haben. Generell geht man davon aus, dass die Aktivität des Vagusnervs mit dem Alter abnimmt.[14] Chronischer Stress kann sich negativ auf den Vagusnerv auswirken.[15] Dies kann zu Problemen wie Angstzuständen und Depressionen führen. Außerdem kann der Körper anfälliger für Infektionen und Krankheiten werden.

In Anbetracht der positiven Effekte eines gesunden Vagusnervs hat das Interesse an der Vagusnervstimulation in den vergangenen Jahren stark zugenommen. Neben wissenschaftlich gut untersuchten invasiven Methoden zur Vagusnervstimulation haben insbesondere nicht invasive Methoden an Popularität zugenommen. Zu den nicht invasiven Methoden gehören unter anderem Eisbäder, das Praktizieren von Atemtechniken, Yoga und die Stimulation mithilfe einer speziellen Ohrelektrode.

Insbesondere mit Atemtechniken wie langsames und tiefes Atmen können Sie effektiv den Vagusnerv stimulieren, wie Studien zeigen.[16] Daher kann die atembasierte Achtsamkeit und insbesondere Atemtechniken wie der siegreiche Atem ein hilfreiches Mittel zur Erhaltung eines gesunden Vagusnervs sein.

## Der siegreiche Atem – Teil der Zwölf-Minuten-Methode

Wie ich bereits erläutert habe, ist der Atem unser direkter Zugang und Schlüssel zum autonomen Nervensystem. Der siegreiche Atem ist besonders kraftvoll, da wir mit ihm direkt den Vagusnerv – den größten Nerv des Körpers – stimulieren können. Mit ihm aktivieren wir den Parasympathikus und somit die Entspannung und Regeneration unseres ganzen Körpers.

Das Spannende ist, dass wir den siegreichen Atem ganz unbewusst jede Nacht beim Schlafen nutzen, nämlich dann, wenn wir lange tiefe Atemzüge nehmen, die ein Geräusch erzeugen, das an ein sanftes Meeresrauschen erinnert. Dieses entsteht, da die Kehlkopfmuskulatur kontrahiert und gegen einen Atemwegswiderstand geatmet wird. Dadurch verlangsamt sich die Atemfrequenz und wir atmen tiefer ein und aus.

Der siegreiche Atem wird im Sanskrit Ujjayi genannt und wird in vielen Schulen des Yoga genutzt. Der siegreiche Atem heißt deshalb so, weil er helfen kann, über die Gedanken und Emotionen zu siegen. Er hilft, Emotionen zu beruhigen, schafft einen achtsamen Zustand und fördert die geistige Konzentration.

Um den siegreichen Atem durchzuführen, setzen Sie sich auf die vordere Stuhlkante, sodass Ihre Wirbelsäule aufrecht und Ihr Rücken frei ist.

- Um ein Gefühl für die Verengung in der Kehlkopfmuskulatur zu bekommen, können Sie sich räuspern, so wie Sie es manchmal vor Vorträgen tun. Das Räuspern führt zu einer Entspannung des Nervensystems.
- Wenden Sie jetzt den gleichen Mechanismus beim Atmen an. Es ist ein Atemzug aus dem hinteren Teil des Rachens, bei dem die Kehlkopfmuskulatur minimal angespannt und die Atemluft durch die leicht verengte Stimmritze gezogen

wird. Räuspern Sie sich jetzt einige Male und beobachten, wo genau das Geräusch entsteht.

- Atmen Sie nun mit geschlossenem Mund durch dieselbe Stelle, an der Sie sich geräuspert haben. Schließen Sie Ihre Augen und üben Sie den siegreichen Atem für ein paar Minuten. Nehmen Sie lange tiefe Atemzüge durch die Nase mit dem leichten Geräusch, das im Bereich des Kehlkopfes entsteht. Wenn Sie die Atmung für sich gefunden haben, atmen Sie anstrengungslos noch weitere drei Minuten im siegreichen Atem.
- Gehen Sie wieder zur normalen Atmung über und beenden Sie die Übung.

## Leitgedanken zur Reflexion

- Der Atem ist Ihre wichtigste Energiequelle. Aktuelle Studien zeigen jedoch, dass 60 bis 80 Prozent der Menschen in Deutschland zu kurz und zu flach atmen. Das hat negative Folgen für Herz, Kreislauf, Gehirn und die Sauerstoffaufnahme in den Zellen.
- Studien zu Atemtechniken und atembasierter Achtsamkeit zeigen diverse positive Effekte auf, wie eine verbesserte Immun- und Gehirnfunktion, eine Reduktion von Stress, Burnout und Depression.
- Die effektivste atembasierte Achtsamkeitstechnik ist diejenige, die wir regelmäßig praktizieren! Nutzen Sie dabei drei Schlüssel: Ich tue nichts, ich will nichts und ich muss niemand sein.

Kapitel 8

# Resilienz: Seelische Widerstandskraft ist erlernbar

Resilienz ist ein Modewort der heutigen Zeit. Wir alle wollen resilient sein, sehnen uns nach dieser Fähigkeit, nach herausfordernden Situationen wieder unsere innere Balance zu finden. Das ist möglich! Resilienz beschreibt die psychologische Widerstandskraft und hat, so die neueste Forschung, einerseits mit Veranlagung zu tun – und ist andererseits auch erlernbar. Ich bin mir also sicher, dass Sie über ein gehöriges Maß an Resilienz verfügen, denn sie ist kein Götterfunke und kein Mysterium, sondern entsteht in uns. Allerdings, und das ist die kleine Bitternis darin: Sie sollten in erfolgreichen und gesunden Zeiten daran denken, diese Ressource zu füllen, sodass Sie diese in Zeiten großer Herausforderungen nutzen können. Und sich dann in Zeiten der Krisen daran erinnern, dass Sie diese Stärke besitzen.

Als ich meinen schweren Unfall erlitt und die unerbittliche Wahrheit im Krankenhaus erfuhr, dass sich der Traum vom Fußballstar in Luft aufgelöst hatte, da spürte ich, wie mir der Boden unter meinen Füßen weggezogen wurde. Nicht nur ein Zukunftstraum zerplatzte, sondern auch meine größte Freude – das wilde Toben auf dem Platz, das Jagen des runden Leders mit Freunden. Die kommenden Monate und Jahre brachten wahre Prüfungen mit sich, die mich bis an meine innersten Grenzen trieben. Doch aus diesem Feuer entfachte sich etwas von unschätzbarem Wert: die Wiederentdeckung meiner wahren Essenz. Ohne diesen tiefgreifenden Prozess säße ich an diesem Sonntagmorgen wohl kaum an meinem Schreibtisch, reflektierend über mehr als zwei Jahrzehnte, in denen ich die Welt bereiste und meine Erkenntnisse über Selbstmanagement sammelte. Ohne den Schmerz von damals hätte ich mir viele Lebensfragen nicht so klar und deutlich gestellt wie in dieser harten Zeit. Eine Zeit, die mir im Nachhinein betrachtet viel Tiefe gegeben hat.

Und doch ist es auch unbestreitbar, dass unsere Belastbarkeit Grenzen hat. Wenn unsere inneren Ressourcen nicht ausreichen, um den Herausforderungen standzuhalten, können die Konsequenzen schwerwiegend sein. Blicken wir auf die aktuellen Gesundheitsberichte, wird deutlich, dass dies für viele Menschen eine Realität ist. Allein in Deutschland bezeichnen sich 31 Prozent der Bevölkerung laut des Axa Mental Health Reports 2024 als psychisch erkrankt.[1]

In dieser Dynamik sehen wir, dass unsere Widerstandsfähigkeit ein kostbares Gut ist, das wir pflegen und stärken müssen. Wie eine Sehne im angespannten Bogen, die ihre Elastizität behält, sollten wir unsere inneren Kräfte durch Selbstfürsorge und strategische Maßnahmen erhalten, um den Anforderungen des modernen Geschäftslebens gerecht zu werden. Um in der sich rasch wandelnden Welt von heute erfolgreich zu navigieren, bedarf es der oben erwähnten Eigenschaft, die im Zentrum der Führungskompetenz der Zukunft steht: Resilienz. Dies betont auch der neue *Future of Jobs Report* des World Economic Forum, der die wichtigsten Skills des Arbeitsplatzes der Zukunft beschreibt. Stand Resilienz im Report 2020 noch auf Platz 9, steht sie mittlerweile im Report 2023 auf Platz 3 der wichtigsten Fähigkeiten.[2]

Die Fähigkeit zur Resilienz ist wie ein unerschütterlicher Leuchtturm in stürmischer See. Sie ermöglicht es Führungskräften, auch in turbulenten Zeiten einen klaren Kurs zu halten und ihre Teams sicher durch die Herausforderungen des modernen Geschäftslebens zu führen. Das schöne Wort stammt übrigens vom lateinischen Verb *resilire* ab, das so viel heißt wie abprallen. Ganz allgemein beschreibt es jene Fähigkeit, die wir brauchen, um uns von den Widrigkeiten im Leben zu erholen. Um nach einer Niederlage weiterzukämpfen. Um nach einem Stolpern das Gleichgewicht zurückzugewinnen. Um Konflikte, Krisen, Schicksalsschläge auszuhalten, bis alles wieder etwas leichter wird.

## Die vier Dimensionen der Resilienz

Im Ergründen der Resilienzthematik offenbart sich eine schier endlose Vielfalt von Ansätzen, und Forscher sind sich darin einig, dass die genauen Faktoren, die Resilienz definieren, keineswegs eindeutig sind. Dennoch lassen sich insgesamt vier Dimensionen identifizieren, die von entscheidender Bedeutung sind: die mentale, die körperliche, die sinnstiftende sowie die soziale Dimension.

Diese Dimensionen sind eng miteinander verwoben und beeinflussen sich gegenseitig. Besonders grundlegend scheint jedoch die mentale Dimension zu sein, wie faszinierende Forschungsergebnisse nahelegen. Ein wegweisendes Experiment, das die Wirkung des mentalen Zustands auf den Körper verdeutlicht, wurde 1981 von Prof. Ellen Langer an der Universität Harvard durchgeführt. Dabei wurden zwei Gruppen älterer Männer in unterschiedliche Umgebungen versetzt – eine Gruppe erlebte eine Umgebung, die die Vergangenheit nachbildete, während die andere Gruppe in der Gegenwart lebte.

Stellen Sie sich vor: Sie treffen sich mit alten Freunden und verbringen eine Woche in einer Zeitblase, die 20 Jahre zurückschwebt. Sie kleiden sich wie damals, lesen Zeitungen und schauen nur Nachrichten aus dieser Zeit – und es gibt keine Spiegel im Haus, nur Bilder an den Wänden aus vergangenen Tagen. Welchen Einfluss würde diese mentale Zeitreise auf Ihren körperlichen Zustand haben? Obwohl beide Gruppen faktisch im selben Zeitraum lebten, zeigte die Gruppe, die in der Vergangenheit verweilte, deutliche Verbesserungen in physischer und geistiger Gesundheit im Vergleich zur anderen Gruppe. Der Blutdruck verbesserte sich, die Sehfertigkeit nahm zu und eine Jury schätzte die Teilnehmer als deutlich jünger ein.

Dieses Experiment verdeutlicht eindrucksvoll, wie stark die mentale Komponente, insbesondere das Mindset, auf den Körper wirken kann. Es zeigt die transformative Kraft der Wahrnehmung und unterstreicht die Bedeutung eines positiven, gegenwärtigen Geistes für Resilienz und Wohlbefinden im dynamischen Umfeld des Geschäftslebens. Wenn Sie sich also täglich Zeit nehmen für Ihre Atemübungen, zahlen Sie damit direkt auf Ihr Resilienz-Konto ein und beeinflussen durch das sich wandelnde Mindset nicht nur die mentale, sondern auch die körperliche Dimension.

In der Psychologie wurde der Begriff Resilienz in den 1970er-Jahren von Psychologen wie Norman Garmezy und Emmy Werner eingeführt, um die Fähigkeit von Menschen zu beschreiben, trotz widriger

Umstände gesund zu bleiben oder sich erfolgreich zu erholen. In den folgenden Jahren wurde das Konzept der Resilienz immer mehr in verschiedenen Bereichen der Psychologie und anderen Disziplinen, wie der Pädagogik und der Sozialarbeit, erforscht und angewendet.

Und spätestens seit wir durch den Harvard-Professor Robert Waldinger erfahren haben, dass Menschen mit einem hohen Maß an Resilienz gesünder und länger leben, sind wir aufmerksamer für dieses Wort geworden. Denn Waldinger beweist in einer seit den 1930er-Jahren laufenden Studie, die er als Professor in der vierten Generation betreut, dass hinter diesem Wort ein ganzes Lebenskonzept steht: Wenn Resilienz sich nonchalant ausbreitet wie der Atem im Körper und Geist, so stehen wir meistens auf der Sonnenseite des Lebens. Dann lassen wir abprallen, was stört. Wir nehmen an, was wir sowieso nicht verändern können. Wir halten immer die Hoffnung hoch – und nicht das Scheitern. Wir erkennen den Sinn in dem, was wir tun, und wir sorgen dafür, dass wir wohlwollende Menschen an unserer Seite haben. Wir richten den Blick auf die Fülle. Auch hier hilft das Atmen.

## Gute Gefühle auf Vorrat anlegen

Nun könnten Sie denken, nichts wäre einfacher, als mit dem Sauerstoff die Resilienz in die Zellen fließen zu lassen, aber leider funktioniert das nicht. Vielmehr verlangt Resilienz von Ihnen Arbeit und Weitsicht. Es ist die ständige Aufgabe, diese Ressource aufzufüllen. Nur vergessen wir in angenehmen Zeiten, diesen essenziellen Vorrat anzulegen, von dem wir in Mangel- und Krisenzeiten zehren können. Denn auch hier gilt: Wenn wir von einem Konto abheben, ohne einzuzahlen, wird dieses Konto irgendwann auf Null und bald schon im Minus sein. Was für ein Beziehungskonto gilt – nämlich fünfmal mehr schöne Erfahrungen, Komplimente, Zuwendungen aufzubuchen, als wir durch Konflikt, Streit und Ignoranz entnehmen –, das funktioniert auch in der Resilienz. Vorsorge treffen lautet also das Motto für Ihre seelische Widerstandskraft. Das gelingt Ihnen durch Meditation, Dankbarkeit, durch wenige Minuten mit sich selbst in Stille.

»Christoph, wann, bitteschön, soll ich dafür noch Zeit finden?«, höre ich oftmals, wenn ich meinen Kunden empfehle, die inneren Ressourcen in Stille zu pflegen. Bevor ich die Antwort gebe, will ich auf die Waldinger-Studie zurückkommen, denn sie ist wie ein Augenöffner für den Wert der Resilienz, die immer mit einem positiven Energiemanagement einhergeht.

Die Forschung von Robert Waldinger zur *Harvard Study of Adult Development* begann 1938 und dauert bereits 86 Jahre fort.[3] Seither werden mehr als 2 000 Männer und deren Ehefrauen samt Kinder begleitet, um zu verstehen, was ein gesundes, gelingendes Leben ausmacht. Von der Pubertät bis ins hohe Alter verzeichnet Robert Waldinger mit seinem Team all die Siege und Niederlagen, die ganze Last und Freuden, die ein Leben bereithält. Und er forscht nach den Gründen, warum einigen die Schwernisse erspart bleiben und andere auf der Schattenseite des Lebens landen. Seine Probanden hatte er in zwei Gruppen eingeteilt: Die erste Gruppe seiner Langzeitstudie waren Harvard-Studenten, einer davon, nämlich John F. Kennedy, der später, so wollte es der Zufall, sogar Präsident der Vereinigten Staaten wurde. Die zweite Gruppe bestand aus jungen Männern aus den heruntergekommenen Bostoner Straßenzügen. Und die Headline, die nach wie vor über beiden Gruppen schwebt, ist die Frage: Was ist der wichtigste Prädiktor für Glück und Gesundheit? Um es kurz zu machen: Es waren und es sind die Menschen am glücklichsten und gesündesten, die bereichernde, verlässliche soziale Beziehungen pflegen. Das stellt die Quintessenz von Waldingers Forschungen dar, so erzählte er es mir, als ich ihn auf dem Harvard-Campus traf.

Und dieser eine Satz bleibt mir seither in Erinnerung. Er schmunzelte, bevor er sagte: »Natürlich ist es wichtig, sich um seinen Körper zu kümmern. Aber die Pflege von Beziehungen ist vielleicht die wichtigste Form der Selbstfürsorge.«

*Investieren Sie in guten Zeiten in Ressourcen und Beziehungen.*

## Erfolg im Außen setzt innere Freiheit voraus

Gewiss kennen Sie Menschen, die ihr Selbstwertgefühl an äußeren Symbolen wie Autos, Häusern oder Luxusuhren festmachen. Doch je prunkvoller das Äußere, desto trügerischer kann die vermeintliche Zufriedenheit sein. Tatsächlich zeigte eine Studie der Universität Princeton aus dem Jahr 2010, dass unser Glücksempfinden mit steigendem Einkommen ansteigt, aber nur bis zu einem Betrag von 75 000 US-Dollar Jahreseinkommen.[4] Danach bleibt das Glücksempfinden konstant und ist vor allem von unserem Mindset abhängig.

Wir erkennen jedoch auch, dass diese Art der Zufriedenheit ein fragiles Fundament darstellt, das das Leben stark erschüttern kann.

In einer Welt, die oft von äußerem Glanz geblendet wird, ist es von unschätzbarem Wert, die innere Balance zu kultivieren. Wie eine kostbare Edelsteinmine, deren wahre Schätze im Inneren liegen, liegt unser wahrer Reichtum in der Fähigkeit, unser inneres Wohlbefinden zu pflegen und unsere Zufriedenheit aus tiefer Quelle zu schöpfen. Dies ist die wahre Grundlage für Resilienz und Erfüllung in einem anspruchsvollen Geschäftsumfeld.

*Das war für Sunita, die ich vor einigen Jahren begleitete, leider nicht einfach. Sie hatte über Jahrzehnte alles gegeben für ihr Unternehmen und freute sich darauf, in ihren letzten Jahren der Berufstätigkeit die Früchte ihrer Arbeit zu ernten. Doch die See war unruhig.*

*Als Sunita in das Coaching kam, war sie Mitte fünfzig. Man respektierte sie als Führungskraft und Teamplayer gleichermaßen, denn sie war fair, sorgte sich um ihre Mitarbeitenden und zeichnete sich durch eine hohe Entschlusskraft aus. Doch dann entschied sich die Konzernleitung für eine Transformation, um wettbewerbsfähiger zu werden. Plötzlich sollten alte Strukturen aufgebrochen werden, die Kommunikationsbarrieren sollten verschwinden und Hierarchien niederschwellig sein. Sunita war sich nicht sicher, was das für sie bedeuten würde. Hatte sie als Boomer auf einmal ausgedient, traute man ihr diese Transformation nicht mehr zu? Diese Unsicherheit löste Ängste aus, die ihre innere Balance angriffen und ihr kaum mehr ermöglichten, wirklich die beste Version ihrer selbst zu sein. Sie wurde launisch, zynisch, ungerecht. Sie zeigte nun eine Seite, die aus negativen Bemerkungen, offensichtlichem Abwehren neuer Strategien und reaktiven Verhalten bestand. Und natürlich half ihr genau dies herzlich wenig in einer Situation, in der sie eigentlich ihr A-Game brauchte.*

*Sunita hatte das Aufstehen nach einem Sturz beruflich lange nicht mehr trainieren müssen. Auch hatte sie keinen klar definierten Plan B in der Tasche. Nachdem sie für mehrere Jahrzehnte einen großen Teil ihrer Energie in die Karriere gegeben hatte, war die berufliche Position verständlicherweise ein wichtiger Teil ihrer Identität geworden. Dementsprechend verwundbar fühlte sie sich. Wie so oft in Unternehmen während der Transformation setzte sich ihr persönliches Drama mit einem Personalwechsel in der Führungsspitze fort: Die neue Leiterin ihres Bereiches war jünger, dynamischer, alte Erfolge zählten nicht. Sie richtete den Blick in die Zukunft und machte keinen Hehl daraus: Wer ihr nicht folgte, würde gehen. Als die Leiterin gar andeutete, Sunitas Job werde im Zuge des Wandels überflüssig, da schlug der Stress in Sunita gänzlich zu: Schlaflosigkeit, Grübelspiralen, Herzbeschwerden und der drohende emotionaler Absturz.*

*Als Sunita mir von dieser traurigen Entwicklung erzählte, wurde mir schnell klar, dass ihre Liebe zur Arbeit, ihre große Identifikation mit ihrem Job auch ihre Achillesferse war. Mein Anliegen war deshalb, Sunita eine mentale Stütze zu sein, damit sie ihre innere Freiheit wiedererlangen konnte. Ihre Gedanken sollten sich nicht mehr um die Vergangenheit drehen, nicht mehr darum, dass ihr langjähriger Einsatz nicht mehr wertgeschätzt wurde. Sie sollte einen Plan B entwerfen, in dem sie wieder ohne Angst und Abwehr wirken könnte.*

## »Bouncing forward« – die Balance in der veränderten Welt finden

Die Herausforderung jedoch war: Sie wollte zwar wieder in die innere Balance gelangen, allerdings im Sinne eines »Bouncing back«. Sie wollte ihre innere Balance dadurch erlangen, dass die Welt im Äußeren wieder die gleiche wird. Und geht uns das nicht allen manchmal so? Dabei ist es die Kraft der Akzeptanz, die uns erst ermöglicht, einen »Bouncing forward« anzuvisieren. Auch ich arbeitete damals eisern an meinem Comeback auf dem Fußballplatz, schnürte sogar noch ein paar Mal die Schuhe – wohl wissend, dass dies nie zum Erfolg führen würde und es eigentlich galt, die schmerzvolle Wahrheit zu akzeptieren und dadurch mein inneres Gleichgewicht in der neuen Situation zu finden.

*Auch für Sunita war dies erstmal nicht möglich. Und sie hatte zunächst keinen Zugang mehr zu positiven Gedanken. Sie litt gleichsam unter negativen Gedankenpirouetten und verteidigte diese unbewusst vehement.*

*Wir entschieden also, dass das erste Etappenziel darin bestehen musste, Sunitas Energielevel wieder auf ein Niveau zu bringen, das ihr erlaubte, Zugang zu anderen Denkvorgängen zu finden, wieder voller Zuversicht und Kraft sowie innerer Weite zu sein. Denn Zynismus engt den Fokus auf die Möglichkeiten im Leben ein, er übersäuert den Körper und bringt den Atem aus dem Takt, zudem killt er Beziehungen – und hält am Unglücklichsein fest.*

Erinnern Sie sich an den Energiequadranten aus Kapitel 5? Die hohe, positive Energie sollte das Ziel sein. Und tatsächlich schaffte sie es, nachdem sie zwei Wochen das Atemtraining absolviert hatte, wieder Zugang zu ihrer inneren Kraft zu finden, um ihr enormes Potenzial zu nutzen und Alternativen in ihrem Leben zu erarbeiten.

Sunitas Geschichte endete wie zahlreiche andere im Management: Meist folgt ein nächster Job, allerdings mit Abstrichen in Gehalt und Boni. Aber was wäre die Alternative? Manchmal ist ein Schritt zurück wie ein Atmen für die Gesundheit. Zeiten wandeln sich – und wir müssen wohl oder übel zu den aktuellen Konditionen mitspielen, um nicht am Rand zu stehen. Auch diese Einsicht ist ein Zeichen von Resilienz. Und jeder von uns tut gut daran, sich das klarzumachen: Was Sie heute leisten, kann morgen bereits überflüssig im Unternehmen sein.

Bauen Sie vor, indem Sie sich für solche Einbrüche eine Reserve innerer Kraft aufbauen. Beschäftigen Sie sich in Stille mit dem Thema Identität: Wer bin ich jenseits des derzeitigen Jobs? Erhalten Sie sich immer die innere Freiheit, zu akzeptieren, was gerade geschieht, und loszulassen. Und dann in dieser Akzeptanz zu kämpfen und zu transformieren.

## Die Dimensionen der Resilienz

Ist eine Führungskraft resilient, so hat sie weniger Angst davor, was im Außen passiert. Das bedeutet konkret: Sie sind sich Ihrer Selbstwirksamkeit bewusst. Sie können Ihre Ressourcen mobilisieren, wenn Sie sie brauchen. Sie bleiben nicht in Ängsten stecken, sondern können sich innerlich stabilisieren. Das macht eine moderne Führungskraft aus. Sie navigiert stabil durch die Unsicherheiten und gibt dem Team Stärke, Verlässlichkeit und Vertrauen. Mit einer Geschmeidigkeit nimmt sie neue Situationen an, sie triggern die Freude vor einer neuen Herausforderung. Eine solche Führungskraft ist eher Tänzer als Bollwerk, kurzum: Sie ist agil. Sie hat sich ein Reservoir an körperlicher, mentaler und geistiger Widerstandskraft zugelegt. Sie hat die Dimensionen der Resilienz gestärkt.

1. **Mentale Dimension**
   **Unterdimensionen: Präsenz & Mindset/Entwicklung & Lernen**

Wie wir denken, fühlen und die Welt wahrnehmen, hat einen Einfluss auf unsere Widerstandskraft. Denn Achtsamkeit, Präsenz und unser Mindset beeinflussen die emotionalen Reaktionen. Das wiederum hilft uns, unfallfrei durch herausfordernde Situationen zu navigieren. Wir bleiben ruhig und handeln mit Klarheit.

**Tipp 1:** Trainieren Sie Ihren Präsenzmuskel. Nichts ist so fundamental für die Resilienz und das Erleben von Glück wie die Fähigkeit, das, was gerade *jetzt* stattfindet, wahrzunehmen.

**Tipp 2:** Schaffen Sie Gelegenheiten, in denen Sie wachsen und sich weiterentwickeln können. Das Erwerben von Wissen, Erfahrung und Kompetenz wird Ihr Selbstvertrauen stärken. Sie werden sich als selbstwirksam erleben.

**2. Physische Dimension**
**Unterdimensionen: Gesundheit/Wohlstand**

Wir sitzen zu viel, zu lange, zu krumm. Das belastet Knochen, Muskeln, Organe. Zum Sitzen ist der Mensch nicht gemacht, er braucht auch die körperliche Herausforderung, um widerstandsfähig zu bleiben. Nicht ohne Grund heißt es: Sitting is the new smoking! Wer täglich mehr als sechs Stunden sitzt, der riskiert eine fast 150-prozentige Steigerung des Herzinfarktrisikos.[5]

Die physische Dimension der Resilienz betrifft nicht nur unsere körperliche Gesundheit, sondern auch die finanzielle Situation. Wenn wir keine finanziellen Schieflagen befürchten müssen, hat auch das Einfluss auf unsere Resilienz.

**Tipp 1:** Bewegen Sie sich pro Stunde fünf Minuten. Joggen Sie auf der Stelle oder tanzen Sie, bewegen Sie sich schnell und frei und ausladend. Das bringt den Kreislauf in Schwung und aktiviert die eingeschlafenen Muskeln. Dieses sogenannte Wake & Shake baut Stress ab.

**Tipp 2:** Kümmern Sie sich um Ihren Blick auf die Finanzen. Diesen Rat gibt Ihnen kein Banker, sondern ein Gesundheitsberater. Die Forschung zeigt, dass es die *subjektiv* als sicher wahrgenommene Finanzsituation ist, die Ihnen ein inneres Gefühl der Fülle gibt. Bis zu einem gewissen Level sind die absoluten Zahlen entscheidend, danach, so zeigen Studien, geht es vielmehr um das Thema Dankbarkeit und den Umgang mit Ängsten im Allgemeinen. Arbeiten Sie bewusst an diesen Themen.

**3. Soziale Dimension**
**Unterdimensionen: Familie und Freunde/Lebenspartner**

Wie geborgen fühlen Sie sich in Beziehung, Familie und Freundeskreis? Wie viele Menschen gibt es in Ihrem Umfeld, die für Sie da sind, auch wenn es Ihnen wirklich dreckig geht? Unterstützende Netzwerke in allen Lebenslagen, darauf weisen zahlreiche Forschungsergebnisse hin, wirken sich positiv auf den Grad Ihrer Resilienz aus. Ähnlich verhält es sich in der Liebe. Auch hier gibt es ein Konto, auf das wir in guten Zeiten einzahlen sollten durch Zuwendung, Zufriedenheit, schöne Erlebnisse. Ob wir in einer Beziehung zufrieden sind, hängt zu einem großen Teil von dem Invest ab, den wir bereit sind zu geben. Wichtig: Entscheidend für die Resilienz ist jedoch nicht nur, ob Sie Freunde und eine Beziehung haben oder nicht, sondern vielmehr, ob Sie mit Ihrem Beziehungsstatus zufrieden sind!

**Tipp 1:** Seien Sie immer wieder ein Geschenk für andere. Verbinden Sie sich mit einem Freund, Familienmitglied, Kollegen oder jemandem, der Ihre Unterstützung brauchen könnte. Überlegen Sie, wie Sie sie unterstützen könnten, und schenken Sie ihnen Ihre Zeit und Aufmerksamkeit. Es könnte ein kurzes Gespräch sein, einfach ein »Ich habe an dich gedacht …«.

Spannend: Wenn wir anderen helfen, erleben wir oft, was Forscher als den »warmen Glüheffekt« bezeichnen, und wir setzen Wohlfühl-Chemikalien im Gehirn frei, wie Serotonin, Dopamin und Oxytocin.

**Tipp 2:** Erlauben Sie echte Begegnungen von Mensch zu Mensch, indem sie Ihrem Gegenüber achtsam zuhören. Das bedeutet, Ihrem Gesprächspartner, zum Beispiel Ihrer Kollegin oder Ihrem Partner, Ihre volle und ungeteilte Aufmerksamkeit zu schenken. Achtsames Zuhören ist die Grundlage für Empathie und erlaubt es, eine echte Verbindung zum Gegenüber aufzubauen.

#### 4. Dimension Sinnhaftigkeit
**Unterdimensionen: Verbindung zur Gesellschaft/ Verbindung zu uns selbst**

Lieben Sie, was Sie tun? Können Sie Ihre Arbeit, Ihre Ehrenamtlichkeit, Ihre vielen kleinen Leistungen jenseits des Stellenprofils als Beitrag zu etwas Größerem betrachten, als einen Beitrag für Menschen und Planet? Prima! Sie leisten Wichtiges für die Gesellschaft, die Umwelt, die Kultur. Sie tragen zum Wohlbefinden auch jenseits Ihres eigenen Radius bei – das wirkt sich intrinsisch aus und stärkt Ihre Resilienz. Sie sind eingebunden in etwas, das sich nicht in Boni bemisst, und das erzeugt ein Gefühl, das tief im Herzen sitzt: pure Dankbarkeit im Geben – nicht im Nehmen. Wichtig dabei: Um Sinnhaftigkeit neu zu erleben, müssen wir nicht den Job wechseln. Es geht dabei weniger um das *Was* als um das *Wie* und das *Warum*. Es geht also um die innere Haltung.

**Tipp 1:** Schreiben Sie eine Woche lang vor dem Schlafengehen drei kleine Dinge auf, für die Sie wirklich dankbar sind. Es können Gesten im Beruf sein oder ein Lächeln im Privaten, es können überraschende Worte sein oder einfach einige Minuten in Zufriedenheit mit sich selbst.

**Tipp 2:** In Zeiten der Herausforderung und Veränderung ist es von entscheidender Bedeutung, sich auf unsere inneren Werte zu besinnen und diese aktiv in unserem Leben zu leben. Unsere Werte dienen als Kompass, der uns durch schwierige Zeiten führt und uns dabei hilft, unsere Handlungen und Entscheidungen in Einklang mit unserem inneren Kern zu bringen. Fragen Sie sich also: Was sind Ihre wichtigsten Werte? Suchen Sie aktiv nach Gelegenheiten, diese in Ihrem beruflichen und privaten Alltag zu leben.

Einladung: Wenn Sie möchten, können Sie hier Ihr ganz persönliches TLEX Resilienz-Assessment durchführen. Das Assessment hilft Ihnen, die verschiedenen Resilienzdimensionen einzuschätzen und zu reflektieren, was für die Stärkung Ihrer Resilienz wichtig ist.

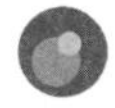 *Alle Dimensionen der Resilienz beeinflussen und verstärken sich wechselseitig.*

## Das Leben ist nicht fair

Aktuell haben die Vereinten Nationen erneut Finnland als jenes Land identifiziert, in dem die glücklichsten Menschen leben. Gemessen an den Kriterien für Glück gibt es hoch im Norden die meisten Menschen mit einem Lächeln im Gesicht und einer Zufriedenheit im Herzen. Demokratie, Rechtsstaatlichkeit, Friede, Teilhabe, verlässliche Sozialsysteme, Eigenverantwortung, finanzielle Sicherheit, all das sind Merkmale, die diese Zufriedenheit der Bürgerinnen und Bürger stärken, wenn der Staat zu deren Wohle agiert.

Und doch kann der Staat keine Garantie für ein gelingendes Leben geben. Denn das Leben schert sich nicht um Garantien, wenn das Schicksal einem Einzelnen auf die Füße tritt. Es wird immer die kleinen und großen Katastrophen geben. Ein Leben ohne seelischen Schmerz ist leider nicht per Gesetz möglich, weil Abschiede, Abstürze und die Willkür des Schicksals kaum zu beeinflussen sind. Und genau hier wirkt Resilienz wie ein Schutzschild.

Ich erachte deshalb diese seelische Widerstandskraft nicht nur als klassisches »Bouncing back«, so wie Sunita das tat, also jenen Versuch, nach einer Niederlage oder nach einem Schmerz schnellstmöglich wieder in die bekannte Situation zurückzufinden. Besser ist es nach meiner Definition, eine schmerzliche Situation anzunehmen, auszuhalten und mit positivem Kraft- und Energieeinsatz zu verbessern. »Bouncing forward« nennen wir das. Es setzt voraus, dass wir vertraute Strukturen loslassen können, dass wir jederzeit fähig sind, einen Neuanfang zu wagen. Niemand kann sich auf seine aktuelle Situation in Job und Privatleben verlassen.

Niemand kann sagen, ob er gesund ist und bleibt. Oder kennen Sie den aktuellen Status Ihrer Zellen? Wissen Sie, ob die Entgiftung funktioniert, die Muskeln im richtigen PH-Bereich sind, die Organe ohne jegliche Beeinträchtigung funktionieren und jedes System in Kohärenz zum Gesamten wirkt? Niemand hat seine Gesundheit und Zufriedenheit bis ans Ende des Lebens gepachtet. Es kann jederzeit eine Schräglage in unseren persönlichen Systemen geben – auch wenn staatliche Rahmenbedingungen vorbildlich erscheinen.

Haben Sie sich je die Frage aller Fragen gestellt? »Was wäre, würde mir morgen alles genommen, was mir lieb und teuer ist? Was würde dann bleiben?« Die Frage bringt uns in Kontakt mit unserer Sinnhaftigkeit. Seinen Sinn zu leben, selbst zu wirken, sich zu spüren und akzeptieren, was immer geschieht. Sinnhaftigkeit beschreibt Ihren weiten inneren Raum. Und dieser Raum ist Ihr Königreich, da dürfen Sie entwerfen, gestalten, glauben, hoffen, Sie dürfen immer und zu jeder Zeit sagen: Ich bin okay! Auch wenn uns der Job genommen wird, wenn eine Beziehung zerbricht, wenn es gilt, schmerzhaft Abschied zu nehmen. Ich bin okay!

Durch die Atemübung, die ich am Ende der Kapitel anleite, bringen Sie sich selbst wieder in Ihre Mitte. Sie definieren Ihren Standpunkt im Hier und Jetzt, indem Sie sich von Altem verabschieden und Neuem ohne Angst entgegensehen. In Krisen werden solche Übungen umso effektiver sein, je mehr Sie sich sagen: Ich nehme an, was ist – und verändere, worauf ich Einfluss habe.

## Immer wieder aufstehen

Es ist ein Faktum: Wenn Sie klar, selbstwirksam, entschlusskräftig und zugleich empathisch sind, wenn Sie sich von Problemen und Krisen nicht umhauen lassen – dann tragen Sie viel zur Resilienz Ihrer Mitarbeitenden bei. Denn das Bewusstsein der Leitung entscheidet oft über die Flughöhe eines Teams. Und rollen wir dieses Argument weiter auf, so werden Sie zu jenem Satz gelangen, den ich für einen der wichtigsten im Teamcoaching halte: Treffen sich Menschen, entsteht Energie! Diese können Sie mit anfachen, bündeln, lenken. Sie als Führungskraft haben Einfluss darauf, ob sie gedimmt wird oder erleuchtet, indem Sie das ungemeine Teampotenzial nutzen. Das wird Ihnen gelingen, sobald Sie sich Ihrer Ressourcen bewusst sind, sobald Sie mit Kreativität, Leistung und Widerstandsfähigkeit ein Vorbild sind.

Ein leistungsstarkes Team besteht aus Einzelplayern, die bereit sind, sich mit ihrem Talent und ihrer Liebe zum Job in ein Orchester einzufügen. Sie geben, besonders in schwierigen Passagen, Kraft Ihrer Vorbildfunktion implizit den Takt vor – und das setzt voraus, dass Sie sich Ihrer Selbstwirksamkeit bewusst bleiben. Deshalb gilt es, die Energie auch im Team zu managen, die Emotionen in die für ein Projekt richtigen Bahnen zu lenken. Je mehr Sie selbst an einen guten Ausgang glauben, desto eher werden auch die Teammitglieder darauf hinarbeiten.

Erinnern Sie sich daran, dass Sie mit den Widrigkeiten im Außen bewusst umgehen können, weil es diese Quelle der Kraft in Ihnen gibt, aus der Sie schöpfen. Sagen Sie sich, dass Ihnen Ihre innere Unabhängigkeit wertvoll ist, dass Ihnen diese niemand nehmen kann. Niemand. Um wie viel freudiger werden Sie Aufgaben gestalten mit diesem Wissen!

## Wechselseitige Nasenatmung – Vertiefungsübung

Die wechselseitige Nasenatmung, auch bekannt als Nadi Shodana, ist eine Atemtechnik aus dem Yoga. Sie hilft, Stress, Angst, Unsicherheit zu reduzieren, den Körper und den Geist zu entspannen und Wohlbefinden zu stärken. Es gibt Hinweise darauf, dass die wechselseitige Nasenatmung positive Auswirkungen auf das Gehirn und die Kreativität haben kann. Insbesondere gibt es Untersuchungen, die zeigen, dass diese Praxis helfen kann, die beiden Gehirnhälften besser zu nutzen und zu harmonisieren.[6]

Bei dieser Atemtechnik atmen Sie abwechselnd durch jeweils ein Nasenloch, indem Sie das jeweils andere Nasenloch zuhalten. Atmen Sie in dieser Art drei bis fünf Minuten:

- Setzen Sie sich bequem und mit geradem Rücken auf die vordere Kante eines Stuhls.

- Entspannen Sie die Schultern und legen Sie Ihre linke Hand auf den linken Oberschenkel, wobei die Handfläche nach oben zeigt.
- Heben Sie die rechte Hand zum Gesicht und legen Sie den Zeige- und den Mittelfinger sanft auf Ihre Stirn etwas oberhalb des Punktes zwischen den Augenbrauen ab.
- Atmen Sie einmal tief durch beide Nasenlöcher ein und aus.
- Verschließen Sie mit Ihrem rechten Daumen das rechte Nasenloch. Atmen Sie langsam durch das linke Nasenloch ein. Zeige- und Mittelfinger ruhen weiterhin auf Ihrer Stirn.
- Verschließen Sie das linke Nasenloch mit Ihrem Ringfinger und atmen Sie durch das rechte Nasenloch aus.
- Atmen Sie wieder durch das rechte Nasenloch ein. Verschließen Sie das rechte Nasenloch mit Ihrem Daumen, und atmen Sie durch das linke Nasenloch aus.
- Atmen Sie nun wieder durch das linke Nasenloch ein und verschließen Sie es dann mit dem Ringfinger. Nehmen Sie weitere lange Atemzüge in der wechselseitigen Nasenatmung.
- Beenden Sie die Übung mit dem Ausatmen durch das linke Nasenloch.

Wechseln Sie das Nasenloch, durch welches Sie atmen, immer vor dem Ausatmen.

Das Ziel ist es, lange sanfte Atemzüge ohne Anstrengung zu nehmen.

## Leitgedanken zur Reflexion

- Sie können Ihre Resilienz, Ihre psychologische Widerstandskraft, bewusst stärken. Vier Dimensionen gilt es dabei zu berücksichtigen, die sich gegenseitig beeinflussen: die mentale, physische, soziale und sinnstiftende Dimension.
- Wenn Sie sich Zeit nehmen für Atemübungen, zahlen Sie direkt auf Ihr Resilienz-Konto ein, denn sie beeinflussen Ihr Mindset und dadurch Ihre Zufriedenheit in Bezug auf alle Dimensionen.
- Investieren Sie in Ihre Beziehungen und damit in Ihre soziale Dimension: Die längste Studie zum Thema Glück zeigt, dass diejenigen am glücklichsten und gesündesten sind, die bereichernde, verlässliche soziale Bindungen haben.

Kapitel 9

# Remember the Future

Wann haben Sie sich das letzte Mal selbst auf die Schulter geklopft, weil Sie eine schwierige Aufgabe erledigt oder ein Ziel erreicht haben? Wann haben Sie sich zuletzt hingesetzt und sich bewusst Zeit dafür genommen, sich in Dankbarkeit daran zu erinnern, was in der Vergangenheit alles gut gelaufen ist?

Es ist das eine, sich Ziele zu setzten und zu planen, was wir tun müssen, um diese zu erreichen. Doch auch das Anerkennen dessen, was wir bereits erreicht haben, ist ein wichtiger Teil von bewusstem Selbstmanagement und ein wichtiger Erfolgsfaktor. Denn das Anerkennen der eigenen Erfolge erhöht Motivation und Resilienz und hilft, besser mit belastenden Situationen umzugehen.

Bewusst und oft unbewusst: Wir gestalten die Zukunft ständig. Mit den Gedanken, Gefühlen, mit der Energie, die wir aussenden. Und egal wie die Vergangenheit gelaufen ist, wie schmerzvoll sie auch gewesen sein mag, welchen Blickwinkel wir auf die Vergangenheit wählen, liegt immer in unserer Macht.

Diese starke Vorstellung, die ich mit der Idee »Remember the Future« verbinde, drückt aus, dass vergangene Niederlagen nicht zwangsläufig den Ausgang der Zukunft bestimmen müssen. Im Gegenteil: Der Blick zurück darf von Stolz begleitet sein, weil überwunden wurde, was schwierig war. Es kommt eben auch in der Rückschau auf Ihr Mindset an, und ich hoffe, Sie straffen bei der nächsten Herausforderung die Schultern, besinnen sich Ihrer Resilienz und sagen: »So wie ich das sehe, wird es mir auch dieses Mal gelingen!« Denn Wissenschaftler konnten zeigen, dass das Reflektieren über die eigenen Fähigkeiten und Erfolge Resilienz und Selbstwirksamkeit erhöht und hilft, besser mit emotional belastenden Situationen und anstehenden Herausforderungen umzugehen. Damit fahren Sie zum einen das Stresslevel hinunter und zum anderen lösen Sie sich von den Ängsten, die wir alle mit uns tragen, wenn wir vor neuen Herausforderungen stehen.

Diese Ängste, Zweifel, dieses Unwohlsein klebt oft auf der Seele und engt den Aktionsradius ein. Wie ein lästiges Kaugummi unter der Schuhsohle sollten Sie all diese Stresstreiber entfernen, sollten sich weg vom Versagen drehen und hin zum Horizont der Möglichkeiten. Das funktioniert wie folgt: Bündeln Sie Ihre Zuversicht zu einem einzigen Satz. Er ist so alt wie die Schriften der Yogis, und es hat lange gedauert, bis er Einzug in unsere moderne Wissenschaft gehalten hat: *Die Energie folgt der Aufmerksamkeit.*

Lassen Sie diesen wunderbaren Satz einmal wirken, wiederholen Sie ihn, schmecken Sie ihn wie einen edlen Tropfen, langsam und mit allen Sinnen: *Die Energie folgt der Aufmerksamkeit.*

Indem wir uns einen Moment Zeit nehmen, um uns unsere Erfolge, egal ob groß oder klein, in Erinnerung zu rufen und zu würdigen, setzen wir einen Meilenstein für die Zukunft. Wir wenden all unsere Gedanken, die daraus entstehenden Gefühle, all unsere Impulse und letztendlich das Handeln in die Richtung, die Erfolg verspricht. Wohin wir denken und fühlen, wird das Ergebnis sich manifestieren. Wir erkennen es im Alltag ebenso wie in der Projektarbeit. Immer ist die Voraussetzung für das Gelingen eine wohlgesinnte innere Haltung.

*Gestern lenkt morgen: Erinnere bewusst.*

### Die Kraft der Erinnerung

Es gibt verschiedene wissenschaftliche Erkenntnisse und Studien, die darauf hindeuten, dass die Art und Weise, wie wir uns an die Vergangenheit erinnern, die Zukunft beeinflussen kann, insbesondere in Bezug auf das Überwinden von Krisen und das Tanken von Kraft für die Zukunft. Hier sind einige relevante Beispiele:

1. **Positive Erinnerungen und Resilienz:** Die Psychologie der Resilienz befasst sich damit, warum einige Menschen trotz widriger Umstände widerstandsfähig bleiben. Forschungsergebnisse wie die der Universität Zürich haben gezeigt, dass das Erinnern an positive Ereignisse und Emotionen aus der Vergangenheit die Resilienz stärken kann.[1] Indem wir uns an erfolgreiche Bewältigungsstrategien oder positive Erfahrungen erinnern, können wir uns für zukünftige Herausforderungen stärken.
2. **Posttraumatisches Wachstum:** Studien zum posttraumatischen Wachstum haben gezeigt, dass Menschen nach traumatischen Ereignissen oft persönliche Stärke entwickeln und positive Veränderungen in ihrem Leben erfahren können. Richard Tedeschi und Lawrence Calhoun[2] haben diese Idee erforscht und betont, dass das Erinnern von überwundenen Krisen oder schwierigen Situationen dazu beitragen kann, das Selbstvertrauen zu stärken und die Fähigkeit zur Bewältigung zukünftiger Herausforderungen zu verbessern.
3. **Positive Psychologie und Selbsterzählung:** Die positive Psychologie hat gezeigt, dass die Art und Weise, wie wir unsere Lebensgeschichte erzählen, einen Einfluss auf unser Wohlbefinden und unsere Zukunftsperspektiven hat. Forschung von Martin Seligman[3] und anderen hat gezeigt, dass das Betonen von positiven Ereignissen dazu beitragen kann, Optimismus und Hoffnung für die Zukunft zu fördern.

Indem wir uns auf positive Erfahrungen konzentrieren und überwundene Krisen reflektieren, können wir Kraft und Hoffnung für zukünftige Herausforderungen schöpfen.

Erinnern wir uns daran, welche Hindernisse wir in der Vergangenheit bereits überwunden haben, erhöht sich die Selbstwirksamkeit. Es entsteht eine Kongruenz der Gedanken, der Emotionen, des Wissens. Stellen Sie sich dagegen einen Kollegen im Team vor, der ständig jammert, für den jede Erneuerung wie eine Drohgebärde gegen Leib und Leben ist, dann wird die Teamenergie getrübt und die individuelle Energie steuert das Feld der Schwierigkeiten an.

Erinnern Sie sich an Sunita, die der Transformation in ihrem Unternehmen überwiegend mit Zynismus begegnete und sich damit weiter ins Aus navigierte? Ich hatte nach unserem Coaching oft an sie gedacht und hätte mir gewünscht, sie wäre milder gewesen zu sich und den anderen. Aber dazu war sie nicht bereit. Im Gegenteil, sie erinnerte sich an die Niederlagen der Vergangenheit und verlor dadurch die Kraft, die sie zur Lösung der anstehenden Herausforderung gebraucht hätte.

Wer morgens aufwacht mit dem Satz: »Wahnsinn, was da aktuell geschieht, ich will das nicht und kann das nicht mittragen«, der empfindet weder Sinnhaftigkeit für seine Aufgaben noch eine Freude an der Herausforderung. Er wird sich unwohl fühlen und sein Team hemmen, selbst wenn er halbherzig die von der Geschäftsleitung vorgegebenen neuen Glaubenssätze des Transformationsprozesses aufsagt. Die werden verpuffen und vom Team nicht verinnerlicht werden, geschweige denn von einem selbst.

Das ist eine extrem schwierige Ausgangslage. Es wird nur eine Frage der Zeit sein, bis Dissonanzen auftreten. Wie aber können Sie sich sammeln und wie können Sie in eine positive Energie finden, damit Sie die Erinnerung an die Vergangenheit bewusst steuern können und Ihre Zukunft gut wird? Eine Antwort lautet: Es braucht eine gute Mischung aus Makro- und Mikro-Momenten zur Erhöhung der persönlichen Energie.

In ihrer täglichen atembasierten Achtsamkeit schaffen Sie eine Basis. Sie stärken durch diese Makro-Momente der Atemarbeit Ihren Achtsamkeitsmuskel, können sich immer schneller und besser mit sich selbst verbinden und bauen eine innere Kraft auf. All dies wird Ihnen helfen, sich in kritischen Situationen, in denen Sie eine Ad-hoc-Lösung brauchen, durch Mikro-Momente managen zu können. Und dies in einer Art und Weise, die so subtil ist, dass von außen niemand erkennen wird, wie Sie gerade an sich arbeiten.

 *Kampfkunst auf dem Schlachtfeld zu lernen, war noch nie eine gute Idee!*

## Mikro-Momente für Makro-Effekte

Nicht immer dreht es sich – wie bei Sunita – um die ganz große Entscheidung: bleiben oder gehen. Oft sind es die kleinen Begebenheiten, die sich summieren und letztendlich zur Verunsicherung führen. Eine Strategie wurde abgelehnt, ein Team verkleinert, ein Ziel nicht erreicht, eine Diskussion zu eigenen Ungunsten beendet. All das scheinen Alltäglichkeiten im Führungsjob zu sein, doch wie so häufig gilt auch hier: Die Dosis macht das Gift. Zu viele kleine Niederlagen hinterlassen ein Gefühl von Schwäche und zu viel Schwäche trübt die Selbstwirksamkeit. In unseren Trainings haben wir ein Gegenmittel entworfen, das wir »Mikro-Momente schaffen« nennen. Sie sind wie ein Balsam, der sich über diese Lästigkeiten legt.

Was wir damit meinen? Lassen Sie mich dazu eine Geschichte erzählen, die mir eine Seminarteilnehmerin vor einiger Zeit erzählte, nennen wir sie Daniela. In einem Meeting, als Spannung in der Luft lag und die Zeit gegen sie arbeitete, fühlte sich Daniela von den anderen unter Druck gesetzt. Sie merkte, wie sie nervös wurde und unklar in ihren Formulierungen. Sie spürte den Anflug von Panik in ihrem Bauch, ein bekanntes Muster stieg in ihr auf, wenn sie an all die Aufgaben dachte, die noch bis zur Deadline abgeschlossen werden mussten. In diesem Moment der hohen Anspannung erinnerte sie sich an die Miko-Momente, die sie im Seminar erlernt hatte, welche helfen, kurzfristig die eigene Achtsamkeit zu erhöhen und sich in Stresssituationen wieder zu fangen. Sie brachte ihre Aufmerksamkeit zu ihrem Atem und nahm ihn mit voller Aufmerksamkeit für einige Sekunden wahr. Dann nahm sie, ohne dass es andere bemerkten, drei tiefe und lange Atemzüge. Etwas in ihr beruhigte sich, das Gefühl der Panik nahm ab, die Angst und der Druck begannen sich zu reduzieren. Durch den Moment der Achtsamkeit und bewussten Entspannung konnte Daniela ihr reaktives Muster durchbrechen, ihre Perspektive ändern und neue Lösungsansätze für die Herausforderungen finden. Mit neuer Energie und Klarheit arbeitete sie fokussiert weiter und konnte schließlich einen entscheidenden Durchbruch erzielen, der das Projekt voranbrachte.

Das Beispiel von Daniela verdeutlicht, dass es in kritischen und stressigen Situationen nicht nur auf die harte Arbeit ankommt, sondern auch darauf, sich selbst zu managen und Momente der Ruhe und Erholung zu schaffen, um wieder im Jetzt zu sein.

Mikro-Momente sind also kurze Interventionen der Achtsamkeit, die Sie »on the pitch«, also in kritischen Situationen, durchführen können. In schwierigen Lagen helfen sie, den Stress zu bewältigen und die Spirale der negativen Gedanken zu durchbrechen.

## Beispiele von Mikro-Momenten

1. **Atem-Anker:** Nutzen Sie Ihren Atem als Anker, wenn es im Außen stürmisch zugeht. Werden Sie sich für einige Sekunden Ihres Atems gewahr und beobachten Sie ihn. Atmen Sie bewusst ein paar Mal tief ein und aus.
2. **Body-Scan:** Bringen Sie Ihre Aufmerksamkeit zu Ihrem Körper. Nehmen Sie Anspannungen im Körper wahr, ohne etwas verändern zu wollen, urteilsfrei. Atmen Sie einmal tief ein und entspannen Sie den Körper bewusst mit der Ausatmung.
3. **Humor suchen und finden:** Schauen Sie bewusst nach etwas Lustigem in alltäglichen Dingen, etwas, das Sie zum Lächeln bringt. Das Ziel ist es, für einen Moment ein inneres oder äußeres Lächeln zu gewinnen und zurück in die Leichtigkeit zu finden.

Die Königsdisziplin unter den Mikro-Momenten ist meiner Erfahrung nach der Atem-Anker. Diesem Thema widmete sich 2016 ein Forscherteam der Technischen Universität München.[4]

Die Studie ergab Erstaunliches: Probanden, die während des Betrachtens schockierender Bilder bewusst auf ihren Atem achteten, erlebten subjektiv weniger Stress im Vergleich zu denen, die ihre Aufmerksamkeit nicht auf ihren Atem richteten. Die MRI-Ergebnisse der Studie zeigten jedoch faszinierenderweise auch, dass das bewusste Atmen unter Stress eine neurologische Veränderung bewirkt, die mit einer verringerten Aktivität in der Amygdala einhergeht. Die Amygdala ist eine Gehirnregion, die eine Schlüsselrolle bei der Verarbeitung von Emotionen, insbesondere bei der Reaktion auf stressige oder bedrohliche Reize, spielt. Zusätzlich zeigte sich eine deutlich verstärkte Konnektivität zum präfrontalen Kortex. Dieser spielt eine wichtige Rolle bei der kognitiven Kontrolle und der Fähigkeit, auf stressige Situationen angemessen zu reagieren. Und all dies nur schon durch das Beobachten des Atems! Dies untermauert die Wirksamkeit der Achtsamkeitspraxis bei der Stressbewältigung auf einer neurologischen Ebene.

Atmen Sie also in kritischen Situationen bewusst! Atmen Sie tief und lang, bringen Sie Ihre Aufmerksamkeit in die Mitte des Körpers. Schenken Sie sich drei von diesen wohltuenden Atemzügen und nehmen Sie wahr, wie Ihr Körper entspannt. Damit wehren Sie sich nicht gegen negative Emotionen, die aktuell Ihre Neurotransmitter beschleunigen. Sie sagen einfach: »Okay, gerade läuft es nicht, wie ich es will, ich nehme es für den Moment an.« Ein mentaler Kampf, ein massives Wegdrücken dieser Wahrheit, würde die als negativ empfundenen Empfindungen nur größer machen. Nehmen Sie es an, atmen Sie. Bemerken Sie Ihr inneres Wanken, die Unsicherheit. Atmen Sie dort hinein. Im Moment mit aller Achtsamkeit zu atmen, ist wie ein Durchlüften in Gedanken.

Und dann machen Sie weiter, fokussieren Sie sich neu, sagen Sie sich: »Ich stelle mich dieser Situation.« Oder Sie blinzeln ein paar Mal, denn das regt das Kreativzentrum im Gehirn an. Und vielleicht fällt Ihnen sogar ein Satz voller Humor ein, der andere lächeln lässt. Es sind die kleinen Impulse, die Sie in der Gegenwart setzen, um sich nicht in Negativem zu verlieren. Und genau diese Taktik funktioniert auch rückblickend. Kurzum: Wenn Ihnen die Vergangenheit nicht freudvoll erscheint und Sie eher zum Weinen als zum Schwärmen anregt, dann verändern Sie Ihr Skript. Sie sind der Schriftsteller Ihres Lebens, Sie haben Einfluss auf Ihre Gedanken und Emotionen. Wir sind nicht zeitlebens dazu verdammt, am Boden liegen zu bleiben, stolpernd weiterzuziehen oder gar aufzugeben, nur weil das in der Vergangenheit hin und wieder geschehen sein mag. Sie sind gut und können besser werden. Sie können die beste Version Ihrer selbst werden, wenn Sie Ihre Aufmerksamkeit darauf richten. Mit diesem Selbstvertrauen definieren Sie Ihre Energie neu.

Allerdings neigen wir leider dazu, uns die schlechten Begebenheiten zu merken und diese im Laufe der Zeit sogar zu überinterpretieren.

## Wenn das Gedächtnis alle Kraft kostet

Stellen Sie sich vor: Sie sind Gast einer glamourösen Party. Das Klirren von Gläsern und das lebhafte Stimmengewirr umgeben Sie, während Sie durch den Raum gehen und anregende Gespräche mit faszinierenden Menschen führen. Es ist eine Nacht voller Lachen, lebhafter Unterhaltungen und herzlicher Komplimente, die auf Sie einprasseln wie ein warmer Sommerregen.

Ihre Frisur wird bewundert, Ihr Job wird gelobt, Ihre Familie wird verehrt – es fühlt sich an, als ob jeder Gast eine eigene Ode an Ihre herausragenden Qualitäten verfasst. Vielleicht haben Sie zehn dieser lobenden Worte eingefangen, die wie strahlende Sterne am nächtlichen Himmel glänzen. Doch dann, inmitten dieses Glanzes und der Lobeshymnen, wirft Ihnen jemand unerwartet einen Schatten. Ein scharfer Kommentar, der wie ein Blitz aus heiterem Himmel einschlägt: »Oh, haben Sie zugenommen?« Eine unerwartete Wendung, die Ihre Glückseligkeit für einen Moment trübt und eine düstere Wolke über Ihre Gedanken ziehen lässt.

Wenn Sie dann später in den stillen Stunden des Heimwegs allein sind und die Ereignisse der Nacht Revue passieren lassen, stellen Sie sich die Frage: Woran erinnern Sie sich? Es wird Ihnen klar sein: an das Negative, an jenen einen Satz, der sich gegen Ihre Figur gerichtet hat. Der sitzt wie ein Stachel in der Haut. Es scheint, als ob unser Geist eine Vorliebe dafür hat, sich auf das Negative zu fokussieren.

In der Welt des Gedächtnisses ist das Kurzzeitgedächtnis ein unsteter Sammler, der die Vergangenheit durch ein dunkles Prisma betrachtet. Wissenschaftliche Studien, wie die von Atkinson und Shiffrin (1968), zeigen uns, dass es dazu neigt, die negativen Ereignisse zuerst einzufangen und festzuhalten.[5]

Doch was können wir tun, um dieses Ungleichgewicht zu korrigieren? Es beginnt mit der Selbstbegegnung, dem Erkennen, dass wir uns in einem Labyrinth verirrt haben, wo die Schatten der Vergangenheit unsere Gegenwart überlagern. Wir müssen uns wieder auf die Spur bringen, uns bewusst werden, dass wir die Proportionen unseres Erlebens verloren haben.

In den beschriebenen Mikro-Momenten finden wir den Weg zurück ins Hier und Jetzt. Wir lenken unsere Wahrnehmung behutsam auf das, was uns stärkt, wie ein Gärtner, der seine Blumen pflegt. Indem wir unsere Energie anheben, eröffnen wir uns die Möglichkeit, die positiven Erinnerungen zuerst zu erwischen, wie ein Sonnenstrahl, der durch Wolken bricht.

Denn letztlich geht es darum, eine Balance unserer Erinnerungen zu erreichen. Durch Achtsamkeit und das Lenken unserer Energie können wir das Gedächtnis beeinflussen und es sanft in positive Bahnen lenken. Wie viel wohltuender wäre es, wenn Sie manches ruhen lassen könnten oder anderes gar aus dem Blickwinkel der Erfahrung, der individuellen Entwicklung betrachten könnten. Auch hier sind Mikro-Momente hilfreich. Halten Sie inne und richten Sie die Erinnerung auf das, was Ihnen geglückt ist. Machen Sie Fehler zu Lerneinheiten, die Sie nach vorne bringen. Sagen Sie sich: Hier bin ich, hier wirke ich. Ich gebe mein Bestes. Jetzt ist mein Moment, jetzt kann ich gestalten. Das Vergangene hat mir den Weg zu diesem Jetzt frei gemacht. Ich nutze es mit all meiner Stärke und Achtsamkeit.

## Der Blick auf die Zukunft

Die Forschung der Psychologie und auch der Neurobiologie weist darauf hin, dass sich mit einer konzentrierten, positiven mentalen Haltung der Erfolg eher einstellt als mit einer Haltung des Zweifelns und der Angst. Nun bin ich kein Befürworter jener Ratgeber, die suggerieren, man müsse nur an etwas glauben, den Wunsch ins Universum senden und schon würde sich dieser Wunsch erfüllen.

Erfolg setzt oft Arbeit, Wissen und Charakter voraus. Eine Karriere bedarf der ständigen Weiterbildung und der Entschlusskraft, ein Ziel zu erreichen. Ich jedenfalls kenne keine einzige Top-Führungskraft, die lediglich durch gepflegtes Atmen die Stufen bis an die Spitze der Leiter kletterte. Diese Führungskräfte legen auch eine Top-Performance hin! Sie haben den Präsenzmuskel trainiert, sie können unbedingt fokussiert ihre Ziele ansteuern. Und wenn ich die Lebensläufe von nachhaltig erfolgreichen Menschen vergleiche, dann sehe ich genaue Marker. Und wenn ich tiefer schaue, wenn ich etwas finden möchte, das sich nicht in Noten und Zeugnissen bemessen lässt, dann ist es diese positive Einstellung zum Leben, die diese Menschen auszeichnet. Wie gesagt: Mit dem Atem haben Sie einen wichtigen Schlüssel in der Hand, um sich Ihre positive Einstellung trotz allem Druck zu bewahren.

## Lebenskraft

Was für einen Quantenphysiker die Beschleunigung und Verbindung kleinster Teilchen bedeutet, ist für den Yogi die Lebenskraft – und beides liegt gar nicht weit auseinander, denn sie betonen die Bewegung, die immerwährende Verschmelzung zu einem Stoff, der Leben bedeutet. Für Yogis ist Energie das zentrale Konzept, denn nur die Energie – in Sanskrit Prana genannt – ermöglicht Vitalität, sie durchdringt alles Lebendige und existiert in verschiedenen Formen und Graden von Subtilität. Zur Ganzheit jedoch wird sie erst, wenn sie sich mit Ayama, dem Fluss des Atmens, verbindet. So haben die Yogis Atemübungen entwickelt, um die Energie zu kontrollieren und zu harmonisieren, um sie durch die Systeme zu lenken. Dieses Atem- und Achtsamkeitskonzept schenkt geistige Klarheit.

In der westlichen Welt gab es lange kaum Konzepte, die sich derart mit dem Atem und der Steuerung der Energie befassten. Viel zu lange betrachteten wir den Atem einzig als zweckmäßigen Austausch von

Sauerstoff und Kohlendioxid, das aber, so sagt heute auch unsere westliche Wissenschaft, ist zu kurz gesprungen. Man könnte sagen: Wir leben in einem Ozean an Lebensenergie und durch Pranayama können wir diese Energie in uns beherbergen. Wir können unsere Energie verändern, was früher falsch lief, kann heute gelingen. Und hier komme ich zurück auf den Satz »Die Energie folgt der Aufmerksamkeit«! Wir können diesen Prozess in drei Schritte unterteilen: Intention, Aufmerksamkeit und Manifestation.

**Intention** bedeutet, sich darüber klar zu werden, was man erreichen will. Jeder einzelne der bis zu 6 000 Gedanken, die uns gemäß Forschern jeden Tag durch den Kopf schießen, hat eine Kraft und ein Energiepotenzial. Es ist also enorm wichtig, sich seiner Intentionen bewusst zu werden. Jeder Gedanke trägt das Potenzial in sich, eine Handlung bei uns auszulösen und unser Leben zu beeinflussen. Wenn ich also einerseits ein Buch schreiben will, aber andererseits denke: »Ich kann sicherlich kein Buch schreiben …« (ein Gedanke, den ich tatsächlich lange in mir herumtrug), dann kann dieser Gedanke mich dahin beeinflussen, dass ich den Prozess des Schreibens nie beginne. Sich seiner Gedanken bewusst zu werden, ist also eine Handlung mit enormen Auswirkungen. Ein Schritt, der sich lohnt. Denn es geht dabei um nicht weniger als Ihr Leben!

Eine starke Intention ist also der Ausgangpunkt. Diese soll kraftvoll formuliert sein, denn sie trägt bereits jene Energie in sich, die Erfolg verspricht. Wenn ich mir also meiner Gedanken gewahr werde und neben den Gedanken »Ich kann das nicht« den Gedanken »Und ich pack es trotzdem an, lass das Leben entscheiden« stelle, dann hat sich die Ausgangslage drastisch verändert. Diese Energie, die mit einer Entschlusskraft entsteht, ist wie ein Samen, der gelegt wird, und aus dem für uns Wunderbares erblühen kann. Das wird übrigens nicht sofort geschehen, nichts manifestiert sich mit einem Fingerschnippen. Alles muss reifen, alles nimmt erst mit der Zeit Form an.

**Aufmerksamkeit** gilt es auf die klare, starke Intention zu lenken. Ohne Fokussierung vernebelt ein Ziel. Nur die bewusste, konzentrierte Lenkung ermöglicht es, auf Kurs zu bleiben. Je stärker Sie sich auf ein Ziel fokussieren, desto intensiver wird die Energie sein, um es zu erreichen. Das setzt voraus, während dieses zweiten Schrittes Zeit, Achtsamkeit, Geld, Geduld, Kraft zu investieren. Der Einsatz kann hoch sein, aber niemals zu hoch, wenn Ihnen die Manifestation wertvoll bleibt. Daher ist übrigens eine zeitliche Begrenzung wichtig, damit Ihnen die Puste nicht ausgeht. Kein Ziel sollte zeitlich derart weit entfernt sein, dass Sie seine Konturen nicht erkennen.

Dieser zweite Schritt der Aufmerksamkeit ist meist mit Zweifel verbunden. Es ist die Phase, in der die Gefahr des Stolperns und Scheiterns groß ist. Denn alte negative Erinnerungen können hochkommen, es können sich Bilder zeigen, die wir lieber vergessen wollen. Nehmen Sie diese an und sagen Sie sich: Diese Bilder gehören zu mir, aber ich kann sie verändern. Ein paar Feinschliffe, und das Panorama sieht anders aus. Arbeiten Sie mit diesen Bildern, seien Sie kreativ.

**Manifestation** setzt Intention und Aufmerksamkeit voraus, sodass sich Dinge verwirklichen. Etwas ist dank Ihrer Kraft und Ausdauer wahr geworden. Das Gewünschte zeigt sich in der physischen Realität!

Wie bereits erwähnt, funktioniert diese Gesetzmäßigkeit in alle Richtungen. Im Positiven wie im Negativen. Gerade deshalb ist Gewahrsein so wichtig. Die Manifestation ist ein fulminanter Moment. Auf dem Weg dorthin wurden Zweifel und Ängste mitgenommen, aber die Intention hat sie überflügelt. Sie mögen gestolpert sein, Schmerz empfunden haben, Sie haben es ausgehalten, Ihre Energie nicht umgelenkt. Roger Federer würde nach einem verlorenen Spiel sagen: »Nein, es war nicht alles schlecht, es gab Lichtmomente und die waren wichtig für meine Entwicklung.« Das meinen Philosophen, wenn sie sagen, der Weg sei das Ziel.

Rückblickend unterliegt eine Bewertung der Strecke der individuellen Reflexion. Die Wertung von Erfolg und Misserfolg hängt ab von der inneren Einstellung, von den Überzeugungen und letztendlich von dem emotionalen Zustand. Allerdings neigt der Mensch dazu, die Dramen eher abzuspeichern als diese kleinen Begebenheiten. Das lässt sich ändern. Sie entscheiden, wie Sie die Blende einstellen. Indem Sie zum Sammler kleiner Glücksmomente werden, verändert sich auch das Zukunftsbild.

## Augen schließen und die Zukunft denken

Negative Gedanken lösen Stress aus, setzen Angstpunkte. Diese Zustände im Gehirn lassen sich per Scan messen. Und doch denkt jeder Mensch in seinem individuellen Muster. Je nach Temperament und Erfahrung wird er optimistisch oder zweifelnd sein. Fest steht: Wir denken immer, zu jeder Zeit. Gedanken kommen und gehen, aus einem Gedanken erwächst ein nächster. Wenn wir nicht achtsam sind, geraten wir allzu schnell in ein Gedankenkarussell, dann befeuert ein Problem das andere und am Ende sieht die innere Welt sehr traurig aus.

Die Fokussierung auf Fehler, auf Probleme und auf Niederlagen ist leider verbreitet. Sie ist sozusagen normal. Nur ein Bruchteil unserer Gedanken richtet sich auf das Positive im Leben. Dabei finde ich: Wir sollten achtsam unsere Gedanken steuern. Wir sollten sie um der gesunden Energie willen auf das Gelingende richten – und darüber sprechen.

Erinnern Sie sich? Aus Gedanken wird Handeln, wird Verhalten, wird die Richtung im Leben gezeichnet. Und damit stehen wir wieder unter dem Spannungsbogen aus Vergangenheit und Zukunft. Wer hinderliche Glaubenssätze mit sich trägt, wer ein ehemaliges Scheitern stets abruft oder den Zweifel in sich stärkt, der malt ein Bild von der Zukunft genau in diesen Farben, wie die Vergangenheit sich darstellt. Es ist, als wäre ein Programm installiert, ein Algorithmus in den Gedanken. Das gilt es zu durchbrechen, um frei und positiv weiterzugehen auf dem Lebensweg. In Ihnen steckt so viel mehr als hinderliche Glaubenssätze und Annahmen, und ich verspreche Ihnen, sobald Sie diese ruhen lassen, werden sie sich dank der Plastizität des Gehirns irgendwann verändern. Dafür gibt es Techniken, unsere Atem- und Achtsamkeitsübungen zählen dazu.

Kraft Ihrer inneren Bilder können Sie ungünstige Gewohnheiten hinter sich lassen. Durch bewusst gewählte Gedanken setzen Sie Marker, die auf Dauer zu einem veränderten gesunden Muster werden. Die Kraft der Gedanken können wir gar nicht hoch genug einschätzen. Seien Sie deshalb achtsam, wenn Sie Ihre Zukunft entwerfen und wenn Sie Wünsche formulieren. Malen Sie sich immer die Konsequenzen aus, wenn diese Wünsche tatsächlich eintreten. Die mentale Arbeit bleibt immer, im Privaten wie im Job, ein Pflichtprogramm, um sich auf eine herausfordernde Zukunft einzustimmen.

Wenn ich ein Seminar gebe, dann gehen mir zuvor tausend Gedanken durch den Kopf. Es sind Gedanken des Zweifelns – und auch der Zuversicht. Ich besinne mich dann darauf, warum ich dies alles tue, und darauf, ganz für die Menschen vor mir da zu sein. Um das abzurufen, brauche ich ein gutes Energiemanagement. Und genau das ist die Herausforderung für viele Führungskräfte: das Stresslevel im Vorfeld klein zu halten, sich mit der bevorstehenden Aufgabe zu verbinden und ganz da zu sein!

### Die Technik: Remember the Future

In Remember the Future nehmen Sie sich einen Moment Zeit, um sich Ihre Erfolge, egal ob groß oder klein, in Erinnerung zu rufen und zu würdigen. Das hilft Ihnen, gelassener und zuversichtlicher in die Zukunft zu blicken, und schenkt neues Selbstvertrauen, wenn Sie sich vielleicht gerade nicht so gut fühlen oder mit einer Herausforderung konfrontiert sind. Wir alle haben bereits viele Dinge im Leben gemeistert. Von kleinen Dingen, wie das erfolgreiche Einhalten von Deadlines, bis zu großen Dingen, bei denen wir all unsere Fähigkeiten und unseren Einfallsreichtum eingesetzt haben. Sich an diese Dinge zu erinnern, hilft, besser mit aktuellen, herausfordernden Situationen umzugehen.

1. Nehmen Sie sich einen Moment Zeit und haben Sie etwas zum Schreiben parat.
2. Erinnern Sie sich an Momente, Herausforderungen oder Krisen, die Sie in der Vergangenheit erfolgreich gemeistert haben. Schreiben Sie sich diese auf.
3. Schreiben Sie sich zu jedem Ihrer Erfolge auf, welche besonderen Fähigkeiten Ihnen geholfen haben, die Herausforderung zu bewältigen.
4. Wenn Sie fertig sind, beobachten Sie für einen Moment, wie Sie sich fühlen.

## Leitgedanken zur Reflexion

- Die Energie folgt der Aufmerksamkeit. Dieser Prozess besteht aus drei Schritten: Intention, Aufmerksamkeit und Manifestation.
- Wie Sie die Vergangenheit erinnern, so gestaltet sich Ihre Zukunft. Achtsamkeit kann Ihnen helfen, sich zu sammeln und eine positive Energie zu finden, damit Sie die Erinnerung an die Vergangenheit bewusst steuern können.
- Mikro-Momente sind kurze Interventionen der Achtsamkeit, die Sie »on the pitch«, also zum Beispiel während herausfordernder Situationen, durchführen können, um Stress zu bewältigen und Präsenz kurzfristig zu steigern.

Kapitel 10

# Triple-A: Willkommen, ihr negativen Emotionen!

Es mag Situationen geben, die einzig ein Fluchtgefühl auslösen. Alles zu viel. Alles zu stressig. Alles drückt auf die Laune, aufs Herz, überhaupt sind die Tage anstrengend und die Nächte mit Grübeln durchzogen. Wen mag es da verwundern, wenn Gedanken sich nach vorne drängen und die Idee größer wird, den ganzen Kram hinzuwerfen. Ein Fluchtgefühl vor den Routinen, vor den Aufgaben, die übermächtig werden, das ist menschlich. Natürlich rate ich Ihnen: »Tun Sie es nicht, es wäre der falsche Ansatz, Probleme zu lösen.« Probleme nämlich haben die lästige Art, sich nicht abwimmeln zu lassen, sie kleben an den Fersen, egal wie schnell und wie weit man läuft. Sie würden sich nur überanstrengen – sowohl mental als auch emotional, vielleicht auch körperlich. Auf Dauer würden Sie atemlos, würden auf der dunklen Seite der Emotionen landen und damit bündelte sich Ihre Energie mehr und mehr auf diese miserable Sequenz, die Sie nicht wollen. Und genau das wäre der Punkt, an dem allgemeinhin ein Teufelskreis beginnt: Sie triggern den Stress, je mehr Sie ihn abschütteln wollen.

Und doch muss sich niemand hilflos fühlen und im Problem steckenbleiben. Im Gegenteil! Alles fließt. Panta rhei. Was heute wahr ist, kann morgen bereits anders sein. Niemand kann zweimal in denselben Fluss steigen. Alles fließt und nichts bleibt, wie schon der Philosoph Heraklit formulierte. Deshalb ist es eine gesunde Haltung im Leben, erst einmal anzunehmen, was ist, und im Folgenden das Problem zu fokussieren, um ihm zu begegnen wie ein Kampfkünstler: nicht flüchten. Keinesfalls jammern. Sondern sich der Herausforderung stellen, um mit Stärke und geballter Energie zu agieren.

## Wenn Intelligenz weh tun kann: Vom Kampf mit den Emotionen

Alles, was Sie in Ihrem Job und im Privaten leitet, wird getragen von Emotionen. Nichts, selbst die tiefste Langeweile, kann ohne Emotionen bestehen. Denn diese chemischen Stoffe, die als Reaktion der Gedanken und anderer Stimuli gebildet werden und als Hormone und Neurotransmitter im gesamten Körper wirken, erzeugen fein aufeinander abgestimmte Kaskaden. Je nach Zusammensetzung und Konzentration verändern sie die Herzfrequenz, infolgedessen passen sich Blutdruck, Muskelspannung, Hautleitwert, Darmtätigkeit an. Das alles führt neben der mentalen Veränderung auch zu physiologischen Reaktionen wie Herzrasen, Enge im Brustraum, Bauchkrämpfe. Man könnte sagen, die Emotionen sind Energie in Bewegung. Und sollten Sie tatsächlich weglaufen wollen, sollte dieses unbändige Gefühl in Ihnen den Takt übernehmen, dann ist vermutlich die Ausschüttung von Adrenalin in Ihrem Körper extrem hoch. Es werden die Extremitäten mit zusätzlichem Blut versorgt, die Körpertemperatur steigt an, alles wird hitzig, alles flink, ein Energieschub von ungeheuerlicher Kraft setzt ein, der sich entladen will in der Wut, im Ärger. Action!

Nun, das mag in Gefahrensituationen sinnvoll und hoch intelligent sein, aber im Alltag sind solche überbordenden Emotionen ungesunde Stresstreiber. Forscher haben herausgefunden, dass die Systeme sich nur langsam wieder beruhigen. Auch wenn die Situation, die den Ärger verursachte, behoben scheint, so reagieren Körper und Geist noch nach. Stress erzeugt ein Echo, das nur langsam abklingt. Das macht den Stress gefährlich. Es ist der Nachhall der Emotionen, der uns fertigmacht, auch wenn wir denken, das Schlimmste sei überstanden, so wirken ihre Effekte weiter. Extrembeispiel gefällig?

## Die Gefahr ist weg, die Emotion bleibt

Stellen Sie sich vor, Sie werden auf einer Safari in Namibia von einem Löwen gejagt. Dieses Drama wird verschiedene physiologische Reaktionen im Körper auslösen: Veränderungen der Herzfrequenz, des Blutdrucks, der Atmung und der Muskelspannung. Diese physiologischen Reaktionen bereiten Sie darauf vor, die Beine in die Hand zu nehmen, zu rennen, was das Zeug hält. Immerhin ist die Bestie stärker als Sie, schneller als Sie, und Ihnen ist das Leben lieb. Das Glück ist Ihnen hold! Vor Ihnen nämlich steht eine Logde-Tür weit offen. Sie sprinten unter aller Anstrengung in dieses Haus, knallen die Tür hinter sich zu, die Bestie ist draußen, Sie sind drinnen. Geschafft. Sie keuchen. Der Schweiß tropft von der Stirn, die Knie zittern. Und doch wissen Sie: Sie sind gerettet, der Löwe kann nicht ins Haus! Sie könnten nun lächeln, sich lobend selbst auf die Schulter klopfen, an der Wand entlangrutschend in die Hocke gehen oder den Blick zur Decke heben und irgendwohin ein dickes Danke senden. Doch Herzschlag, Atmung und Ihre Schweißproduktion sind noch stundenlang außer Kontrolle, und in den nächsten Tagen fällt es Ihnen schwer, die Safari fortzusetzen. Ständig drehen Sie sich um, ständig denken Sie, der Löwe lauert.

Will heißen: Manchmal reicht es nicht aus, den Stressor zu beseitigen, um den emotionalen Kreislauf zu unterbrechen. Was Sie jedoch gegenhalten können, das ist die Transformation der Emotionen. Wenn der Stress also festsitzt und der Körper droht, ein Muster daraus zu bilden, dann steuern Sie bitte gegen.

Sie können beispielsweise Ihre Gedanken, das Erlebte aus einer anderen Perspektive betrachten. Sagen Sie sich nicht: *Wieder bin ich in eine gefährliche Situation geraten. Wieder war ich unaufmerksam, nachlässig, nicht weitsichtig genug.*

Hilfreicher wäre es, Dankbarkeit zu empfinden. Dankbar zu sein, dass Sie der Gefahr entkommen sind, dass Sie blitzschnell und der Situation angemessen handeln konnten, dass Sie gesund sind. Dankbarkeit ist eine der stärksten Emotionen, und sie wirkt wie ein Schutzschild gegen sich festsetzenden Stress.

Nun wird es nicht oft vorkommen, dass ein Löwe Sie verfolgt, eher sind es die ganz alltäglichen Unannehmlichkeiten, die Ihre Chemie beeinflussen. Vermutlich wird der Troublemaker im Team wieder maulen, wird Ihre Führungskraft eine nicht wertschätzende Bemerkung fallen lassen, wird Ihr Verhandlungspartner knapp vor Vertragsunterzeichnung absagen, werden Sie Ihr Ziel des Monats nicht erreichen. So ist das Leben. Es lässt sich nicht in Gänze bestimmen, erzwingen lässt es sich schon gar nicht. Und einfach den Schalter auf Dankbarkeit umstellen? Nun, das ist auch leichter gesagt als getan. Vor allem wenn die Emotion so stark ist, dass die Ratio leidet. Was Sie jedoch tun können, das ist, Ihren Ärger, Ihre Wut oder Ihre Enttäuschung auf somatischer Ebene zu managen und somit gesund durch kleine und große Krisen zu gehen.

Sie wissen ja, viele Details summieren sich zur Last, deshalb lassen Sie auch mal Fünfe gerade sein. Gehen Sie spazieren, schieben Sie eine Yogaeinheit zwischendurch ein oder Techniken wie Muskelentspannung, indem Sie die Augen schließen und den Atem in jene Bereiche senden, die verspannen. Das trainiert zudem Ihren Achtsamkeitsmuskel.

## Von der Dauer einer Emotion

Das Wissen darum, dass eine Emotion, ob gut oder schlecht, lediglich 90 Sekunden dauert, ist für mich eine bahnbrechende Erkenntnis. Was ich damit meine? Eine Emotion ist eine physiologische Reaktion auf einen Stimulus. Und was wir schlussendlich als Gefühl wahrnehmen können, sind die chemischen Botenstoffe, die das Gehirn durch den Körper schießen lässt. Was wir an Gefühlen potenziell als unangenehm empfinden, sind die körperlichen Empfindungen. Laut der renommierten Neurowissenschaftlerin Dr. Bolte Taylor dauert das Fließen der chemischen Botenstoffe nur 60 bis 90 Sekunden.[1]

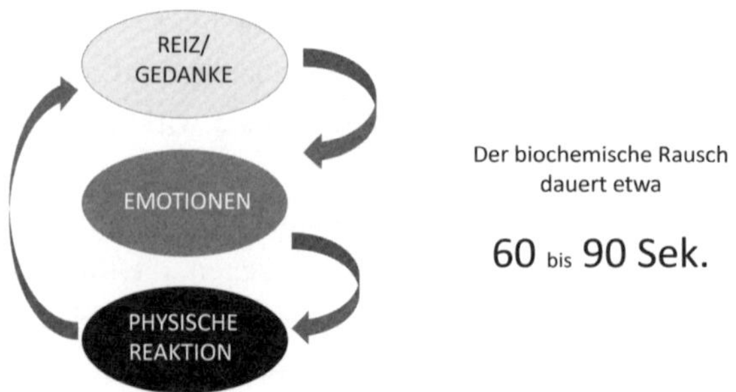


Abbildung 11: Kreislauf von Stimulus, Emotion und physischer Reaktion (Quelle: TLEX)

Allerdings hat sich diese Tatsache noch viel zu wenig herumgesprochen. Und Hand aufs Herz, wir alle erleben Situationen, in denen wir unangenehme Emotionen weit länger mit uns rumtragen als diese läppischen anderthalb Minuten. Wenn ich meine bisherigen Beobachtungen auswerte, komme ich zu dem Schluss: Nur wenige Dinge halten uns so sehr zurück wie unangenehme Gefühle. Auch Führungskräfte, das erfahre ich in den Seminaren, schleppen die unangenehmen Emotionen oft viele Stunden oder Tage lang mit sich herum. Sie halten sie fest, füttern sie sogar mit ihren Gedanken, was den Zustand des Ärgers, des Unwohlseins ansteigen lässt. Oder sie lenken sich ab, z. B. durch soziale Medien, noch härteres Arbeiten oder sogar Suchtverhalten. Beides ist nicht ratsam, denn Emotionen sind Reaktionen auf ein Ereignis, aus denen im Zweifelsfall viel Gutes zu gewinnen ist.

Stellen Sie sich Folgendes vor: Für Sie steht viel auf dem Spiel. Sie sind dabei, sich einen wichtigen Auftrag zu angeln, und Sie sind wieder mal richtig gut vorbereitet auf Ihre Präsentation. Alles läuft wie geplant, bis Sie sich verhaspeln und ein- oder zweimal die kognitive Abzweigung verpassen. Sie werden nervös, beginnen zu zweifeln und merken, dass Ihnen diese Aufregung die Fähigkeit kostet, ihre normalen Ressourcen zu nutzen. Und da nicht sein kann, was nicht sein darf, kämpfen Sie nun parallel zu Ihrem Vortrag gegen Ihre Emotionen an. Ein Unterfangen, das darin mündet, dass Sie weit unter Ihren Möglichkeiten performen.

Mein Vorschlag lautet: Stellen Sie sich in solchen Situationen Ihren Emotionen. Erinnern Sie sich daran, dass Sie diese Gefühle nicht zum ersten Mal erleben. Es ist nicht das erste Mal, dass Sie Angst, Wut, Ärger oder Eifersucht erleben. Das müssen wir körperlich erfahren, wir können das aushalten, dazu sind unsere Systeme gemacht.

Denken Sie an eine Welle, die Sie kommen sehen, annehmen und durch die Sie durchtauchen. Bleiben Sie achtsam und im gegenwärtigen Moment. Ich halte nichts davon, in Gedanken und in Gesprächen immer wieder rückwärtige Probleme zu thematisieren.

Das Gehirn unterscheidet nicht zwischen Echtzustand und Geschehenem. Es bildet die Emotion passend zu den Gedanken. Durch das Üben von Achtsamkeit lernen Sie, Gedankenmuster von Stress zu durchbrechen. Diese Regulation lässt sich durch den Atem leiten.

## Die Gedanken-Emotionen-Spirale durchbrechen

Statt sich den unangenehmen Emotionen zu stellen, sie auszuhalten, neigen wir oft dazu, uns gegen die Emotion zu wehren oder uns abzulenken. Eine Entscheidung mit Folgen.

Wir verbringen ausgedehnte Zeit in den sozialen Medien, arbeiten noch härter, greifen möglicherweise zu ungesunden Lebensmitteln wie Chips oder Schokolade, Alkohol, Zigaretten oder verkrampfen körperlich, um die Emotion nicht zu fühlen. All das soll der Ablenkung dienen.

Wenn wir jedoch nicht bewusst mit unseren Emotionen umgehen, kann ein ungesunder Kreislauf beginnen:

**Negative Emotionen zeigen sich auf geistiger Ebene als Gedanken:** Emotionen und Gedanken sind eng miteinander verbunden und beeinflussen sich gegenseitig. Emotionen wie Angst oder Wut lösen auf geistiger Ebene Gedanken aus, die diesen Gefühlen erneut Futter geben. Dies kann dazu führen, dass wir uns in einem Teufelskreis aus negativem Denken und Fühlen gefangen halten. Dies geschieht, weil unser Gehirn dazu neigt, Informationen zu verarbeiten und zu interpretieren, die mit unseren aktuellen emotionalen Zuständen übereinstimmen. Dadurch werden unsere Gedankenmuster verstärkt, was wiederum zu einer Verschärfung unserer negativen Emotionen führen kann.

**Wenn wir diesen Kreislauf nicht durchbrechen, kann das zu einer nach unten führenden Spirale werden:** Wenn wir uns in diesem negativen Gedanken-Emotions-Zyklus befinden und ihn nicht durchbrechen, können sich unsere negativen Emotionen verstärken und zu einem stetigen Abwärtstrend führen. Diese Spirale kann dazu führen, dass wir uns immer schlechter fühlen und es uns immer schwerer fällt, positive Veränderungen vorzunehmen und aus dieser Spirale auszubrechen.

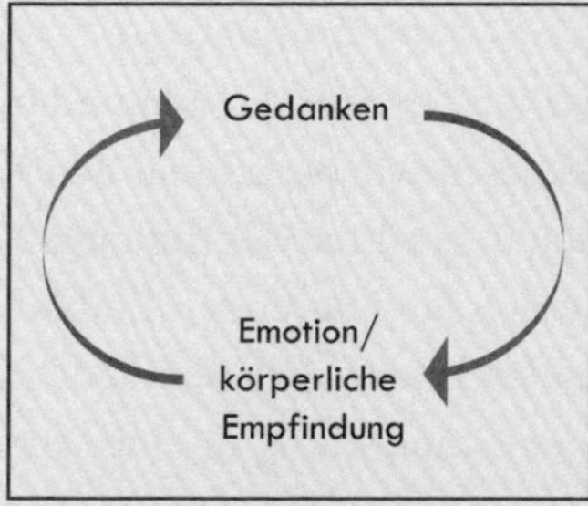


1. Gedanken lösen eine Emotion aus, welche wiederum neue Gedanken triggert. Es entsteht ein Kreislauf.

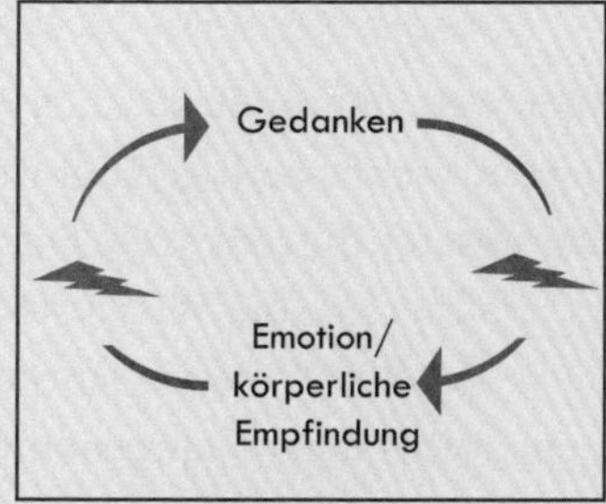


2. Das bewusste Wahrnehmen der mit der Emotion einhergehenden körperlichen Empfindung führt zu einer Durchbrechung des Kreislaufs.

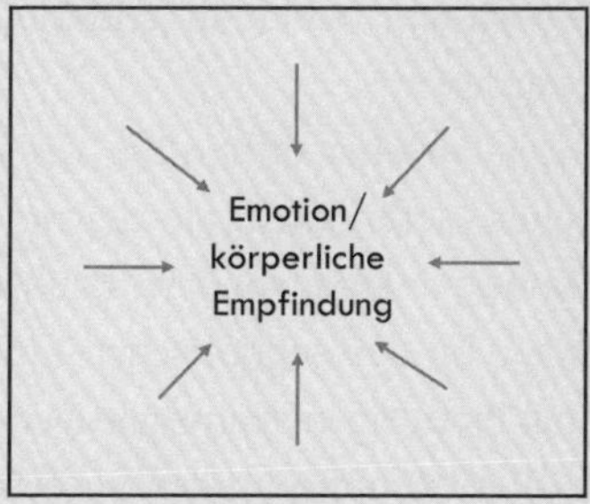


3. Das Bewusstsein liegt auf der Wahrnehmung der Emotion und der körperlichen Empfindung. Wir dissoziieren uns von den Gedanken und unterbrechen den Kreislauf.

Abbildung 12: Die Unterbrechung der Gedanken-Emotionen-Spirale (Quelle: TLEX)

Es ist wichtig zu verstehen, dass dieser Zyklus nicht nur auf psychologischer Ebene stattfindet, sondern auch auf neurobiologischer Ebene. Durch die Aktivierung bestimmter Hirnregionen und die Freisetzung von Neurotransmittern entsteht eine komplexe Wechselwirkung zwischen Gedanken, Emotionen und körperlichen Reaktionen. Indem diese Zusammenhänge verstanden und gezielte Strategien zur Unterbrechung dieses negativen Zyklus angewendet werden, kann das Selbstmanagement signifikant verbessert werden.

## Emotionen – im Körper greifbar

In einer Welt, die von hektischen Meetings, strengen Fristen und unerbittlichem Wettbewerb geprägt ist, verlieren wir manchmal den Kontakt zu unserer inneren Welt. Doch heute, inmitten des digitalen Zeitalters, eröffnet uns die Wissenschaft einen faszinierenden Einblick in das, was die alten Yogis seit Jahrtausenden intuitiv wussten: Jede Emotion entspricht einer wahrgenommenen Empfindung in einer spezifischen Region im Körper.

Stellen Sie sich vor, Sie könnten die Sprache Ihres Körpers lesen – jedes Kribbeln, jede Spannung, jeden Herzschlag. Das ist genau das, was Forscher der Aalto-Universität in Finnland bestätigt haben. In einem spannenden Experiment haben sie enthüllt, wie Emotionen im Körper empfunden werden.[2]

Die Erkenntnisse der Forscher öffnen die Tür zu einem neuen Verständnis unserer eigenen Gefühlswelt. Sie zeigen uns, dass Emotionen nicht nur abstrakte Konzepte sind, sondern konkrete körperliche Empfindungen hervorrufen. Von der euphorischen Freude bis zur düsteren Angst, jede Emotion hat ihren eigenen einzigartigen Ausdruck im Körper.

Wenn wir lernen, diese Empfindungen zu erkennen und zu interpretieren, können wir lernen, ihre Botschaften zu verstehen und angemessen darauf zu reagieren. Dies ist von unschätzbarem Wert in einer Welt, in der emotionale Intelligenz ein wesentlicher Bestandteil erfolgreicher Führung und Zusammenarbeit ist.

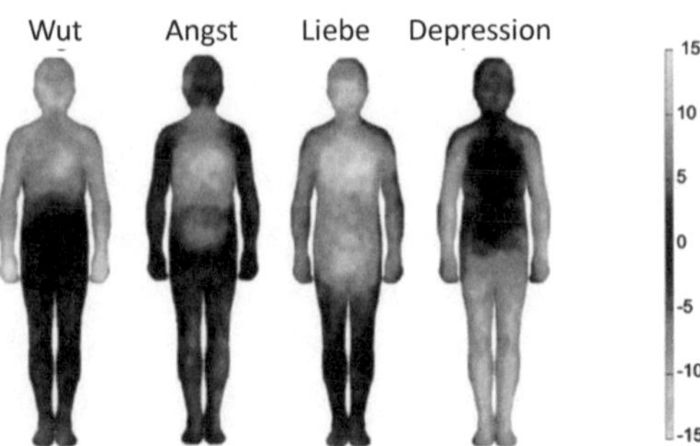


Abbildung 13: Die Wahrnehmung von Emotionen in verschiedenen Körperregionen (Quelle: Nummenmaa et al., 2014[3])

Wenn sich also die Emotionen in physischen Empfindungen äußern, dann haben diese Emotionen ihren Ursprung im Gehirn und breiten sich wie ein Wasserfall im Körper aus. Spüren Sie einmal in sich hinein, wenn Sie das nächste Mal von einer starken Emotion erfasst werden. Bei Angst werden die Knie weich, bei Panik wollen wir flüchten, bei Freude springen. In diesem Kontext werden aktuell die Chakren in der Fachwelt diskutiert. Auch wenn wir sie in bildgebenden Verfahren nicht sehen können, so sind sie nach Ansicht der Yogis doch als Energiezentren entlang der Wirbelsäule verortet und lenken emotionale Zustände. Sie sind mit verschiedenen Organen, Drüsen und psychischen Funktionen verbunden.

***Wenn unsere Energie im Körper ansteigt, erleben wir Emotionen, die wir als angenehm bewerten. Wenn die Energie sinkt, empfinden wir unangenehme Emotionen. Energiemanagement ist also ein entscheidender Schlüssel zur emotionalen Intelligenz.***

Als ich vor 30 Jahren diese Zusammenhänge zum ersten Mal reflektiert und begonnen habe, Emotionen als Empfindungen im Körper zu beobachten, hat sich eine neue Welt der Selbstwirksamkeit erschlossen. In meiner Jugend fühlte ich mich oft meinen negativen Emotionen ausgeliefert. Um sie zu managen, hatte ich meist die äußeren Dimensionen meines Lebens zu beeinflussen versucht. War ich also wütend, sollten sich meine Mitmenschen so verhalten, dass ich nicht wütend sein musste. Hier jedoch erschloss sich für mich eine Art und Weise, direkt die Emotion zu managen, ganz einfach, indem ich sie in meinem Körper beobachtete. Und ich erinnere mich gut, wie ich das damals jeweils auf dem Weg zur Universität minutenlang praktizierte: Augen zu und beobachten. Wo sitzt diese Emotion jetzt gerade? Bereits das Beobachten veränderte in der Regel die Qualität der Emotion.

## Den Elfmeter locker verwandelt

Haben Sie jemals Fußball gespielt und waren in der Situation, einen Elfmeter zu schießen? Es wurden 90 Minuten plus Verlängerung gespielt. Sie stehen in der Mannschaft im Mittelkreis. Sie werden dazu bestimmt, vorzutreten, alleine bis auf elf Meter vor das Tor zu gehen, sich zu sammeln, zu schießen – zu treffen. Sie treffen das Tor nicht. Hunderte Male zuvor geübt. Immer den Ball im Netz versenkt. Sie waren der Star im Elfmeterschießen und nun haben Sie diesen einen alles entscheidenden Ball verschossen. Damit sind Sie nicht allein. Alle Fußballgrößen von Maradona bis Platini haben in solch einer nervtötenden Situation versagt. Es war keine Unfähigkeit, keine Nichtmotivation, es war einzig ihr Kopfkino, das sie nicht siegen ließ: Sie sind vierzig Meter vom Mittelkreis nach vorne gelaufen, begleitet von einem unverdaulichen Salat aus Zweifel und Euphorie. »Was, wenn ich nicht treffe? Was, wenn die anderen enttäuscht sind? Was, wenn meine Mannschaft verliert, und ich bin schuld?«, »Was, wenn ich treffe und zum Helden werde?«.

In allen Fällen besteht die Gefahr, dass der Geist nicht mehr präsent ist, die Muskeln sich verspannen und der Schuss nicht sitzt. Der Gedanke führt zu einer Emotion, die wir im Körper spüren. Dieses Gefühl führt zum nächsten Gedanken, und diese Spirale setzt sich nach unten fort.

Ich habe in den vorigen Kapiteln immer wieder von der unbedingten Notwendigkeit geschrieben, den Achtsamkeitsmuskel zu trainieren. Damit meine ich jene Übungen, die Ihren Präsenzmuskel ausbilden, was Ihnen die Fähigkeit verleiht, mit allen Sinnen im Moment zu bleiben und sich fest mit der inneren Mitte zu verankern. Wenn Sie das gemeistert haben, werden Sie einen enormen Beitrag zu Ihrer Gesundheit und Ihrer Leistungsfähigkeit leisten. Sie werden Zeitfresser erkennen, all die lästigen Nebensächlichkeiten zur Seite schieben, die Ihre Energie belasten. Sie werden, das verspreche ich Ihnen, ein ganzes Stück glücklicher sein und vielleicht wird sich wie von leichter Hand erfüllen, wovon Sie heute noch träumen. Jedenfalls höre ich dieses Feedback oft von meinen Seminarteilnehmern, darunter auch, und das freut mich immer wieder, Ikonen des Sports.

Besonders geprägt hat mich dabei die Zusammenarbeit mit Christoph Daum und Heinz Günthardt. Zwei Männer, die Sportgeschichte geschrieben haben, der eine als Erfolgscoach und Meister der Motivation im Fußball, der andere als Wimbledon-Gewinner und Coach von Steffi Graf im Tennis. Rückblickend sagen beide: Die atembasierte Achtsamkeit hat ihnen viel gegeben auf ihrem Weg, und die Techniken sind heute ein Fixpunkt im Alltag. Als wäre es ein Vertrag, den sie mit sich selbst geschlossen hätten, so erfüllen sie seit Jahren ihr Übungsprogramm. Im Sport weiß man, wie wichtig die Präsenz im Moment ist, dieses unbedingte, sekundengenaue Abrufen von Leistung ist ein Teil des Erfolgs. Das gilt auch für das Management. Wir haben für das mentale Training von Leistungssportlern und Führungskräften eine Methode entwickelt, die wir Triple-A nennen. Ich halte diese grundlegend für Ihre Gesundheit, für Ihren Erfolg. Sie ist wie ein Handlauf, um Ihr Potenzial zu entfalten, um wirklich in Ihrem Leben anzukommen. Sie eröffnet das Bewusstsein dafür, was Ihnen wichtig ist.

Nachdem Sie in den vorigen Kapiteln erfahren haben, was der Atem bewirkt, wie Achtsamkeit Ihnen Selbstsicherheit und Aufmerksamkeit schenkt, wie mit einem Atemzug Dankbarkeit entstehen und sich damit die Kraft in Ihnen entfalten kann, ist es an der Zeit, Ihnen diese Methode zu erläutern.

## Die Triple-A-Methode: Drei Schritte für einen gesunden Emotionshaushalt

Als Heinz Günthardt 1985 kurz vor Spielende im Wimbledon-Doppelfinale eine einfache Rückhand verschlug, schossen ihm tausend Gedanken über die Folgen von Sieg und Niederlage durch den Kopf. Würde er den sicher geglaubten Sieg noch verspielen? Noch heute erinnert er sich lebhaft daran, wie er in den Sekunden bis zum nächsten Aufschlag all diese Zweifel und Ängste wahrnahm. Er ließ die Empfindungen einfach da sein, nahm einen tiefen Atemzug – und dann servierte er gekonnt. Ihm war klar, dass er nur durch totale Akzeptanz des missratenen Schlags die Dauer der Nervosität eingrenzen konnte. Je mehr er sie akzeptieren würde, desto kürzer würde die Verunsicherung andauern. Minuten später stand das gesamte Stadion Kopf, Günthardt sprang auf, war am Ziel seiner Träume. Heute würde ich sagen, Heinz Günthardt gelang es, das zu tun, was wir die Triple-A-Methode nennen.

Die Triple-A-Methode mag einfach klingen, dabei adressiert sie eine hochkomplexe Angelegenheit. Ausgeschrieben steht sie für: Achtsamkeit, Akzeptanz, Aktion. Wir nehmen wahr, wir akzeptieren, wir gehen in die Handlung. Es ist eine effektive Formel, um sich wohlzufühlen, um Schmerz auszuhalten, Freude nicht übermächtig werden zu lassen, um immer wieder den Standpunkt zu definieren. Sehen wir uns den Dreiklang an:

### 1. Achtsamkeit

Achtsamkeit ist das Bewusstsein darüber, was jetzt gerade, in diesem Augenblick geschieht.

- Was empfinde ich genau?
- Wo empfinde ich die Emotion im Körper?
- Was löst das in mir aus?

All dies wahrzunehmen, während wir beispielsweise in einem Meeting aktiv sind, ist durchaus nicht einfach, jedoch die Grundlage für das erfolgreiche Emotions-Management.

**Tipp:** Entscheiden Sie sich in stressigen Situationen, bewusst und präsent zu sein. Bleiben Sie in Kontakt mit der Emotion, die sich als Empfindung im Körper zeigt. Beobachten Sie die Tendenz, unangenehme Emotionen zu vermeiden.

## 2. Akzeptanz

Akzeptanz bedeutet anzunehmen, und zwar jede Art von Emotion, ob angenehm oder unangenehm. Den Schmerz, die Traurigkeit, gar die Freude und das Glück bewusst und kurz festzuhalten, bevor es weiterzieht.

Besser als die spontane Wehrhaftigkeit ist es, eine unangenehme Emotion zu lokalisieren, und zwar ohne Widerstand. Nicht bewerten. Nicht beurteilen. Einfach akzeptieren und sich gewiss sein, dass sich verändern wird, was in diesem Moment gegenwärtig ist.

Den Wert der Akzeptanz zeigt die Studie »The five-dimensional curiosity scale«[4], die zeigte, dass Personen, die eine große Neugier und Offenheit gegenüber negativen Emotionen zeigten, eine bessere emotionale Regulation und ein höheres Maß an psychischem Wohlbefinden aufwiesen. Die Fähigkeit, negative Emotionen zu akzeptieren und zu untersuchen, ohne sie zu verurteilen, war ein wichtiger Prädiktor für ein gesundes emotionales Leben.

**Tipp:** Machen Sie sich bewusst, dass der Fluss der chemischen Botenstoffe, die durch eine Emotion vom Gehirn in den Körper gespült werden, in der Regel nur 60 bis 90 Sekunden dauert.

## 3. Aktion

Aktion bedeutet, adäquat zu handeln. Jeder Mensch hat ein Portfolio an Bewältigungsstrategien. Diese passen zu seinem Temperament, sie sind in seinem Wissens- und Erfahrungshorizont angelegt. Brauchen Sie Bewegung? Ein Gespräch? Wäre eine Atemtechnik zielführend? Entscheidend ist: Tun Sie all das aus einer Haltung der Akzeptanz. Eine feine, aber entscheidende Nuance.

Werden Sie sich in dieser dritten Phase der Methode Ihrer Coping-Mechanismen bewusst, nehmen Sie einige tiefe Atemzüge vor der Handlung. Ihr Körper braucht diese Tiefenatmung, um besonders in Stresssituationen seine Kohärenz zwischen Kopf, Herz und Bauch wiederzufinden.

**Tipp:** Wenden Sie Ihre Bewältigungsstrategien aus einer Haltung der Akzeptanz an.

Um die Aufmerksamkeit zu steigern, die Körperwahrnehmung zu steigern und negative Emotionen zu transformieren, eignen sich der im Kapitel 2 vermittelte Body-Scan sowie die Entspannungsatmung.

## Die Entspannungsatmung – Teil der Zwölf-Minuten-Methode

Die Entspannungsatmung ist ein wichtiges Puzzleteil für die Zwölf-Minuten-Methode, welche im Kapitel 12 detailliert beschrieben wird. In der Entspannungsatmung liegt der Fokus auf der Ausatmung. Dadurch das Nutzen des siegreichen Atems wird der Parasympathikus aktiviert. Dies hilft zu regenerieren, Ressourcen aufzubauen und unterstützt die Emotionsregulation.

Bei der Entspannungsatmung wird unter Anwendung eines vorgegebenen Taktes durch die Nase geatmet. Nutzen Sie dabei den in Kapitel 7 erlernten siegreichen Atem. Der Atemrhythmus wird bewusst verlangsamt, sodass der Parasympathikus des vegetativen Nervensystems stimuliert wird, was zu einer Entspannung des gesamten Organismus führt.

### Der Atemrhythmus pro Atemzug

Einatmen: 4 Takte
Anhalten: 4 Takte
Ausatmen: 6 Takte
Anhalten: 2 Takte

### Durchführung

Um die Entspannungsatmung durchzuführen, setzen Sie sich auf die vordere Stuhlkante, sodass Ihre Wirbelsäule aufrecht und der Rücken frei ist. Legen Sie die Hände mit den Handinnenflächen nach oben zeigend auf die Oberschenkel. Schließen Sie die Augen. Kommen Sie zur Ruhe.

- Atmen Sie einmal lang und tief ein und wieder aus.

- Beginnen Sie, mit dem siegreichen Atem im Takt zu atmen.
- Zählen Sie bis vier, während Sie mit dem siegreichen Atem einatmen.
- Halten Sie vier Takte lang die Luft an.
- Zählen Sie bis sechs, während Sie mit dem siegreichen Atem ausatmen.
- Halten Sie zwei Takte, bevor Sie wieder einatmen.
- Wiederholen Sie diesen Atemrhythmus insgesamt achtmal.
- Entspannen Sie einen Moment und beobachten Sie die Empfindungen im Körper.

## Leitgedanken für die Reflexion

- Eine Emotion ist eine körperliche Reaktion auf einen Stimulus. Neurowissenschaftler haben erkannt, dass diese Reaktionen nur 60 bis 90 Sekunden andauern. Der Versuch, sich von negativen Emotionen abzulenken oder sich dagegen zu wehren, kann jedoch dazu führen, dass Emotionen deutlich länger anhalten.
- Mit der Triple-A-Methode können Sie negative Emotionen erfolgreich transformieren und damit Ihre (Selbst-)Führung optimieren. Sie besteht aus drei Schritten: Achtsamkeit, Akzeptanz und Aktion.
- Wenn wir starke negative Emotionen erleben, sind somatische Ansätze wie die atembasierte Achtsamkeit oder Bewegung oft ein guter erster Schritt im Selbstmanagement, um auf kognitiver Ebene wieder anders über die Themen reflektieren zu können.

Kapitel 11

# Nachhaltiges Wellbeing im Management

In den vergangenen 20 Jahren meiner Reise habe ich erfahren: Gesunde und nachhaltig erfolgreiche Führungskräfte wagen es, Gefühle zuzulassen. Sie grenzen andere nicht aus, sondern lassen sie teilhaben. Sie zeigen sich mit ihren Stärken und Schwächen. Sie machen sich dadurch verletzlich. Sie riskieren, missverstanden zu werden. Und dadurch definieren sie die Tiefe der möglichen Begegnungen neu.

Ein Beispiel? Jürgen Klopp verlässt den FC Liverpool und sagt in einem Interview: »Andere Manager waren und sind viel erfolgreicher als ich. Sie sammeln Trophäen, ich sammle Beziehungen.« Und ich wage zu behaupten, die Erfolge, die Jürgen Klopp in den letzten 20 Jahren erreicht hat, wären tatsächlich ohne Beziehungen kaum möglich gewesen. Sein Credo lautet: »Es ist nicht wichtig, was die Leute über dich denken, wenn du eine Stelle antrittst. Wichtig ist, was sie denken und was sie fühlen, wenn du gehst.« Dort, wo Klopp wirkte, haben die Menschen ihn immer in wärmster Erinnerung behalten.

Was sollen die Menschen über Sie denken, wenn Sie gehen? Was wollen Sie hinterlassen, wenn Sie Ihre derzeitige Position verlassen?

## Empathie braucht Präsenz

Unsere Fähigkeit, mit Empathie und Offenheit auf Menschen zuzugehen, ist von grundlegender Bedeutung für unseren Erfolg – ein Prinzip, das nicht nur im Fußball, sondern auch im Geschäftsleben seine Gültigkeit hat. Der Aufbau vertrauensvoller Beziehungen ist keine exakte Wissenschaft, jedoch ist Empathie zweifellos ein essenzieller Baustein. Diese Fähigkeit, Empathie nicht nur zu verstehen, sondern sie aktiv zu leben, hängt eng mit unserem geistigen Zustand und unserem Stressniveau zusammen.

Eine faszinierende Studie aus dem Jahr 1973[1] verdeutlicht diese Zusammenhänge auf eindrucksvolle Weise: Theologiestudenten wurden gebeten, Vorträge über Liebe, Empathie und Mitgefühl zu halten. Einigen wurde mitgeteilt, dass sie zu spät seien und sich beeilen müssten, während andere genügend Zeit hatten. Vor dem Vortragssaal inszenierte man eine Szene, in der ein älterer Mensch um Hilfe rief. 63 Prozent der Studenten, die nicht in Eile waren, hielten an und boten dem Mann Hilfe an. Unter den gestressten Studenten, die in Eile waren, hielt lediglich eine Minderheit von 10 Prozent an, um zu helfen. Das Ergebnis ist schockierend, aber ich mache ihnen keinen Vorwurf. Wir alle kennen Momente, in denen uns der Druck des Alltags so sehr vereinnahmt, dass wir uns nur auf unsere eigenen Ziele konzentrieren können und unser Potenzial zur Empathie in den Hintergrund rückt.

Eine der grundlegenden Voraussetzungen für den Aufbau menschlicher Beziehungen und die Fähigkeit, Mitgefühl zu zeigen, ist unsere Fähigkeit, vollständig präsent zu sein. Wir müssen sowohl kognitiv als auch mental ganz im Hier und Jetzt sein, um wahrhaftig mit anderen in Verbindung treten zu können. Es geht darum, nicht nur physisch anwesend zu sein, sondern auch geistig und emotional. Erst dann können wir die Brücke zur Empathie schlagen und echte Verbindungen zu anderen Menschen aufbauen. Und diese Fähigkeit wird in der digitalen Arbeitswelt ganz schön herausgefordert.

## Wenn die Aufmerksamkeit im Netz und nicht beim Mitarbeitenden ist

Google & Co sind gleichsam Freunde und Feinde der Kreativität. Mit immenser Geschwindigkeit schleudern sie Infoteilchen durch das weltumspannende Netz mitten in die Gehirne der Menschen, dort, wo die Kreativität zu Hause ist. Dort können sie großartige Verknüpfungen bewirken und uns neue Einsichten ermöglichen. Sie können jedoch auch das Gehirn mit Nichtigkeiten belasten und ihm das selbstständige, kritische Denken abtrainieren.

Wer den Umgang nicht bewusst gestaltet, läuft Gefahr, überspült zu werden, wird erdrückt von der Informationsflut der Global Player. Das kann energielos und krank machen, so wissen wir heute. Wir sind, das erscheint mir nicht übertrieben zu sagen, ein menschliches Experiment. So schnell geht der Wandel voran, so ungewiss ist abzusehen, wie unser menschliches System mit den Einflüssen umgehen kann.

Doch eins ist bereits heute wissenschaftlich gesichert: Wenn die Dosis nicht stimmt, wenn zu viel vom Gleichen genommen wird, dann erschlafft der Präsenzmuskel. Dieser Muskel, in bildgebenden Verfahren nicht zu sehen und anatomisch nicht zu messen, ist dennoch eine Kostbarkeit. Er ist ein Sinnbild für die Kunst, nichts zu tun, für die Kunst, ganz im Moment zu sein und damit Zugang zu unseren inneren Schätzen der Kreativität und Innovationskraft zu gewinnen sowie Empathie und Menschlichkeit zu leben, um mit unseren Teammitgliedern und Mitmenschen in Kontakt zu sein. Um zu wachsen, braucht er Zuwendung und Zeit. Er will Ihre Achtsamkeit, um einen Flow zu erleben, um derart präsent zu sein, dass Sie mit seiner Hilfe gute Entscheidungen treffen können und sich das Leben in den schönen Farben des Erfolgs zeigen kann. Ihr Präsenzmuskel braucht das regelmäßige Training so sehr wie Ihr Körper! Er will, dass Sie ihn trainieren, indem Sie sich auf Ihre Aufgabe und immer auf den Moment konzentrieren. Das ist zudem die beste Abwehr vor der Massenflut der Informationen. Wir halten hiermit einen wichtigen Schlüssel in der Hand, um die Digitalisierung nicht Fluch, sondern Segen für uns sein zu lassen.

## Wellbeing – mehr als nur die Abwesenheit von Krankheit

Gönnen Sie sich täglich diese Momente der Achtsamkeit, denn diese dienen Ihrem Wohlbefinden, ich nenne es: Wellbeing.

Wellbeing umfasst die physischen, emotionalen, sozialen und psychischen Zustände eines Menschen. Es ist ein ganzheitliches Konzept, um all den Herausforderungen zu trotzen und sich über Erfolge zu freuen. Es ist also mehr als das Fehlen von Krankheit, mehr als nur ein Aspekt der Zufriedenheit. Wer sich im Zustand des Wellbeings befindet, der kommt dem Glück nahe. Wichtig dabei ist: Es gibt eine innere und eine äußere Dimension von Wohlbefinden. Beides im Einklang zu halten und es vor Störeinflüssen zu schützen, das ist eine lebenslange Aufgabe.

Die folgende Grafik zeigt diese Aspekte auf einen Blick. Dabei gilt: Die äußere Dimension beeinflusst die innere und umgekehrt. Wenn Stress – verursacht durch Krisen, schlechte Nachrichten im Weltgeschehen, Kritik, Beziehungsprobleme, Geldsorgen, Verlust des Arbeitsplatzes – von außen auf Sie einwirkt, dann kann das sehr schnell zu Grübelspiralen, Selbstzweifeln und Ängsten führen.

Umgekehrt können ein negatives Mindset, gesundheitliche Probleme oder eine düstere Vorstellung von der Zukunft negative Auswirkungen auch im Außen nach sich ziehen. Es gilt also, täglich kurz innezuhalten und einzuschätzen, welche Einflüsse wirken. Die innere Dimension bietet uns den verlässlichsten Zugang zu unserem nachhaltigen Wellbeing – wir können sie direkt beeinflussen.

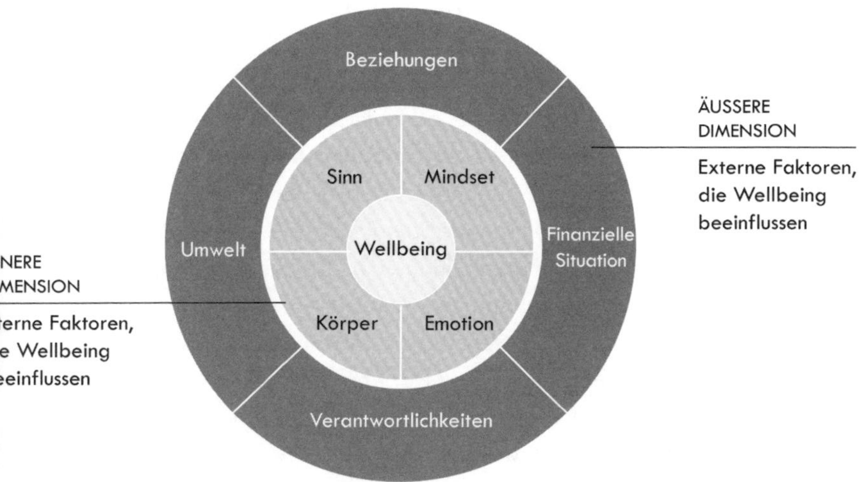


Abbildung 14: Die inneren und äußeren Dimensionen des Wellbeings (Quelle: TLEX)

## Japanisch für die Autofahrt

Ich erinnere mich lebhaft an Barbara, eine Managerin, erfolgreich, eloquent, dynamisch und doch gerade unzufrieden mit ihrer Lebenssituation. Insbesondere, da ihre Fahrt zur Arbeitsstätte jeweils zwei Stunden dauerte: vier Stunden täglich.

*Barbara hatte sich mit ihrem Mann damals für den Hausbau am Rande einer Großstadt entschieden. Mittlerweile lebte das Paar mit einem Kind dort, das gerade eingeschult worden war. Der Ehemann arbeitete halbtags in der Nähe, sodass die Kinderbetreuung geregelt war, allerdings gab es nach wie vor dieses Problem der Fahrzeit, das Barbara belastete. Sie wurde zunehmend unzufriedener, ihre Laune war oft schlecht, sie fühlte sich erschöpft. Das schlug sich auch auf die Qualität ihrer Beziehung, überhaupt auf die Familie nieder. Es kam öfter zu Konflikten und zu Vorwürfen. Völlig entnervt buchte Barbara ein Coaching, da sie merkte, dass auch ihre Leistungsfähigkeit im Job nachließ.*

*Ich fragte sie, ob sie bereit zu einer Übung wäre, die ich Cake of Life (Lebenskuchen) nenne. Nach einigem Zögern willigte sie ein mit den Worten: »Das ist eine zeitintensive Übung, Zeit, die ich nicht habe, aber meinetwegen …« So bat ich sie, eine Woche lang die täglichen Aufgaben, die sie absolvierte, aufzuschreiben. »Bitte ganz genau! Vom Frühstück bis zum Schlafengehen, notiere alles.« »Noch mehr Zeit, die verlorengeht«, war ihr Einwand, »ich verschleudere doch schon so viele Stunden täglich, indem ich im Auto sitze.« Sie ließ die Schultern hängen, nickte und wir verabredeten, den Cake of Life gemeinsam zu analysieren.*

*In der darauffolgenden Woche trafen wir uns. Barbara begegnete mir aufgeräumt und war energetisiert, als wir auf den Lebenskuchen zu sprechen kamen. »Hier steht es nun schwarz auf weiß: 20 Stunden wöchentlich im Auto!« Sie schlug das Notizbuch auf, und tippte mit dem Finger auf die letzte Seite.*

*In meinen Coachings und Trainings vermittle ich meinen Coachees, dass es grundsätzlich drei Wege gibt, um mit den*

*Dingen, die einem an seinem Lebenskuchen nicht gefallen, umzugehen. Die ersten beiden möchte ich an dieser Stelle teilen (auf den dritten gehe ich später im Text ein):*

*Der erste Weg ist es, den Mut zu haben, etwas zu verändern, wenn es die Umstände zulassen. Ich fragte Barbara, ob es ihr möglich sei, die Situation zu verändern. Barbara schüttelte nachdenklich den Kopf und sagte, dass ihre familiäre Situation und der Kauf des Hauses es einfach nicht zuließen, zu diesem Zeitpunkt größere Veränderungen vorzunehmen.*

*Der zweite Weg, den ich und meine Trainer aufzeigen, um mit den Lebenskuchenstücken, die einem nicht schmecken, umzugehen, ist aktive Akzeptanz. Was bedeutet aktive Akzeptanz? Für mich bedeutet es, die Realität so, wie sie ist, anzuerkennen und anzunehmen. Das bedeutet, nicht mehr ständig im Widerstand mit dem zu sein, was ist, sondern anzuerkennen: »Ja, so ist es gerade – und gerade kann ich nichts dagegen tun« und in gewissem Sinne Frieden damit zu schließen.*

*Ich fragte Barbara, ob es ihr möglich wäre, die Situation aktiv zu akzeptieren. Sie dachte nach und plötzlich war ihr klar: »Ich realisiere, was mir wirklich die Lebensqualität nimmt, ist die Tatsache, dass ich mich 20 Stunden pro Woche ärgere. Über meinen Mann, wegen dem wir nicht wieder zurück in die Stadt ziehen, über mich selbst, weil ich mich nicht durchgesetzt habe, und natürlich über alle Fahrer auf der Straße …« Sie legte die Stirn in Falten und fuhr fort: »Aber an diesen Parametern kann ich derzeit nichts ändern. Aber wenn ich meinen inneren Frieden zurückerlangen möchte, dann muss ich die derzeitige Situation akzeptieren.«*

*Diese Änderung in ihrer inneren Haltung hatte für Barbara zwei Dinge zur Folge. Erstens, sie regte sich nicht mehr zweimal am Tag über die lange Autofahrt auf und war dadurch weniger gestresst, und zweitens, es eröffnete ihr den Zugang zu neuen Ideen, das Beste aus der Situation zu machen: Seit Jahren wollte sie schon Japanisch lernen, hatte jedoch nie die Zeit dafür gefunden. Sie besorgte sich einen Audio-Sprachkurs und begann die Zeit im Auto zu nutzen, um Japanisch zu lernen!*

*Später erzählte sie mir, dass zwei Stunden Fahrt zur Firma kaum ausreichten, um ihre Lektionen zu absolvieren. Manchmal parkte sie vor dem Gebäude, stieg nicht aus, sondern lernte weiter, so vertieft war sie in die Lektion. Mehr noch, sie empfand Dankbarkeit für die Zeit im Auto.*

Es kommt immer auf das Mindset an.

## Cake of Life (Lebenskuchen) – Vertiefungsübung

Um ungesunde Routinen aufzudecken und Veränderung zu ermöglichen, bedarf es sogenannter Balkonmomente. Wir ziehen uns aus dem Strudel des Alltags zurück und betrachten unser Leben aus der Vogelperspektive, also vom Balkon aus. Dies schafft den notwendigen Abstand vom Alltag, um in Ruhe zu reflektieren und Erkenntnisse zu gewinnen. Eine mögliche Methode, die Sie verwenden können, ist der sogenannte Lebenskuchen.

- Nehmen Sie sich eine halbe Stunde Zeit. Schalten Sie Ihr Smartphone aus, schließen Sie die Zimmertür.
- Schaffen Sie eine angenehme Atmosphäre, vielleicht möchten Sie leise Musik hören. Legen Sie ein Papier und einen Stift bereit.
- Schreiben Sie eine Liste von Aktivitäten, die Sie innerhalb einer typischen Woche durchführen. Meist lassen sich diese in 15 bis 20 Kategorien einordnen.

  Jede Aktivität ist wichtig, ist es wert, notiert zu werden. Gehen Sie in Gedanken Ihren Tag durch, von dem Moment des Aufstehens bis Sie wieder zu Bett gehen. Und natürlich das Schlafen selbst. Notieren Sie alles, vom Besuch des Badezimmers, über die Essenszeiten, Arbeit, Erledigung des Haushalts, Zeit mit der Familie oder Freunden, das Hobby, Social Media. Vielleicht wollen Sie die Arbeit auch in Ihre Hauptbereiche unterteilen und diese einzeln angeben, das ist Ihnen überlassen.

| Tätigkeiten, Rollen, Lebensbereiche | Stunden/ Woche | % |
|---|---|---|
| 1. | | |
| 2. | | |
| 3. | | |
| 4. | | |
| 5. | | |
| 6. | | |
| 7. | | |
| 8. | | |
| 9. | | |
| 10. | | |
| 11. | | |
| 12. | | |
| 13. | | |
| 14. | | |
| 15. | | |
| Total | 168 | 100% |

- Gewichten Sie nun diese Aufgaben nach dem Faktor Zeit.

  Notieren Sie hinter jeder Aktivität, wie lange Sie damit innerhalb einer Woche verbringen. Addieren Sie alle notierten Stunden. Denken Sie daran, die Woche hat insgesamt 168 Stunden. Seien Sie nicht zu perfektionistisch, es geht nur darum, einen Trend zu erkennen. Berechnen Sie nun prozentual, wie viel jede Aktivität vom Ganzen ausmacht. Malen Sie nun Ihren Lebenskuchen im Sinne eines Kreisdiagramms.
- Betrachten Sie Ihren Lebenskuchen. Was ist Ihr erster Eindruck?
- Fragen Sie sich: Wofür bin ich dankbar? Was kann ich ändern? Was gilt es eventuell zu akzeptieren?

*Was Sie messen und beobachten können, können Sie auch steuern. Die Kenntnis der Ist-Situation schafft Klarheit darüber, was erforderlich ist, um sie in die gewünschte Richtung zu lenken.*

## Qualitätszeit durch Präsenz

Einen Lebenskuchen zu betrachten, hat schon manchen Mann, manche Frau traurig gemacht. Es ist wie eine ungeschönte Bestandsaufnahme, man richtet den Fokus auf die Wahrheit, und da kommt alles ans Licht. Zu deutlich wird, wenn Kontakte vernachlässigt wurden, wenn Routinen keinen Raum für Leichtigkeit lassen, wenn es zu wenig Platz im Tag für erfüllende Begegnungen gibt. Aber Traurigkeit verändert nichts, im Gegenteil, sie zieht einen in den trüben Gefühlssumpf hinein. Deshalb rate ich: Halten Sie zunächst inne, nehmen Sie an, was ist – seien Sie dankbar für all das, was richtig gut läuft, und verändern Sie, was in Ihrer Macht steht, um sich zukünftig besser zu fühlen.

Der dritte Weg, wie wir mit den Dingen in unserem Lebenskuchen umgehen können, mit denen wir hadern, lässt sich an einem Ereignis illustrieren, das vor einigen Jahren während eines Workshops stattfand.

Eine Teilnehmerin stürmte während der Übung zum Lebenskuchen weinend aus dem Raum. Ich bat meinen Co-Trainer, zu übernehmen, und schaute nach ihr. Auf einer Treppe fand ich sie, betrübt und nachdenklich. Sie berichtete, dass sie seit 20 Jahren verheiratet sei, doch ihr Partner fand keinen Platz in ihrem Lebenskuchen. Sie hatten sich immer weiter voneinander entfernt.

Sie verbrachten trotz vollgepackter Terminkalender jeden Tag einige Stunden miteinander, jedoch ohne echte Verbindung. Ihre Zeit war zersplittert, jeder in seine eigene Welt eingetaucht.

Was fehlte, war die geistige Präsenz, wenn sie Zeit miteinander verbrachten. Und das ist der dritte Weg, wie wir den »Geschmack« unseres Lebenskuchens verändern können: das Nutzen der Kraft unserer Präsenz. Liegt es nicht oft weniger an der Quantität als an der Qualität der Zeit, die man mit der Familie, dem Partner oder den Hobbys verbringt? Wie oft verbringen wir Zeit mit Freunden oder der Familie, ohne richtig präsent zu sein, weil wir gedanklich noch bei der Arbeit sind? Präsent sein bedeutet, in der begrenzten Zeit, die einem zur Verfügung steht, mit voller Aufmerksamkeit für andere und sich selbst da zu sein und Qualitätszeit miteinander zu verbringen.

Die Teilnehmerin erkannte, dass es weniger darauf ankam, wie viel Zeit sie zusammen verbrachten, sondern wie bewusst sie diese Zeit gestalteten, wie gegenwärtig sie füreinander waren.

Die Qualität unserer Zeit bestimmen wir selbst. Dafür bedarf es eines starken Präsenzmuskels, der es uns ermöglicht, die kostbaren Momente in ihrer ganzen Intensität zu erfahren.

## Wellbeing gestalten – Vertiefungsübung

- Schließen Sie die Augen.
- Atmen Sie dreimal tief in den Bauch ein und aus.
- Kommen Sie zur Ruhe.
- Denken Sie an Ihren Lebenskuchen.
- Wofür sind Sie dankbar?
- Was gilt es zu akzeptieren?
- Was möchten Sie gerne verändern?
- Nutzen Sie den Atem wie ein Pendel, das sich zwischen Altem und Neuem bewegt.
- Gehen Sie mit dem Atem nun in den Moment.
- Geben Sie sich Zeit, um neue Erkenntnisse zu gewinnen.
- Öffnen Sie langsam die Augen.
- Nehmen Sie sich die Zeit, Ihre Erkenntnisse zu notieren.

Eines der Hindernisse auf dem Weg zum nachhaltigen Wellbeing kann das ständige Streben nach »Mehr« sein. Mehr Arbeit, mehr Aufgaben, mehr Verantwortung, mehr Gier, mehr Neid, mehr Boni, mehr, mehr, mehr. Was auf der Strecke bleibt, das ist die Zeit für uns selbst und für die zwischenmenschlichen Dinge jenseits der Karriere. Ich kenne Führungskräfte, deren Augen feucht wurden, wenn sie sich auf dem Gipfel ihrer Karriere umdrehten und sagten: »Weit gekommen! Aber der Preis war hoch. Denn ich habe vergessen, Zeit mit meinen Kindern, meinem Ehepartner, meinen Freunden zu verbringen.« Am Ende steht dann das Bedauern, manchmal gar die Reue.

In unserer Jagd nach dem Einkommen unserer Träume spielen wir oft mit einem hohen Einsatz – und nicht selten opfern wir dabei das kostbarste Gut: unsere Gesundheit. Doch wenn sich die Zeichen des Verschleißes zeigen und die Gesundheit ins Wanken gerät, sind wir plötzlich bereit, alles zu investieren, um sie zurückzugewinnen.

Doch wir können nichts zurückholen, können keine Zeit zweimal durchleben. Immer werden wir entscheiden, wofür wir die nächste Minute hergeben. Allein das Bewusstsein über diese Vergänglichkeit der Zeit mag Ihnen vor Augen führen, wie wichtig es ist, zwischendurch für einen Moment auf der Erfolgsstrecke innezuhalten, statt atemlos vorzupreschen.

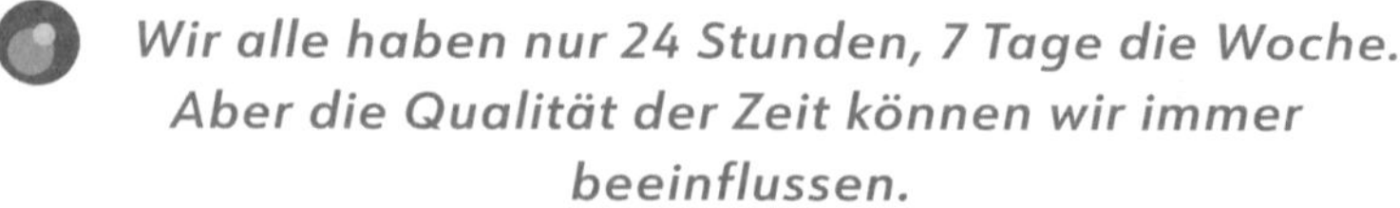

*Wir alle haben nur 24 Stunden, 7 Tage die Woche. Aber die Qualität der Zeit können wir immer beeinflussen.*

## Wellbeing auf der Zeitinsel – vom »Ich muss« zum »Ich bin«

Haben Sie jemals von dieser kleinen Insel gehört, die keinen Ort und keine Zeit kennt, auf der es weder Verbote noch Hindernisse gibt, keine Routinen und auch nichts Ermüdendes? Diese Insel können übrigens einzig Sie betreten, kein anderer wird je einen Fuß daraufsetzen.

Die Insel, die ich meine, die finden Sie in sich selbst. Allein durch Ihre Haltung und Handlung werden diese Inseln existieren und können zu etwas Großartigem werden – oder sie werden verkümmern, wenn Sie ihnen keine Pflege schenken.

Was ich damit meine? Zeitinseln öffnen sich, wenn wir uns erlauben, eine Sache zu 100 Prozent zu tun. Wenn wir aufhören, Dinge parallel zu erledigen, in der Annahme, dass wir dann schneller sind. Wenn wir aufhören, unbezahlte Überstunden zu machen, indem wir auch noch auf der Couch zu Hause Gedanken über die Arbeit wälzen.

Welche Tätigkeiten taugen zur Zeitinsel? Alle möglichen, wir können sie kreieren. Zum Beispiel, wenn wir mit unserer Familie zusammen sind, und uns einfach mal erlauben, zu 100 Prozent präsent zu sein und das Handy außer Reichweite zu legen. Es kann auch der Fernsehabend auf der Couch sein, bei dem wir uns erlauben, alle Verantwortung für einen kurzen Moment ruhen zu lassen. Die Zeitinsel entsteht – das ist die Kraft dieser Methode – durch Ihre innere Haltung.

Gönnen Sie sich täglich solche Momente. Wenige Minuten des Loslassens, wenige Minuten die Vielzahl der Aufgaben ruhen zu lassen, die Aufmerksamkeit stattdessen auf eine Sache zu richten, indem wir den Geist einladen, einfach da zu sein, indem Sie sich sammeln, entspannen, all die To-dos des Tages einfach eine kleine Weile vergessen. Das ist wie ein Schauer warmes Wasser oder wie ein Blinzeln in der Hängematte gegen Sonnenstrahlen. Das bedeutet nicht, dass Sie auf gedanklicher Ebene auf Knopfdruck alles ausblenden können. Ganz da zu sein, loslassen zu können, können wir nicht erzwingen, es ist immer auch ein Geschenk. Doch wir können gute Voraussetzungen dafür schaffen. Und das tun Sie durch das bewusste Betreten Ihrer Insel.

Nutzen Sie den Atem, um in solche Momente eintauchen zu können. Atmen Sie dreimal ein und aus, der Bauch hebt und senkt sich. Stellen Sie sich vor, frische Energie strömt durch Ihre Nasenflügel, durch den Hals in die Lunge, ins Herz, in jede Zelle. Und mit dem Ausatmen lassen Sie alle Anspannung los. Geben Sie mit dem Ausatmen den Stress, die Sorgen, die Grübeleien ab. Und dann lassen Sie sich ganz auf diese eine Sache ein, so groß oder klein sie auch sein mag.

Wenn Sie das nächste Mal im Job das Bedürfnis nach einer Minute Auszeit haben, dann denken Sie daran: Auch Arbeit kann zu einer

Zeitinsel werden. Sie richten sich neu aus, um wieder fokussiert und präsent zu sein und mit Energie das Leben zu genießen.

## Die Umsetzungsfalle

Im Wellbeing geht es darum, eine Balance zu wahren. Und um dorthin zu kommen, gilt es immer wieder, Verhaltensweisen zu ändern. Vielleicht gibt es Verhaltensweisen, die an die veränderte Lebenssituation angepasst werden sollten oder die einem nicht dienlich sind und die es abzulegen gilt. Es können auch neue gesunde Verhaltensweisen sein, die wir etablieren wollen. Und vielleicht schwebt Ihnen auch etwas vor, was Ihnen gut tun wird. Das könnte der Wunsch sein, sich gesünder zu ernähren, mehr Sport zu treiben oder, wie ich hoffe, sich jeden Tag zwölf Minuten Zeit zu nehmen, um bewusst zu atmen und den Präsenzmuskel zu stärken. Doch wir kennen sie alle, die Umsetzungsfalle.

Schuld sind die Synapsen, die Verbindungsstellen zwischen Nervenzellen, an denen elektrische oder chemische Signale übertragen werden. Sie werden stärker, je öfter wir ein Verhalten wiederholen oder Glaubenssätze bedienen. Irgendwann steuern wir mit eingeschaltetem Autopiloten durch die Tage. Das haben wir geübt. Das ist uns bekannt. Die Gewohnheiten schonen unsere Energiereserven. Aber Achtung! Gewohnheiten können schädlich und haftend sein. Eine Studie an Herzpatienten zeigt, wie schwer es fällt, solche abzulegen. Nur einem von sieben Patienten gelang es im Durchschnitt, seine Gewohnheiten zu ändern, um die Lebensdauer zu verlängern! Nur 50 Prozent der Patienten schafften es, überlebenswichtige Medikamente regelmäßig einzunehmen. Die Wissenschaftler Robert Kegan und Lisa Laskow Lahey gehen in ihrem Buch *Immunity to change*[2] davon aus, dass eine Verhaltensänderung nicht in erster Linie eine technische Herausforderung darstellt – wie es geht, wissen wir in den meisten Fällen –, sondern eine adaptive Herausforderung. Erst muss sich das Mindset ändern, dann klappt es auch mit neuen Gewohnheiten. Das ermöglicht die Plastizität des Gehirns. Sie erinnern sich? Das Gehirn lässt sich trainieren. Allein die Willenskraft zu aktivieren, reicht dafür nicht aus. Die Formel lautet vielmehr, angelehnt an unsere Reflexionen in Kapitel 9:

*Intention + Aufmerksamkeit + Verhaltens-veränderung = Manifestation*

### Eine Faszination für die Neuroplastizität

Eine entscheidende Entdeckung in der Neurobiologie war die Erkenntnis, dass das Gehirn nicht unveränderlich ist, sondern sich anpassen kann, und zwar basierend auf Erfahrungen und Aktivitäten. Der Begriff Neuroplastizität wurde übrigens in den 1940er-Jahren von dem Wissenschaftler Donald Hebb geprägt, der die Idee der Hebbschen Lernregel formulierte. Die besagt, dass Neuronen, die zusammen feuern, dazu neigen, sich miteinander zu verschalten.

In den folgenden Jahrzehnten trugen viele Forscher und Neurowissenschaftler zur Erforschung der Neuroplastizität bei, darunter Eric Kandel, der im Jahr 2000 den Nobelpreis für Physiologie und Medizin erhielt. Kandel untersuchte die molekularen Mechanismen des Gedächtnisses. Er zeigte auf, wie neuronale Schaltkreise durch Lernen und Erfahrung geformt werden.

Heute wissen wir, dass auch das »emotionale Herz des Gehirns«, die Amygdala, trainierbar ist. Deshalb lautet der allgemeine Rat, Ruhe zu bewahren und kluge Entscheidungen nicht inmitten von Stress zu treffen, sondern abzuwägen und sich gedanklich zunächst in den präfrontalen Kortex zu begeben, denn dort ist das Führungs- und Entscheidungszentrum, dort wird reflektiert und auf Konsequenzen geachtet. Veränderungen bedürfen also der Ruhe und der Reflexion.

Wenn es kaum Herzpatienten gelingt, ihre Lage durch Denken und Handeln zu verbessern – immerhin geht es bei diesen Männern und Frauen um das Leben! –, wie soll es dann im gesunden Alltag gelingen? Meine Antwort? Folgende fünf Punkte sollten Sie hinterfragen:

1. **Ziel falsch gewählt:** Fragen Sie sich: *Ist die Intensität des Wunsches wirklich derart groß, dass ich dieses Ziel, koste es, was es wolle, erreichen muss?* Wenn Sie bei der Antwort zögern, dann mag es sein, dass Ihnen die Veränderung gar nicht so wichtig ist. Vielleicht denken Sie, diese Aufgaben erledigen zu müssen, weil andere es verlangen. Vielleicht ist es nicht Ihr persönliches, unbedingtes Ziel.
2. **Der innere Schweinehund:** Gewohnheiten werden über lange Zeiträume geformt und sind tief in unserem Verhalten verankert. Das Ändern von Gewohnheiten erfordert Geduld und Ausdauer. Fragen Sie sich: *Welche Belohnung kann am Ende Ihres Veränderungstrainings stehen?* Sie sollten sich loben, wenn Sie Ihren inneren Schweinhund überwunden haben, denn das ist eine Leistung.
3. **Energieeffizienz des Gehirns:** Das Gehirn bevorzugt Routinen, da sie weniger Energie verbrauchen als bewusst gesteuerte Entscheidungen. Neue Gewohnheiten erfordern mehr mentale Energie. Fragen Sie sich: *Welche Gewohnheiten sind es wert, derart trainiert zu werden, dass sie meine Routine werden?*
4. **Soziale Einflüsse und Identität:** Gewohnheiten sind oft mit sozialen Bindungen und unserer Identität verbunden. Das Verändern von Gewohnheiten kann daher soziale Spannungen und Identitätskrisen auslösen. Manchmal bedeuten Veränderungen auch, herausfordernde Kommentare von Mitmenschen auszuhalten, die eine nächste Etappe nicht mitgehen wollen.
5. **Rivalisierende Verpflichtungen:** Oftmals kann das Verfolgen eines Veränderungsziels bedeuten, dass einer anderen Verpflichtung nicht mehr nachgegangen werden kann. Das hemmt den Veränderungsprozess. Fragen Sie sich: Welches Opfer muss ich bringen, um meinen Veränderungswunsch zu realisieren? Das Verständnis rivalisierender Verpflichtungen kann dabei helfen, die inneren

Konflikte und Spannungen zu identifizieren, die Menschen daran hindern können, ihre Ziele zu erreichen. Durch die Arbeit an der Lösung dieser Konflikte können Menschen lernen, ihre Prioritäten besser zu klären, Entscheidungen bewusster zu treffen und ein ausgeglicheneres und erfüllteres Leben zu führen.

Aber lassen Sie uns die Herausforderung nicht größer machen, als sie ist. Veränderung ist möglich, tatsächlich sind Sie Experte oder Expertin darin. Das ganze Leben ist Transformation! Wir werden geboren und können weder sprechen noch gehen. Doch bald schon können wir laufen, spielen, arbeiten. Evolution ist Programm. Und auch Sie haben es sich immer und immer wieder in Ihrem Leben bewiesen, dass Sie Veränderung können. Erinnern Sie sich daran und schöpfen Sie daraus Kraft!

Und oft sind es nicht die großen, dramatischen Schritte, die den Unterschied machen. Vielmehr sind es die kleinen, kontinuierlichen Schritte, die über die Zeit hinweg ein enormes Momentum erzeugen. Es geht darum, eine Regelmäßigkeit zu etablieren, das heißt kleine, aber hoch effektive, gesunde Gewohnheiten zu bilden. Wenn wir diese kleinen Gewohnheiten regelmäßig praktizieren und festigen, folgen die gewünschten Resultate fast zwangsläufig.

Im nächsten Kapitel möchte ich Ihnen zeigen, wie Sie die Zwölf-Minuten-Methode systematisch in Ihren Alltag integrieren können. Diese Methode basiert auf der Idee, dass selbst kurze, regelmäßige Zeitinvestitionen eine große Wirkung haben können. Durch die Anwendung dieser Technik können Sie schrittweise und nachhaltig positive Veränderungen in Ihrem Leben erreichen.

### Breath of Freedom – Vertiefungsübung

Den Breath of Freedom können Sie anwenden, wenn Sie merken, dass Ihre innere Dimension des Wellbeing leidet und Sie sich beispielsweise gestresst oder emotional überwältigt fühlen. Wir haben darüber gesprochen: Wenn wir gestresst sind, kann unser

Atemmuster flach und schnell werden, was unsere Spannungsgefühle verstärken kann. Um uns wieder zu entspannen und den Atem in einen natürlichen Rhythmus zu bringen, können wir den Breath of Freedom anwenden. Diese Atemtechnik wird vom Körper immer wieder ganz von selbst durchgeführt, zum Beispiel wenn wir weinen oder während des Schlafens für eine tiefere Entspannung.

Durchführung

- Setzen Sie sich bequem hin und halten Sie die Wirbelsäule aufrecht.
- Atmen Sie zunächst einmal normal tief ein und aus.
- Atmen Sie zweimal hintereinander kurz und schnell durch die Nase ein, ohne dazwischen auszuatmen.
- Atmen Sie danach langsam durch die Nase aus.

Wiederholen Sie dies zwei- bis viermal und beobachten Sie danach die Veränderungen in Ihrem Körper und Ihre Emotionen. Der doppelte Einatemzug des Breath of Freedom erhöht die Tiefe des Einatmens, gefolgt von einem verlängerten Ausatmen, was den Parasympathikus aktiviert. Der Breath of Freedom wirkt wie eine Reset-Taste für unser Atem- und Nervensystem und kann deshalb direkt in herausfordernden Situationen angewendet werden. Er fördert ein tieferes, entspannteres Atmen und spielt eine wichtige Rolle bei der Aufrechterhaltung des Gleichgewichts zwischen dem sympathischen und dem parasympathischen Teil des autonomen Nervensystems. Diese Technik entstammt dem Yoga und wird unter anderem auch »Physiologischer Seufzer« genannt.

## Leitgedanken zur Reflexion

- Ihre Empathie ist ein wichtiger Baustein für die erfolgreiche und gesunde Führung. Die Fähigkeit zur Empathie hängt dabei eng mit unserem geistigen Zustand und unserem Wellbeing zusammen.
- Wellbeing ist mehr als die Abwesenheit von Krankheit. Es wird durch äußere Dimensionen wie Beziehungen, die finanzielle Situation, Verantwortlichkeiten und die Umwelt bedingt sowie durch innere Dimensionen wie Sinn, Mindset, Emotionen und Körper, die wir direkt beeinflussen können.
- Zeitinseln entstehen, wenn Sie sich erlauben, eine Sache zu 100 Prozent zu tun. Dadurch ermöglichen Sie sich intensivere Begegnungen, bessere Erholung und erhöhte Leistungsfähigkeit.

Kapitel 12

# Die zwölf Minuten, die Ihr Leben verändern können

Wenig hat mein Leben derart positiv beeinflusst wie die Entscheidung, täglich Atemtechniken zu praktizieren. Seit drei Jahrzehnten nehme ich mir bewusst jeden Morgen Zeit für die Übungen, die Sie in diesem Buch kennenlernen. Dieser Moment ist für mich ein kraftvolles Ritual, bei dem ich die Weichen für einen positiven, erfüllten Tag stelle und die Verantwortung für mein inneres Wohlbefinden übernehme. Und ich habe es erwähnt: Mit unserem Institut hatten wir in den vergangenen 20 Jahren das Privileg, tausende Menschen auf ihrem Weg zu begleiten, indem wir ihnen die Praxis der Atemübungen nahebrachten und sie dabei unterstützt haben, diese kraftvollen Tools in ihren Alltag einzubauen. Und auch nach solch langer Zeit bin ich immer wieder von den Feedbacks der Teilnehmerinnen und Teilnehmer bewegt, wenn sie mir später berichten, welche Türen sich in ihrem Leben öffneten und welche positiven Entwicklungen stattfanden. Jedem bewussten Atemzug wohnt eine Kraft inne. Wir selbst haben es in der Hand, sie zu wecken. Das habe ich auf meinen Reisen gelernt und in den zahlreichen Seminaren mit den Top-Leuten der Wirtschaft erfahren.

Versprechen darf ich Ihnen: Wenn Sie die Zwölf-Minuten-Methode regelmäßig anwenden, werden Sie einen positiven Effekt auf körperlicher, geistiger und emotionaler Ebene wahrnehmen. Ihr Energielevel wird ansteigen und Sie werden ruhiger und präsenter sein. Diese innere Aufgeräumtheit kann Ihnen ein neues Bewusstsein für sich selbst, für andere und die herausfordernden Situationen geben, die Sie während des Tages durchleben: Sie erhöhen die Wahrscheinlichkeit, weniger reaktiv zu handeln, sondern bewusst kreative Lösungen zu finden. Die Konsequenz wird sein, dass Sie eine Gelassenheit erleben, die Ihre sozialen Begegnungen und Interaktionen auf ein neues Level heben. Das wiederum löst einen Dominoeffekt aus, indem Menschen in Ihrem Umfeld Sie ganz im Sinne des Health-oriented Leaderships als Vorbild erkennen und deshalb ebenso Gesundheit, Erfolg und Gelassenheit anstreben werden.

Und ich bin mir sicher: Ihr Nervensystem wird die Balance von Entspannung und Anspannung zu schätzen wissen und Ihnen im Gegenzug viele erholsame Nächte schenken.

## 21-Tage-Challenge

Wie effektiv und nachhaltig die Zwölf-Minuten-Methode ist, zeigt eine wissenschaftliche Studie von Schubin und Kollegen aus dem Jahr 2023.[1] Untersucht wurden leitende Angestellte eines Unternehmens des Informations- und Kommunikationssektors, die an einem TLEX-Führungskräftetraining teilnahmen und als Teil dessen die atembasierten Achtsamkeitstechniken der Zwölf-Minuten-Methode erlernten sowie eine persönliche 21-Tage-Challenge absolvierten. In der Studie wurden die Teilnehmenden mit standardisierten Fragebögen vor dem Training, am letzten Seminartag und drei Monate nach Abschluss befragt. Die Ergebnisse zeigen, dass Führungskräfte nach dem Training signifikante Verbesserungen erzielten in den Bereichen:

- Wellbeing,
- Gesundheitskompetenz,
- Leistungsfähigkeit.

Diese Verbesserungen hielten auch noch bis zum letzten Messzeitpunkt drei Monate nach dem Training an.

## Dosiert zum Erfolg – kleine Schritte, große Wirkung

»Sind zwölf Minuten nicht viel zu wenig, um eine nachhaltige Veränderung zu bewirken?« Diese Frage höre ich immer wieder in meinen Seminaren. Jedoch sind es genau die kleinen, stetigen Verbesserungen, die im Laufe der Zeit zu erheblichen Ergebnissen führen. Ähnlich dem Konzept des Kaizen, einer japanischen Philosophie der kontinuierlichen Verbesserung, das in vielen japanischen Unternehmen wie Toyota angewendet wird, wissen wir heute, dass kontinuierliche, kleine Verbesserungen in allen Bereichen eines Unternehmens oder des persönlichen Lebens langfristig zu großen Erfolgen führen. Denn kleine, scheinbar unbedeutende Änderungen im täglichen Verhalten können kumulativ zu bedeutenden Verbesserungen führen. Sie sind leicht zu implementieren und daher nachhaltig.

Anstatt sich nur auf große, entfernte Ziele zu konzentrieren, ist es empfehlenswert, sich auf die Systeme und Prozesse, die Gewohnheit zu fokussieren, die zu diesen Zielen führen. Durch die Optimierung des täglichen Systems werden die Ziele fast automatisch erreicht.

Warum aber sind gerade zwölf Minuten die ideale Größe?

- **Optimaler Zeitrahmen für maximale Effekte:** Zwölf Minuten täglich reichen, um mit Atemübungen signifikante Effekte zu erzielen. So zeigte auch eine Studie von Palmer und Kollegen aus dem Jahr 2023, dass eine regelmäßige zehnminütige Achtsamkeitspraxis fast im gleichen Maße Achtsamkeit stärkte wie eine 20-minütige Achtsamkeitspraxis.[2]
- **Aktivierung von Parasympathikus und Sympathikus:** Durch die bewusste Wahl der Übungen werden in den zwölf Minuten beide Spieler des autonomen Nervensystems aktiviert. Sie erreichen dadurch eine ideale Kombination aus Aktivierung, Energiegewinnung, Dynamik und innerer Ruhe.
- **Verhaltensveränderung leichtgemacht:** Kurze und konsistente Zeitrahmen sind am effektivsten, um neue Gewohnheiten zu etablieren. Zwölf Minuten reichen, um Fortschritte zu erzielen, stellen aber keine überwältigende Hürde dar.

- **Kumulative Wirkung:** Durch die tägliche Praxis über zwölf Minuten summieren sich die positiven Effekte schnell. Selbst an Tagen mit geringerer Motivation ist es einfacher, diese überschaubare Zeit zu investieren, wodurch die kumulativen Vorteile erhalten bleiben.

Und bedenken Sie: Diese zeitliche Investition von zwölf Minuten pro Tag wird sich schnell amortisieren. Sie schärfen Ihre »Axt«, gewinnen mehr Energie und arbeiten effizienter. Aufgaben fallen Ihnen leichter und gehen Ihnen schneller von der Hand, was Ihnen letztlich mehr Zeit schenkt, als Sie investiert haben. Die Zwölf-Minuten-Methode ist also eine kraftvolle, zeiteffiziente Praxis, die nicht nur das persönliche Wohlbefinden fördert, sondern auch messbare Vorteile in Bezug auf Produktivität und Lebensqualität bietet.

Und aus meiner Sicht ist die tägliche Praxis mehr als nur eine Routine. Sie ist eine symbolische Handlung, mit der Sie sich selbst zeigen, dass Sie sich wertschätzen und Ihr Wohlbefinden priorisieren. Und vielleicht fragen Sie sich: »Was, wenn ich es nicht regelmäßig schaffe?« Ich kann Ihnen versichern, die Erfahrung zeigt, dass selbst wenn Sie die Übungen nur an fünf Tagen pro Woche schaffen, Sie dennoch profitieren. Denken Sie noch mal an Ihren Lebenskuchen aus Kapitel 11, wir sprechen hier von 168 Stunden pro Woche, in denen Sie sich etwas Zeit nehmen für sich selbst. Gönnen Sie sich das. Sie haben es verdient!

## Die Zwölf-Minuten-Methode im Detail

Ich habe es erwähnt, die Zwölf-Minuten-Methode beinhaltet die Essenz aller Übungen, die in diesem Buch vorgestellt wurden. Sie besteht aus:

**Schritt 1:** Drei-Stufen-Atmung zur Entspannung und Emotionsregulierung durch Aktivierung des parasympathischen Nervensystems (circa 7–8 Minuten)

**Schritt 2:** Blasebalg zur Energetisierung und Erhöhung der Vitalität (circa 2–3 Minuten)

**Schritt 3:** Body-Scan zur Erhöhung der Präsenz und inneren Klarheit (circa 1–2 Minuten)

Sie kennen es aus Ihrem Leben zur Genüge: Wie man sich bettet, so liegt man. Dementsprechend wichtig ist es für das Gelingen der Zwölf-Minuten-Methode, das richtige Setting zu schaffen. Ihr Ziel ist es, ganz bei sich selbst anzukommen. Schaffen Sie dafür die idealen Bedingungen und gönnen Sie sich diese Zeit nur für sich selbst durch das Beachten folgender Aspekte:

- **Flugmodus:** Schalten Sie den Flugmodus Ihres Smartphones ein und stellen Sie sich gegebenenfalls einen Wecker. Damit stellen Sie sicher, dass Sie den nächsten Termin nicht verpassen. Diese Sicherheit wird Ihnen ermöglichen, ganz loszulassen.
- **Fenster auf:** Sie wollen Ihre Lunge gut durchlüften. Also öffnen Sie, wenn immer möglich, das Fenster und lassen Sie frische Luft ins Zimmer strömen. Sollte das nicht möglich sein, sorgen Sie auf jeden Fall für gute Zirkulation durch eine Klimaanlage oder Ähnliches.
- **Ihre Lunge braucht Platz:** Bitte praktizieren Sie die Übungen nicht auf komplett vollen Magen, Ihre Lunge will sich ausdehnen.
- **Richtiger Zeitpunkt:** Schaffen Sie sich eine Routine, indem Sie die Übungen möglichst jeden Tag zum gleichen Zeitpunkt praktizieren. Mein Favorit: direkt nach dem Aufstehen, nach dem Duschen und vor dem Frühstück. Ideal sind auch die Zeiträume vor dem Mittag- oder Abendessen.
- **Atemübungen als Schlaftablette?** Wenn Sie die Übungen direkt vor dem Schlafengehen praktizieren möchten, berücksichtigen Sie bitte: Je nach Typ könnten die Übungen sehr aktivierend wirken, was zu diesem Zeitpunkt nicht ideal ist.

Ich verstehe die Zwölf-Minuten-Methode als Zeitinsel für Sie, wenn Sie sich aus dem Alltag ganz zurückziehen möchten. Probieren Sie die Zwölf-Minuten-Methode jetzt gleich aus:

## Schritt 1: Drei-Stufen-Atmung mit siegreichem Atem

Für die Drei-Stufen-Atmung nutzen Sie den Atemrhythmus der Entspannungsatmung, welche Sie in Kapitel 10 erlernt haben. In der Drei-Stufen-Atmung nutzen wir drei verschiedene Armpositionen, um alle fünf Lungenlappen in den beiden Lungenflügeln zu durchlüften.

### Durchführung

Setzen Sie sich aufrecht hin und wenden Sie den siegreichen Atem an, den Sie in Kapitel 7 kennengelernt haben.

### Atemrhythmus

Einatmen: 4 Takte
Anhalten: 4 Takte
Ausatmen: 6 Takte
Anhalten: 2 Takte

### Anzahl der Atemzüge pro Stufe

1. Stufe: 8 Atemzüge
2. Stufe: 8 Atemzüge
3. Stufe: 6 Atemzüge

### 1. Stufe

Für die erste Stufe platzieren Sie die Hände jeweils oberhalb des Hüftknochens, die Daumen zeigen zum Rücken, die Zeigefinger zum Bauchnabel, die übrigen Finger befinden sich parallel zum Boden. In dieser Position wird der untere Lungenbereich durchlüftet und in der Regel bewegt sich die Bauchdecke leicht.

- Atmen Sie einmal lang und tief ein und wieder aus.
- Nutzen Sie den siegreichen Atem und nehmen Sie acht Atemzüge im Takt des Entspannungsatems.
- Legen Sie zum Schluss die Hände mit den Handflächen Richtung Decke zeigend auf den Oberschenkeln ab und beobachten Sie die Empfindungen im Körper.

2. Stufe

Für die zweite Stufe platzieren Sie Ihre Daumen jeweils in Ihren Achselhöhlen, die Zeigefinger zeigen zum Brustbein, die übrigen Finger befinden sich parallel zum Boden. Die Arme können sich während der Atmung leicht bewegen, um dem mittleren Bereich der Lunge Raum zu geben.

- Atmen Sie einmal lang und tief ein und wieder aus.
- Nutzen Sie den siegreichen Atem und nehmen Sie acht Atemzüge im Takt des Entspannungsatems.
- Legen Sie zum Schluss die Hände auf den Oberschenkeln ab und beobachten Sie die Empfindungen im Körper.

3. Stufe

Für die dritte Stufe strecken Sie beide Arme nach oben und legen Ihre Handflächen auf die Schulterblätter. Die Ellbogen zeigen zur Decke oder, wenn es angenehmer ist, leicht nach vorne.

- Atmen Sie einmal lang und tief ein und wieder aus.
- Nutzen Sie den siegreichen Atem und nehmen Sie sechs Atemzüge im Takt des Entspannungsatems.
- Legen Sie zum Schluss die Hände auf den Oberschenkeln ab und beobachten Sie die Empfindungen im Körper.

Die Wirkung

- Verlangsamt die Atemfrequenz und aktiviert den Parasympathikus, was zu einer größeren Entspannung führt.[3]
- Der Fokus auf die Ausatmung und die Nutzung des siegreichen Atems aktiviert den Vagusnerv, sodass sich der Herzschlag verlangsamt und der Blutdruck sinkt.
- Erhöht Sauerstoffaufnahme und Stoffwechselrate.
- Unterstützt die Emotionsregulation und erhöht die Resilienz.

## Schritt 2: Blasebalg

Der Blasebalg wurde bereits in Kapitel 5 ausführlich erklärt. Hier noch einmal eine kurze Zusammenfassung.

Durchführung

- Ausgangshaltung: aufrechte Haltung, angewinkelte Arme, lockere Fäuste, Handinnenfläche nach vorne zeigend.

- Kräftige Einatmung durch die Nase: Arme dynamisch nach oben bewegen, Finger spreizen.

- Dynamische Ausatmung durch die Nase: Arme in die Ausgangshaltung zurückfallen lassen.
- Machen Sie drei Runden mit je 15 Atemzügen.
- Verwenden Sie ein bis zwei Sekunden pro Atemzug.

Die Wirkung

- Erhöht Entspannung durch leichte Aktivierung des Parasympathikus.

- Aktiviert durch die schnelle Atemfrequenz leicht das sympathische Nervensystem[4] und sorgt damit für erhöhte Energie und Vitalität.
- Verbessert die Nutzung der Lungenkapazität.

## Schritt 3: Body-Scan

Der Body-Scan wurde bereits in Kapitel 2 ausführlich erklärt. Führen Sie diese Übung für 1 bis 2 Minuten im Sitzen oder Liegen durch.

Durchführung

- Atmen Sie entspannt durch die Nase in langen, tiefen Atemzügen.
- Lassen Sie Ihre Aufmerksamkeit durch den Körper wandern: von den Beinen zum Oberkörper, den Schultern, Armen, Händen, Gesicht und Kopf.
- Nehmen Sie zum Abschluss bewusst einen langen Atemzug und entspannen Sie den ganzen Körper mit der Ausatmung.

Die Wirkung

- Steigert Präsenz und Klarheit.
- Reduziert körperlichen und mentalen Stress.
- Bringt den Geist in den gegenwärtigen Augenblick.

**Um Sie bei dem Praktizieren der Zwölf-Minuten-Methode möglichst gut zu unterstützen, erhalten Sie Zugang zu einem ausgewählten Bereich in der TLEX Flow Mobile App. In diesem Bereich finden Sie Audio- und Videoanleitungen zu den Übungen.**

**Mit dem QR-Code haben Sie Zugang zu diesem ausgewählten Teil der App.**

## Das Etablieren neuer Gewohnheiten: Vier Schlüssel zum Erfolg

Um die Zwölf-Minuten-Methode in das tägliche Leben zu integrieren, braucht es Willen, Geschick und Ausdauer. Denn das Etablieren neuer Gewohnheiten geht Hand in Hand mit der Bildung neuer neuronaler Verknüpfungen im Gehirn. Wenn wir eine neue Gewohnheit beginnen, wie zum Beispiel regelmäßiges Sporttreiben oder das Lesen vor dem Schlafengehen, müssen sich unsere Neuronen anpassen und neue Verbindungen knüpfen.

Wie lange das genau dauert, darüber ist sich die Wissenschaft nicht eins. Man kann jedoch davon ausgehen, dass es mindestens 21 Tage braucht, bis das neue Verhalten zur Gewohnheit geworden ist. Diese Idee geht auf die Arbeit des plastischen Chirurgen Dr. Maxwell Maltz zurück, der in den 1960er-Jahren beobachtete, dass seine Patienten im Durchschnitt rund 21 Tage brauchten, um sich an ihr neues Aussehen zu gewöhnen. Wir haben tausende Führungskräfte begleitet und können sagen: Sie geben sich eine reelle Chance, Ihren Veränderungsprozess erfolgreich zu gestalten, wenn Sie sich entscheiden, Ihrem inneren Schweinehund für 21 Tage kein Gehör zu schenken. Denn eins ist klar: Die alten Gewohnheiten, Ihre bisher geknüpften neuronalen Verbindungen im Gehirn, sind enorm kraftvoll und werden Ihr neues Vorhaben herausfordern.

Die folgenden vier Schlüssel können Ihnen helfen, die Zwölf-Minuten-Methode anstrengungslos in Ihr Leben zu integrieren:

1. **Kleine Veränderungen – 21 Tage lang:** Gewohnheitsänderungen erfordern Zeit und Ausdauer. Bleiben Sie konsequent, auch wenn es anfangs schwierig ist. Seien Sie realistisch, planen Sie lieber kleine Portionen, die Sie jedoch erreichen. Das stärkt Ihr Selbstvertrauen. Führen Sie die Zwölf-Minuten-Methode für mindestens 21 Tage durch, um nachhaltige Ergebnisse zu erzielen.

2. **Das Warum bestimmen:** Schon Friedrich Nieztsche sagte: »Wer ein Warum hat, dem ist kein Wie zu schwer.« Emotionen können uns sehr weit tragen. Arbeiten Sie mit der Kraft der Bilder und sorgen Sie dafür, dass Ihr Ziel emotional hoch relevant ist. Sie wollen

zwölf Minuten pro Tag atembasierte Achtsamkeit praktizieren? Warum wollen Sie sich dieses Ziel setzen? Schaffen Sie sich ein Bild und eine Vorstellung, was sich für Sie verändern wird. Emotional relevante Zielbilder können Sie weit tragen!

3. **Anker finden:** Verknüpfen Sie die neue Gewohnheit mit bestehenden Routinen. Die Forschung zeigt: Verbinden Sie die neue Gewohnheit mit bereits etablierten Routinen oder Ereignissen in Ihrem Alltag, dann haben Sie eine deutlich größere Chance bei der Umsetzung. Zum Beispiel könnten Sie sich vornehmen, nach dem Zähneputzen sofort das Zwölf-Minuten-Übungspaket Atembasierte Achtsamkeit durchzuführen: Sie nutzen die Kraft des Autopiloten.
4. **Verbündete finden:** Untersuchungen zeigen, dass die Wahrscheinlichkeit, ein Ziel zu erreichen, steigt, wenn wir uns jemandem gegenüber verpflichten, es zu tun.[5] Erzählen Sie jemandem von Ihrem Vorhaben. Oder, wenn Ihnen danach ist, gewinnen Sie einen Verbündeten und bitten Sie um Unterstützung. Oder Sie setzen sich beide ein Ziel und stellen sich gemeinsam der Herausforderung.

***Das Gehirn benötigt 21 Tage, um neue neuronale Verknüpfungen zu erstellen. Geben Sie sich diese Zeit, üben Sie!***

Aufgrund meiner Erfahrung mit tausenden Führungskräften und Mitarbeitenden kann ich sagen: Transformation ist möglich. Sie geschieht jeden Tag, Veränderung ist unsere Natur. Wenn sie gelingt, gibt uns das unheimlich viel Energie. Wir erleben Freude, Selbstwirksamkeit und innere Kraft. Wir schöpfen Hoffnung und Zuversicht und ermöglichen dadurch bereits wieder den nächsten Schritt in unserer Entwicklung. Fundamental ist dabei immer ein genaues Hinschauen und eine Antwort auf die folgenden Fragen: Was will ich wirklich verändern? Was könnte mich davon abhalten? Und wie kann ich mich optimal aufstellen, um mein Ziel zu erreichen? Nehmen Sie sich dafür Zeit und setzen Sie das um, was Ihnen gut tut! Der Erfolg wird Ihnen recht geben – und Ihre Gesundheit wird es Ihnen danken.

### Ihre 21-Tage-Challenge

Nehmen Sie sich einen Moment Zeit und schreiben Sie sich in Ruhe die Antworten zu den folgenden Fragen auf:

- Was werde ich konkret umsetzen?
- Warum will ich die Zwölf-Minuten-Methode in meinen Alltag integrieren?
- Was ist mein Anker? Wie und wann setzte ich es um?
- Woran kann ich meinen Erfolg messen?
- Wem möchte ich von meinem Vorhaben erzählen oder wen gar einbinden, gemeinsam mit mir zu starten?
- Welche Herausforderungen werden mir höchst wahrscheinlich dabei begegnen und wie kann ich sie meistern?

## Leitgedanken zur Reflexion

- Die Umsetzungsfalle ist ein weitverbreitetes Phänomen. Wissenschaftler bezeichnen es als »Immunität gegen Veränderung«. Erfolgreiche Transformation bedarf also besonderer Aufmerksamkeit und eines strukturierten Ansatzes.
- Zwölf Minuten pro Tag sind eine ideale Länge für die atembasierte Achtsamkeit, weil in dieser Zeit bereits signifikante Effekte erzielt werden können und sie dennoch leicht in den Alltag integrierbar ist.
- Der Prozess, neue Gewohnheiten zu bilden, erfordert es, im Gehirn neue neuronale Verbindungen zu knüpfen, was mindestens 21 Tage dauert.

Schlusswort

# Vom Mut, Mensch zu sein

In einer Zeit, in der Veränderung die einzige Konstante zu sein scheint und die Digitalisierung unaufhaltsam voranschreitet, stehen wir vor einer Vielzahl von Herausforderungen – und auch Chancen. Wir entscheiden, wie wir die Dinge betrachten, ob mit einem positiven oder einem negativen Mindset. Das ist und das bleibt unsere Wahl. Wir können die Entwicklung nicht ignorieren, können nicht am Alten festhalten, können nicht tun, als würden althergebrachte Prinzipien in dieser Moderne unantastbar sein. Es wäre eine kalkulierte Niederlage im Unternehmen. Ja, es geht ein Ruck durch die Wirtschaft. Managerinnen und Manager, die das verstehen, weitblickend handeln und mit hochgekrempelten Ärmeln und frischem Blick diesem Zeitgeist begegnen, werden ihr Unternehmen gut und sicher durch die digitale Beschleunigung bringen.

In meinem Buch habe ich Ihnen einen Weg gezeigt, wie das gelingen kann. Inmitten des Strudels der Veränderung gibt es nämlich diese unermessliche Kraft, die in Ihnen liegt, die Sie mit der atembasierten Achtsamkeit trainieren können. Ihr Atem gibt Ihnen Klarheit, Stärke, er bringt Sie, was immer im Außen tobt, zurück in die innere Mitte.

In meinen Coachings und Trainings habe ich in den letzten Jahren kaum eine Führungskraft getroffen, die nicht sagen würde, dass die aktuelle Transformation im Job *the new normal* sei. Mehr noch: Das ganze Leben ist Transformation! Wir werden geboren und können nicht mal krabbeln, bald stehen wir und laufen, wir lernen zu sprechen, zu spielen, zu arbeiten. Evolution ist Programm, und Evolution ist lebensbejahend. Sie spannt den Zyklus, auf dem wir uns bewegen. Hier die Balance zu finden, Erfahrungen zu machen, im Moment zu agieren, die Zukunft einzuschätzen, das ist eine immerwährende Aufgabe. Nach meiner Meinung geht es genau darum: Die Balance zwischen Transformation und Wachstum im Außen und Stärke und Klarheit im Inneren zu finden und sich einzupendeln zwischen Tun und Sein, zwischen Schnelligkeit und Stabilität. Es geht auch darum, innezuhalten, wenn alle rennen, das braucht Mut, in die innere Aufgeräumtheit zu investieren. Der Atem hilft dabei: Bewusst eingesetzt, zwölf Minuten am Tag, ist er wie eine Abwehr gegen Erschöpfung in dieser Turbulenz.

Gerade in Zeiten der künstlichen Intelligenz halte ich es für ungemein wichtig, sich stets bewusst zu machen, dass wir mehr sind als pure Intelligenz, dass wir eine Geschichte haben, dass wir Träume und Emotionen haben, dass wir liebend, übermütig, unvernünftig, inspiriert und beseelt sein können. Auch ein Manager, egal wie erfolgreich er wirken mag, ist am Ende seines Arbeitstages eben jener Mensch mit allen Facetten, die seinen Charakter reich machen. Der Atem verbindet Sie zu einer unvergleichbaren Persönlichkeit, er ist das Elixier Ihres Lebens und gleichsam Ihre Inspiration. Der Atem hilft Ihnen, Ihr Potenzial zu nutzen, um diese Welt ein wenig besser zu machen. Und wer es schafft, seinen einzigartigen Beitrag mit der Welt zu teilen, für den, so bin ich mir sicher, werden sich die Karrieretüren weit öffnen.

Führungskräfte, die dies leben und ihren Mitarbeitenden dafür ein Vorbild sein können, das ist meine Vorhersage, werden gefragt sein. Mehr denn je.

Doch was es dafür braucht, ist eine gehörige Portion Weisheit und Mut. Und dass dieser immer wieder aufs Neue zu finden ist, erlebte ich auch im Mikrokosmos des Schreibens dieses Buches. So sehr ich mich auf die Erfahrung gefreut hatte, dieses Buch zu schreiben, immer wieder stand ich dabei vor der Entscheidung: Gilt es jetzt weiterzumachen, diese Minute, diese Stunde ins Schreiben zu investieren? Oder geht es vielmehr darum, die Axt zu schärfen, Energie zu tanken, spazieren zu gehen, eine Achtsamkeitspause einzulegen, mit Freunden gemütlich zu essen oder einfach für ein paar Minuten aus dem Fenster zu schauen?

Gerade beim Schreiben, so durfte ich erfahren, gilt das, worüber ich im Buch so intensiv berichte, ganz besonders: Zeitmanagement ist wichtig, doch das Energiemanagement noch mehr. Denn was nützt es uns, wenn wir pünktlich vor dem Computer sitzen, aber energetisch nicht in einer Situation sind, kreativ sein zu können und zu arbeiten? So war auch das Schreiben dieses Buches wieder eine spannende Lernerfahrung für mich. Wie schön, dass Sie es in den Händen halten.

Ich wünsche Ihnen, dass Sie sich die Freude und die Inspiration im Leben erhalten, die Sie benötigen, um Ihren eigenen Weg zu gehen. Möge Ihr Atem Ihnen stets als Anker dienen, der Sie mit Ihrer inneren Kraft und Ihrer wahren Essenz verbindet.

Anhang

# Ihre Übungen für die erfolgreiche und gesunde Führung

Auf den folgenden Seiten finden Sie die wichtigsten Übungen auf einen Blick. Das Übungspaket der Zwölf-Minuten-Methode finden Sie in Kapitel 12.

## Makro-Momente: Wie Sie durch regelmäßiges Praktizieren Ihren Präsenzmuskel stärken können

| **Achtsames Atmen**<br>**2–5 Min.**<br><br>Detaillierte Erklärung siehe Seite 33 | **Wie:**<br>• Im Sitzen: Atmen Sie sanft durch die Nase ein<br>• Halten Sie den Atem für einen kurzen Moment an<br>• Atmen Sie entspannt durch die Nase aus<br>• Nehmen Sie in dieser Weise ein paar weitere lange, entspannte Atemzüge<br>• Nehmen Sie bewusst wahr, wie die Luft durch die Nasenlöcher in den Körper strömt, bis in die Lunge, und wieder hinausströmt<br><br>**Warum:**<br>• Steigert Präsenz und Klarheit<br>• Wirkt beruhigend |
|---|---|

| | |
|---|---|
| **Body-Scan**<br>**2–10 Min.**<br><br>Detaillierte Erklärung siehe Seite 55 | **Wie:**<br>• Im Sitzen oder Liegen: Atmen Sie entspannt durch die Nase in langen, tiefen Atemzügen<br>• Richten Sie die Aufmerksamkeit auf den Körper: von den Füßen zu den Beinen, Oberkörper, Schultern, Arme, Hände, Nacken, Gesicht und Kopf<br>• Nehmen Sie zum Abschluss bewusst einen langen Atemzug und entspannen Sie den ganzen Körper mit der Ausatmung<br><br>**Warum:**<br>• Bringt den Geist ins Jetzt durch die Aufmerksamkeit auf den Körper<br>• Steigert Präsenz und Klarheit<br>• Reduziert körperlichen und mentalen Stress |
| **Wellenatmung**<br>**3–5 Min.**<br><br>Detaillierte Erklärung siehe Seite 72 | **Wie:**<br>• Im Liegen oder Sitzen: Atmen Sie durch die Nase<br>• Legen Sie eine Hand auf den Bauch, die andere auf den Brustkorb<br>• Einatmung: Zuerst in den Bauchbereich, dann weiter in den Brustkorb<br>• Ausatmung: Zuerst aus dem Bereich des Bauches, dann aus dem Bereich des Brustkorbs<br>• Führen Sie die Übung für ca. 3–5 Minuten durch<br><br>**Warum:**<br>• Aktiviert das parasympathische Nervensystem<br>• Entspannt den gesamten Körper<br>• Verbessert die Nutzung der Lungenkapazität |
| **Blasebalg**<br>**2–3 Min.**<br><br>Detaillierte Erklärung siehe Seite 108 | **Wie:**<br>• Ausgangshaltung: Aufrecht sitzen, angewinkelte Arme, lockere Fäuste, Handinnenfläche nach vorne zeigend<br>• Dynamische Einatmung durch die Nase: Arme gerade nach oben strecken, Finger spreizen<br>• Dynamische Ausatmung durch die Nase: Arme in die Ausgangshaltung zurückfallen lassen, Fäuste schließen<br>• Machen Sie 3 Runden mit je 15 Atemzügen<br><br>**Warum:**<br>• Erhöht Energie durch Aktivierung des sympathischen Nervensystems<br>• Steigert Klarheit und Konzentration<br>• Verbessert die Nutzung der Lungenkapazität |

| | |
|---|---|
| **Körbe-Übung**<br>5–7 Min.<br><br>Detaillierte Erklärung siehe Seite 126 | **Wie:**<br>• Schließen Sie Ihre Augen<br>• Stellen Sie sich vor, Sie halten in jeder Hand einen Korb: rechts einen Zukunftskorb und links einen Vergangenheitskorb<br>• Beobachten Sie nun Ihre Gedanken<br>• Legen Sie alle Gedanken, die die Zukunft betreffen, mental in den Zukunftskorb, alle Gedanken, die die Vergangenheit betreffen, mental und anstrengungslos in den Vergangenheitskorb<br>• Beenden Sie die Übung nach ca. 5–7 Minuten<br><br>**Warum:**<br>• Stärkt Klarheit und Fokus<br>• Steigert innere Ruhe durch die aktive Annahme von Gedanken |
| **Siegreicher Atem**<br>2–3 Min.<br><br>Detaillierte Erklärung siehe Seite 145 | **Wie:**<br>• Setzen Sie sich aufrecht hin<br>• Atmen Sie sanft durch die Nase mit leichter Verengung der Kehlkopfmuskulatur, sodass ein leichter Widerstand im Hals zu spüren ist<br>• Lassen Sie Ihren Atem lang und tief werden<br>• Atmen Sie für ca. 2–3 Minuten anstrengungslos mit dem siegreichen Atem<br><br>**Warum:**<br>• Entspannt durch Stimulierung des Vagusnervs<br>• Beruhigt bei Anspannung und Nervosität<br>• Hilft, Emotionen zu regulieren |
| **Wake & Shake**<br>3–5 Min.<br><br>Erwähnt auf Seite 156 | **Wie:**<br>• Stehen Sie beim Arbeiten alle 60 Minuten für 3–5 Minuten auf und bewegen Sie sich<br>• Sie können auf der Stelle joggen, Stretching machen oder den Körper einfach frei und locker bewegen<br><br>**Warum:**<br>• Stärkt mentale und körperliche Gesundheit<br>• Entspannt die Muskulatur<br>• Kann Gesundheitsrisiken reduzieren, die durch langes Sitzen verursacht werden, wie Rückenschmerzen, Bluthochdruck und Herz-Kreislauf-Erkrankungen |

| | |
|---|---|
| **Wechselseitige Nasenatmung**<br>3–5 Min.<br><br>Detaillierte Erklärung siehe Seite 161 | **Wie:**<br>• Legen Sie den Zeige- und Mittelfinger auf die Stirn<br>• Verschließen Sie mit Ihrem rechten Daumen das rechte Nasenloch<br>• Atmen Sie langsam durch das linke Nasenloch ein<br>• Verschließen Sie mit dem Ringfinger das linke Nasenloch und atmen Sie durch das rechte Nasenloch aus<br>• Atmen Sie durch das rechte Nasenloch ein<br>• Verschließen Sie mit Ihrem Daumen das rechte Nasenloch und atmen Sie durch das linke Nasenloch aus<br>• Atmen Sie wieder durch das linke Nasenloch ein und führen Sie die Wechselatmung für 3–5 Minuten durch<br>• Beenden Sie die Übung mit dem Ausatmen durch das linke Nasenloch<br><br>**Warum:**<br>• Harmonisierende und ausbalancierende Wirkung<br>• Stärkt innere Ruhe<br>• Steigert Konzentration |
| **Blinzeln**<br>3 Min.<br><br>Erwähnt auf Seite 170 | **Wie:**<br>• Setzten Sie sich entspannt hin und atmen Sie lang und tief ein und aus<br>• Blinzeln Sie ca. 30 bis 40 Sekunden mit den Augen, erst langsam, dann immer etwas schneller<br>• Schließen und entspannen Sie die Augen<br>• Wiederholen Sie diesen Ablauf noch zweimal<br><br>**Warum:**<br>• Regt kreatives und divergentes Denken an<br>• Hilft bei trockenen Augen |
| **Entspannungsatmung**<br>3 Min.<br><br>Detaillierte Erklärung siehe Seite 192 | **Wie:**<br>• Setzen Sie sich aufrecht hin<br>• Atmen Sie einmal durch die Nase tief ein und aus<br>• Atmen Sie vier Takte mit dem siegreichen Atem ein<br>• Halten Sie den Atem für vier Takte<br>• Atmen Sie mit dem siegreichen Atem sechs Takte aus<br>• Halten Sie den Atem für zwei Takte<br>• Wiederholen Sie diesen Atemrhythmus insgesamt achtmal<br><br>**Warum:**<br>• Entspannung durch Aktivierung des Parasympathikus<br>• Erhöht die Nutzung der Lungenkapazität |

| | |
|---|---|
| **Breath of Freedom**<br>30 Sek.<br><br>Detaillierte Erklärung siehe Seite 209 | **Wie:**<br>• Setzen Sie sich aufrecht hin<br>• Atmen Sie zweimal hintereinander kurz und schnell durch die Nase ein<br>• Atmen Sie danach langsam durch die Nase aus<br>• Wiederholen Sie den Breath of Freedom zwei bis viermal<br><br>**Warum:**<br>• Wirkt innerhalb kürzester Zeit tief entspannend durch Aktivierung des Parasympathikus |
| **Drei-Stufen-Atmung**<br>7–8 Min.<br><br>Detaillierte Erklärung siehe Seite 217 | **Wie:**<br>• Setzen Sie sich aufrecht hin<br>• Verwenden Sie den siegreichen Atem<br>• 1. Stufe: 8 Atemzüge<br>• 2. Stufe: 8 Atemzüge<br>• 3. Stufe: 6 Atemzüge<br><br>**Atemrhythmus:**<br>• Einatmen: 4 Takte<br>• Anhalten: 4 Takte<br>• Ausatmen: 6 Takte<br>• Anhalten: 2 Takte<br><br>**Warum:**<br>• Entspannung und Regeneration durch Aktivierung des parasympathischen Nervensystems<br>• Steigert Energie und Konzentration<br>• Erhöht die Nutzung der Lungenkapazität |

## Mikro-Momente: Was Sie in kritischen Situationen ad hoc tun können

| | |
|---|---|
| **Atem-Anker in stressigen Situationen**<br>10 Sek.<br><br>Erwähnt auf Seite 169 | **Wie:**<br>• Richten Sie die Aufmerksamkeit für einige Sekunden auf den Atem<br>• Nehmen Sie wahr, wie sich der Brustkorb hebt und senkt<br>• Beobachten Sie: Atme ich tief oder flach?<br>• Nehmen Sie bewusst ein paar lange und tiefe Atemzüge<br><br>**Warum:**<br>• Steigert innere Ruhe, Gelassenheit und Fokus<br>• Kann die Aktivität der Amygdala, die für Stress und Angst verantwortlich ist, reduzieren |
| **Body-Scan in stressigen Situationen**<br>10 Sek.<br><br>Erwähnt auf Seite 55, 169 | **Wie:**<br>• Bringen Sie Ihre Aufmerksamkeit für einige Sekunden zu Ihrem Körper<br>• Wo spüren Sie in diesem Moment Spannungen?<br>• Nehmen Sie diese bewusst wahr<br>• Atmen Sie bewusst in die Spannung hinein und lassen Sie los<br><br>**Warum:**<br>• Der Körper dient als Anker, um den Geist ins Jetzt zu bringen<br>• Erhöht Präsenz und Achtsamkeit<br>• Reguliert starke Gefühle |
| **Humor suchen und finden**<br><br>Erwähnt auf Seite 169 | **Wie:**<br>• Üben Sie sich im Perspektivwechsel und betrachten Sie die Dinge von der humorvollen Seite<br>• Lächeln Sie jemanden bewusst an<br><br>**Warum:**<br>• Kann die Stimmung aufhellen<br>• Fördert Leichtigkeit und Freude<br>• Kann Endorphine freisetzen |

| | |
|---|---|
| **Eat the frog – Den Tag mit der wichtigsten Aufgabe beginnen**<br><br>Erwähnt auf Seite 125 | **Wie:**<br>• Bearbeiten Sie in der ersten Arbeitsstunde des Tages wichtige, kreative oder denkintensive Aufgaben<br>• Beginnen Sie nicht mit Routineaufgaben, wie z. B. E-Mails<br><br>**Warum:**<br>• Steigert die Produktivität<br>• Beugt Zeitnot und Stress vor<br>• Schafft zeitlichen und inneren Freiraum für Kreativität und Fokus für die weiteren Aufgaben |
| **Digitalfreier Morgen**<br><br>Erwähnt auf Seite 125 | **Wie:**<br>• Gestalten Sie Ihren Morgen digitalfrei<br>• Nutzen Sie einen analogen Wecker<br>• Schalten Sie das Smartphone zum Beispiel erst nach dem Frühstück ein<br><br>**Warum:**<br>• Erhöht Klarheit und Fokus<br>• Schafft eine Energiereserve für den Tag<br>• Vermeidet Reizüberflutung am Morgen, was sich positiv auf das mentale Wohlbefinden und die Leistungsfähigkeit auswirken kann |
| **Notifikationen ausschalten**<br><br>Erwähnt auf Seite 125 | **Was:**<br>• Entscheiden Sie sich bewusst, welche Benachrichtigungen Sie ein- oder ausschalten möchten<br>• Schalten Sie alternativ die Benachrichtigungen von Computern und mobilen Geräten ganz aus<br>• Entscheiden Sie bewusst, wann Sie Nachrichten lesen<br><br>**Warum:**<br>• Erhöht Präsenz und Flow<br>• Stärkt die Konzentration<br>• Reduziert Ablenkungen und schützt dadurch die mentale Kapazität und Leistungsfähigkeit |

## Zusätzliche Tools

| | |
|---|---|
| **Remember the Future**<br><br>Detaillierte Erklärung siehe Seite 177 | **Wie:**<br>• Erinnern Sie sich an Herausforderungen oder Krisen, die Sie in der Vergangenheit erfolgreich gemeistert haben<br>• Schreiben Sie auf, welche besonderen Fähigkeiten Ihnen dabei geholfen haben, die Herausforderung zu bewältigen<br><br>**Warum:**<br>• Stärkung von Selbstwirksamkeit<br>• Steigerung von Gelassenheit und Zuversicht für eine erfolgreiche Zukunft |
| **Cake of Life**<br><br>Detaillierte Erklärung siehe Seite 200 | **Wie:**<br>• Listen Sie alle Aktivitäten einer typischen Woche auf und notieren Sie, wie viel Zeit Sie mit jeder pro Woche verbringen<br>• Berechnen Sie die Prozentzahlen und tragen Sie jede Aktivität wie ein Kuchenstück in Ihren Lebenskuchen ein<br>• Reflektieren Sie, wofür Sie dankbar sind, was Sie verändern möchten und was es zu akzeptieren gilt<br><br>**Warum:**<br>• Bewusstwerdung der aktuellen Work-Life-Situation<br>• Schaffung einer Entscheidungsgrundlage für Veränderungen<br>• Veränderung des Mindsets in Bezug auf Dinge, die nicht verändert werden können |

# Erfolgreiche Managerinnen und Manager haben das Wort

»Die Atemübungen sind zu meinem täglichen Begleiter geworden, wie das Zähneputzen. Sie geben mir Kraft und Zuversicht – und eine innere Stabilität, die mir hilft, die täglichen Stürme der Geschäftswelt gut und vor allem mit Freude zu meistern. Ich habe die Übungen in meine tägliche Routine eingebaut. Es hat einige Zeit gedauert, aber jetzt ist es meine zweite Natur!«

Pablo Ciano, Mitglied des Vorstands DHL Gruppe, CEO DHL eCommerce

»Das Geschenk meiner neu entdeckten Leichtigkeit in der Atmung kam mit einer Herausforderung: Ich habe mir versprochen, täglich zu üben – 21 Tage lang, nach dem Aufstehen, zwölf Minuten. Aus 21 Tagen wurden 1 460 (still counting), und ich kann mit Überzeugung sagen, dass dieses doch eher kleine Investment eine unerschöpfliche Quelle der Stärke ist. Konkret lasse ich mich viel weniger aus der Ruhe bringen und kann mich viel länger in kreativen Phasen aufhalten. Dies wiederum führt zu einer positiven Grundstimmung, mehr Glücksgefühlen und schier unendlicher Kreativität in Verbindung mit Fokus. Also mein Tipp: Versuch es mit der 21-Tage-Challenge.«

Claudine Schulthess, Chief of Staff, Group Legal & Compliance, Roche

»Das heutige Geschäftsumfeld ist unvorhersehbar und es gibt keine Drehbücher, auf die man sich verlassen kann. Managementteams brauchen enorme Widerstandsfähigkeit, um diese Situation erfolgreich zu meistern. Das ist es, was diese Techniken bieten. In letzter Zeit gab es Wochen und Monate, in denen ich aufgrund der Umstrukturierung meines Unternehmens praktisch ununterbrochen arbeiten musste. Die Atemtechniken haben mir sehr geholfen, diesen Stress zu bewältigen.«

Dixit Joshi, Chief Financial Officer, Global Business Leader & Board Member, Credit Suisse, Deutsche Bank, Barclays

»Christoph ist ein erfahrener Trainer und Moderator, der sich auf zwischenmenschliche Kommunikation spezialisiert hat. In seinen Vorträgen und Workshops überzeugt er nicht nur durch sein Fachwissen, sondern vor allem durch seine Menschlichkeit und Authentizität. Als Teil meiner Arbeit für die FIFA, die Adecco Gruppe und das IMD habe ich hautnah erlebt, wie relevant diese Themen für die heutige Arbeitswelt sind.«

Delia Fischer, Chief Communications Officer bei IMD

»Bewusstes Atmen war und ist ein Gamechanger für mich, und ich bin dankbar für diese Erfahrung.«

Henrik Herr, Head of Wealth Management bei Rothschild & Co Vermögensverwaltung, Deutschland

»Die Atemtechniken haben mir völlig neue Möglichkeiten für mein persönliches Wohlbefinden eröffnet. Schon nach wenigen Minuten bewussten Atmens fühle ich mich ruhig, geerdet und voller Energie, bereit für alles, was vor mir liegt. Es ist eine lebensverändernde Erfahrung.«

Elena Naroznikova, Vizepräsidentin Human Resources, Tetra Pak

»Die Atemtechniken haben mir geholfen, das komplizierte Geflecht von Arbeit und Leben mit Leichtigkeit und Freude zu bewältigen. Ich finde Ruhe und Kraft, wenn ich sie täglich praktiziere, ein fester Anker inmitten der stürmischen Wogen unserer schnelllebigen Welt.«

Dr. Sanjay Pradhan, Geschäftsführer der Open Government Partnership in Washington DC und früherer Vizepräsident der Weltbank

»Mit seinem Buch *Atmen* leistet Christoph Glaser einen hoch interessanten und inspirierenden Beitrag auf der Suche nach dem Geheimnis, was das Zusammenwirken von Führung und Teamarbeit erfolgversprechend macht. Die darin vorgestellten Atemtechniken sind nicht nur einfach zu erlernen, sondern auch äußerst wirkungsvoll. In einer Welt, die zunehmend hektischer und stressiger wird, bietet Christoph praktische Werkzeuge, um Ruhe und Klarheit zu bewahren. Sehr empfehlenswert für jede Führungskraft, die sich und ihr Team auf das nächste Level bringen möchte.«

Bernhard Heusler, Berater, Autor und Speaker zu Leadership und Teamwork in Sport und Wirtschaft; Co-Präsident Stiftung Sporthilfe Schweiz; Ehrenpräsident FC Basel 1893

»Die Atemtechniken, die Christoph und das TLEX-Team vermitteln, sind für mich eine wahre Bereicherung. Sie ermöglichen mir, in kürzester Zeit zu entspannen und neue Energie zu tanken. Und: Sie sind für mich ein wichtiger Schlüssel, um unter Druck Höchstleistung zu bringen. Auf dem Tennisfeld und auch sonst im Leben als Coach oder Moderator. Die Techniken haben mich so sehr inspiriert, dass ich mich entschieden habe, selbst zum TLEX-Trainer ausgebildet zu werden. Wir haben auch jungen Talenten in der Schweizer Nachwuchs-Nationalmannschaft im Tennis diese wertvollen Techniken vermittelt, denn ich halte sie für ein spannendes Tool, um die Balance zwischen Intensität und Tension, also der übertriebenen Anspannung, zu managen. Entscheidend für den nachhaltigen Erfolg ist allerdings das regelmäßige Anwenden der Techniken. Wie alles müssen sie regelmäßig praktiziert werden. Besonders hilfreich sind für mich die Mikro-Momente, kurz Atemtechniken, die mir helfen, unter Druck meine Mitte zu behalten. Sie helfen, in Momenten von hohem Stress leistungsfähig zu bleiben.«

Heinz Günthardt, Wimbledon-Gewinner, Teamchef der Schweizer Fed-Cup-Mannschaft und langjähriger TV-Kommentator

»Wir als Universität haben mit einer Ausbildung zum agilen Führen zum ersten Mal den Bereich Zustandsmanagement in eine Zertifizierung hineingenommen. Es ist außergewöhnlich, wie stark sich die Führungskräfte darauf einlassen, dass sie mit Atmen sich selbst und ihre Führungsverantwortung besser steuern können. Das bekommen wir immer und immer wieder in unseren Ausbildungen bestätigt.«

Marie-Luise Retzmann, Direktor Coaching European Business School, Universität für Wirtschaft und Recht

»Ein Must-have für alle, die nach Spitzenleistungen streben. Christoph Glaser zeigt uns, wie wir mit bewusster Atmung und Resilienz unsere Grenzen überwinden und unsere Ziele erreichen können.«

Marcel Armon, CEO AON, Österreich

»Die Atemtechniken von Christoph sind für moderne Führungskräfte, die agil arbeiten und hohem Druck standhalten müssen, von unschätzbarem Wert. Sie bieten praktische Lösungen zur Stressbewältigung und helfen dabei, in herausfordernden Situationen fokussiert zu bleiben. Seit ich diese Techniken anwende, habe ich eine deutliche Verbesserung meiner Leistungsfähigkeit und meines Wohlbefindens festgestellt. Christophs Methoden sind ein essenzieller Bestandteil meines Führungsstils geworden.«

Roland Angst, Präsident ULA e.V. – Deutscher Führungskräfteverband, Senior Vice President B2B Sales, Deutsche Telekom

# Dank

Selten hat mich ein Projekt so fasziniert und herausgefordert wie das Schreiben dieses Buches. Es war mir ein Herzensanliegen, die Erfahrungen meiner beruflichen Reise der vergangenen 30 Jahre zu Papier zu bringen und sie mit Ihnen zu teilen. Nun ist es geschrieben, und ich bedanke mich von Herzen bei all den Menschen, die mich beim Schreiben des Buches und auch auf meiner Reise unterstützt und begleitet haben.

Mein spezieller Dank gilt Nia und Vanessa von unserem TLEX-Team: Ihr habt dieses Projekt inspirierend und kompetent unterstützt und mitgetragen. Ich danke auch Maria, Michael, Kiran und Sarah für die fachkundigen Feedbacks und Gespräche zum Thema.

Und klar ist: Ich bin zwar der Autor dieses Buches, aber ohne die weiteren Mitglieder des großartigen globalen TLEX-Leadership-Teams wären die Erfahrungen der vergangenen Jahre nicht möglich gewesen. Ajay, Aleksandra, Carina, Gaurav, Jennifer, Johann, Katja, Marcel, Maria, Monika, Neringa, Rajita, Tina und Spencer: Ich danke euch für den gemeinsamen Weg und dafür, das Institut dorthin gebracht zu haben, wo es heute ist. Auch möchte ich vielen Weggefährten und Co-Trainerinnen danken, die mich mit ihren Ideen, ihrem Wissen und ihrer Freude bereichert haben, insbesondere: Andi, Bernd, Britta, Cirstin, Darshak, Eberhard, Elke, Eva, Ewald, Fahri, Fran, Ghazal, Jaina, Jana, Jo, Krishi, Lars, Lillian, Magda, Meera, Peter, Stéphan, Susanne, Swami Jyothirmaya, Tatiana, Urmila und Werner.

Roland, Petra und Raoul: Eure Inspiration, eure Visionen, euer Glaube an mich und eure tatkräftige Unterstützung haben mir enorm viel Kraft gegeben. Christoph Daum und Angelika: Ich danke euch für die große Unterstützung.

Und ich danke von ganzem Herzen meiner Familie. Wie gerne hätte ich meiner Mutter dieses Buch überreicht, doch leider ist sie viel zu früh von uns gegangen. Mit ihr konnte ich die Begeisterung für das Thema »Atmen« nach anfänglicher Skepsis teilen. Meine liebe Mami: Ohne deine Liebe hätte ich nie das Vertrauen und die Kraft gehabt, um in die Welt aufzubrechen und sie zu erkunden. Danken möchte ich auch meinem Vater Roland für seine Liebe und sein Verständnis für meinen Weg und die Kraft und Unterstützung, die er mir gegeben hat. Meiner Schwester Caroline danke ich dafür, dass sie da ist in meinem Leben und so authentisch, ehrlich und liebevoll mit mir den Weg teilt und mir manchmal sagt, wenn ich die Familie aufgrund meiner Reisen und Seminare vernachlässige. Caroline, du lehrst mich immer wieder so viel über das Leben. Und natürlich meiner Nichte Uljana und meinen Neffen Michael und Andrin: Ihr seid einfach spitze! Peter, Regina und Helena danke ich für die Kraft, die ihr mir während der Schreibzeit gegeben habt. Und meiner wundervollen Partnerin Maria für die großartige Unterstützung und die große Geduld während dieser Zeit.

Gabriele Borgmann danke ich für die Begleitung und die enorme Gabe, Ideen eine Form zu geben, und Danja Hetjens vom Campus Verlag dafür, dass sie von Anfang an an dieses Buch geglaubt hat und den Prozess unterstützend und wertschätzend begleitet hat.

Mein Dank gilt insbesondere allen Wissenschaftlerinnen, Gelehrten und Yogis, die über tausende Jahre visionär und mutig die Zusammenhänge des Lebens und die Rolle des Atems erforscht haben und es damit mir und so vielen Menschen ermöglicht haben, einen Zugang zum eigenen Potenzial zu finden.

Ganz besonders gilt mein Dank an dieser Stelle Sri Sri Ravi Shankar, von dem ich persönlich lernen durfte, und der es in meinen Augen geschafft hat, das yogische Wissen in die heutige Zeit zu »übersetzen« sowie praktisch anwendbar zu machen.

Zu guter Letzt danke ich Ihnen, liebe Leserinnen und Leser. Es ist mir eine Ehre gewesen, mit Ihnen über das Leben zu reflektieren!

# Anmerkungen

## 1 Atmen ist Leben

1 Bradberry, T., & Greaves, J. (2009). Emotional Intelligence 2.0. TalentSmart.
2 Wittmann, M. (2011). Moments in time. *Frontiers in integrative neuroscience*, 5, 66.
3 Philippot, P., Chapelle, G., & Blairy, S. (2002). Respiratory feedback in the generation of emotion. *Cognition & Emotion*, 16(5), 605–627.
4 Cranston, S. & Keller, S. (2013, 1. Januar). Increasing the ›meaning quotient‹ of work. McKinsey Quarterly. https://www.mckinsey.com/capabilities/people-and-organizational-performance/our-insights/increasing-the-meaning-quotient-of-work
5 Doll, A., Hölzel, B. K., Bratec, S. M., Boucard, C. C., Xie, X., Wohlschläger, A. M., & Sorg, C. (2016). Mindful attention to breath regulates emotions via increased amygdala–prefrontal cortex connectivity. *Neuroimage*, 134, 305–313.

## 2 Zu einfach, um großartig zu sein?

1 Work Trend Index. (2021). Microsoft. https://news.microsoft.com/de-at/work-trend-index-was-wir-aus-dem-letzten-jahr-fur-die-arbeitswelt-der-zukunft-lernen-konnen/
2 State of Work. (2020). Workfront. https://cdn.frankwatching.com/app/uploads/2020/01/191001-Workfront-2020-State-of-Work-SOW-report-web.pdf
3 Ward, A. F., Duke, K., Gneezy, A., & Bos, M. W. (2017). Brain drain: The mere presence of one's own smartphone reduces available cognitive capacity. *Journal of the association for consumer research*, 2(2), 140–154.
4 Smartphone-Nutzung am Limit? Der deutsche Mobile Consumer im Profil. (2020, Februar). Deloitte. https://www2.deloitte.com/content/dam/Deloitte/de/Documents/technology-media-telecommunications/Smartphone_Nutzung_2020_Deloitte.pdf
5 Deutschlands erschöpfte Chefs. (2024, 15. Februar). Spiegel Online. https://www.spiegel.de/karriere/deutschland-zwei-drittel-der-fuehrungskraefte-sind-erschoepft-umfrage-a-249d1a4f-18cd-4216-b675-d9625c2b28e3

6 Brassey, J., Herbig, B., Jeffery, B. & Ungerman, D. (2020, November). Reframing employee health: Moving beyond burnout to holistic health. McKinsey Health Institute. https://www.mckinsey.de/~/media/mckinsey/locations/europe%20and%20middle%20east/deutschland/news/presse/2023/2023-1103%20mhi%20studie%20mitarbeitergesundheit/reframing-employee-health-moving-beyond-burnout-to-holistic-health_fin.pdf

## 3 Unter Druck performen

1 Lacourse, M. G., Orr, E. L., Cramer, S. C., & Cohen, M. J. (2005). Brain activation during execution and motor imagery of novel and skilled sequential hand movements. *Neuroimage*, 27(3), 505–519.

2 Hoppe, J. M., Holmes, E. A., & Agren, T. (2021). Exploring the neural basis of fear produced by mental imagery: imaginal exposure in individuals fearful of spiders. *Philosophical Transactions of the Royal Society B*, 376(1817), 20190690.

3 Ranganathan, V. K., Siemionow, V., Liu, J. Z., Sahgal, V., & Yue, G. H. (2004). From mental power to muscle power—gaining strength by using the mind. *Neuropsychologia*, 42(7), 944–956.

4 Das Zitat ist eine Paraphrasierung eines Zitats von Albert Einstein in einem Artikel, der 1946 in der *New York Times* erschien: Einstein, A. (1946). Atomic education urged by Einstein; Scientist in plea for $200 000 to promote new type of essential thinking. *The New York Times*, 13.

5 Franke, F., Felfe, J., & Pundt, A. (2014). The impact of health-oriented leadership on follower health: Development and test of a new instrument measuring health-promoting leadership. *German Journal of Human Resource Management*, 28(1–2), 139–161.

## 4 Gelassen führen für den Teamerfolg

1 Cranston, S. & Keller, S. (2013, 1. Januar). Increasing the ›meaning quotient‹ of work. McKinsey Quarterly. https://www.mckinsey.com/capabilities/people-and-organizational-performance/our-insights/increasing-the-meaning-quotient-of-work

2 Killingsworth, M. A., & Gilbert, D. T. (2010). A wandering mind is an unhappy mind. *Science*, 330(6006), 932–932.

3 Woolley, A. W., Chabris, C. F., Pentland, A., Hashmi, N., & Malone, T. W. (2010). Evidence for a collective intelligence factor in the performance of human groups. *Science*, 330(6004), 686–688.

4 Joiner, W. B., & Josephs, S. A. (2007). Leadership agility: Five levels of mastery for anticipating and initiating change (Vol. 164). John Wiley & Sons.

5 Emmett, J., Schrah, G., Schrimper, M. & Wood, A. (2020, 29. Juni). COVID-19 and the employee experience: How leaders can seize the moment.

McKinsey & Company. https://www.mckinsey.com/capabilities/people-and-organizational-performance/our-insights/covid-19-and-the-employee-experience-how-leaders-can-seize-the-moment

## 5 Chefsache: Die Frage nach dem Mindset

1 Yeager, D. S., & Dweck, C. S. (2012). Mindsets that promote resilience: When students believe that personal characteristics can be developed. *Educational psychologist*, 47(4), 302–314.
2 Crum, A. J., Salovey, P., & Achor, S. (2013). Rethinking stress: the role of mindsets in determining the stress response. *Journal of personality and social psychology*, 104(4), 716.
3 Loehr, J. E., & Schwartz, T. (2005). *The Power of Full Engagement: Managing Energy, Not Time, Is the Key to High Performance and Personal Renewal.* Free Press.
4 Yerkes, R. M., & Dodson, J. D. (1908). The relation of strength of stimulus to rapidity of habit-formation. *Journal of Comparative Neurology and Psychology*, 18(5): 459–482.

## 6 Die Rettung des Präsenzmuskels

1 Zeidan, F., Johnson, S. K., Diamond, B. J., David, Z., & Goolkasian, P. (2010). Mindfulness meditation improves cognition: Evidence of brief mental training. *Consciousness and cognition*, 19(2), 597–605.
2 Wegner, D. M. (1994). Ironic processes of mental control. *Psychological review*, 101(1), 34.
3 Mark, G. (2023). *Attention Span: Finding Focus for a Fulfilling Life*. HarperCollins UK.

## 7 Ihr Atem: Die Energie, die 24 Stunden trägt

1 Merli, N. (2023, 5. Mai). Richtiges Atmen: Wichtig für Körper und Geist. Helsana. https://www.helsana.ch/de/blog/psyche/entspannung/richtig-atmen.html
2 Seppälä, E., Bradley, C., & Goldstein, M. R. (2020). Research: Why breathing is so effective at reducing stress. Harvard Business Review. https://hbr.org/2020/09/research-why-breathing-is-so-effective-at-reducing-stress
3 Heck, D. H., McAfee, S. S., Liu, Y., Babajani-Feremi, A., Rezaie, R., Freeman, W. J. et al. (2017). Breathing as a fundamental rhythm of brain function. *Frontiers in neural circuits, 10*, 115.
4 Perl, O., Ravia, A., Rubinson, M., Eisen, A., Soroka, T., Mor, N. et al. (2019). Human non-olfactory cognition phase-locked with inhalation. *Nature human behaviour*, 3(5), 501–512.

5 Bhaskar, L., Tripathi, V., Kharya, C., Kotabagi, V., Bhatia, M., & Kochupillai, V. (2020). High-frequency cerebral activation and interhemispheric synchronization following sudarshan kriya yoga as global brain rhythms: the state effects. *International Journal of Yoga*, 13(2), 130–136.

6 Sharma, V. K., Rajajeyakumar, M., Velkumary, S., Subramanian, S. K., Bhavanani, A. B., Sahai, A., & Thangavel, D. (2014). Effect of fast and slow pranayama practice on cognitive functions in healthy volunteers. *Journal of clinical and diagnostic research: JCDR*, 8(1), 10.

7 Shankarappa, V., Prashanth, P., Annamalai, N., & Malhotra, V. (2012). The short term effect of pranayama on the lung parameters. *Journal of clinical and Diagnostic Research*, 6(1), 27–30.

8 Kochupillai, V., Kumar, P., Singh, D., Aggarwal, D., Bhardwaj, N., Bhutani, M., & Das, S. N. (2005). Effect of rhythmic breathing (Sudarshan Kriya and Pranayam) on immune functions and tobacco addiction. *Annals of the New York Academy of Sciences*, 1056(1), 242–252.

9 Streeter, C. C., Gerbarg, P. L., Whitfield, T. H., Owen, L., Johnston, J., Silveri, M. M. et al. (2017). Treatment of major depressive disorder with Iyengar yoga and coherent breathing: a randomized controlled dosing study. *The Journal of Alternative and Complementary Medicine*, 23(3), 201–207.

10 Murthy, P. N. V., Janakiramaiah, N., Gangadhar, B. N., & Subbakrishna, D. K. (1998). P300 amplitude and antidepressant response to Sudarshan Kriya Yoga (SKY). *Journal of affective disorders*, 50(1), 45–48.

11 Korkmaz, A., Bernhardsen, G. P., Cirit, B., Suzer, G. K., Kayan, H., Biçmen, H. et al. (2024). Sudarshan Kriya Yoga Breathing and a Meditation Program for Burnout Among Physicians: A Randomized Clinical Trial. *JAMA Network Open*, 7(1).

12 Qu, S., Olafsrud, S. M., Meza-Zepeda, L. A., & Saatcioglu, F. (2013). Rapid gene expression changes in peripheral blood lymphocytes upon practice of a comprehensive yoga program. *PloS one*, 8(4).

13 Breit, S., Kupferberg, A., Rogler, G., & Hasler, G. (2018). Vagus nerve as modulator of the brain–gut axis in psychiatric and inflammatory disorders. *Frontiers in psychiatry*, 9, 44.

14 Abhishekh, H. A., Nisarga, P., Kisan, R., Meghana, A., Chandran, S., Raju, T., & Sathyaprabha, T. N. (2013). Influence of age and gender on autonomic regulation of heart. *Journal of clinical monitoring and computing*, 27, 259–264.

15 Yin, J., Levanon, D., & Chen, J. D. Z. (2004). Inhibitory effects of stress on postprandial gastric myoelectrical activity and vagal tone in healthy subjects. *Neurogastroenterology & Motility*, 16(6), 737–744.

16 Magnon, V., Dutheil, F., & Vallet, G. T. (2021). Benefits from one session of deep and slow breathing on vagal tone and anxiety in young and older adults. *Scientific reports*, 11(1), 19267.

Goldstein, M. R., Lewis, G. F., Newman, R., Brown, J. M., Bobashev, G., Kilpatrick, L. et al. (2016). Improvements in well-being and vagal tone following a yogic breathing-based life skills workshop in young adults: Two open-trial pilot studies. *International journal of yoga*, 9(1), 20–26.

## 8 Resilienz: Seelische Widerstandskraft ist erlernbar

1 Axa Mental Health Report (2023). Axa. https://www.axa.de/presse/mediathek/studien-und-forschung/mental-health-report-2023
2 Future of Jobs Report (2023, Mai). World Economic Forum. https://www3.weforum.org/docs/WEF_Future_of_Jobs_2023.pdf
3 https://www.adultdevelopmentstudy.org
4 Kahneman, D., & Deaton, A. (2010). High income improves evaluation of life but not emotional well-being. *Proceedings of the national academy of sciences*, 107(38), 16489–16493.
5 Wilmot, E. G., Edwardson, C. L., Achana, F. A., Davies, M. J., Gorely, T., Gray, L. J. et al. (2012). Sedentary time in adults and the association with diabetes, cardiovascular disease and death: systematic review and meta-analysis. *Diabetologia*, 55(11), 2895–2905.
6 Singh, K., Bhargav, H., & Srinivasan, T. M. (2016). Effect of uninostril yoga breathing on brain hemodynamics: A functional near-infrared spectroscopy study. *International Journal of Yoga*, 9(1), 12–19.

## 9 Remember the Future

1 Paersch, C., Schulz, A., Wilhelm, F. H., Brown, A. D., & Kleim, B. (2022). Recalling autobiographical self-efficacy episodes boosts reappraisal-effects on negative emotional memories. *Emotion*, 22(6), 1148.
2 Tedeschi, R. G., & Calhoun, L. G. (2004). Posttraumatic growth: conceptual foundations and empirical evidence. *Psychological inquiry*, 15(1), 1–18.
3 Seligman, M. E. (2011). *Flourish: A visionary new understanding of happiness and well-being*. Simon and Schuster.
4 Doll, A., Hölzel, B. K., Bratec, S. M., Boucard, C. C., Xie, X., Wohlschläger, A. M., & Sorg, C. (2016). Mindful attention to breath regulates emotions via increased amygdala–prefrontal cortex connectivity. *Neuroimage*, 134, 305–313.
5 Atkinson, R. C., & Shiffrin, R. M. (1968). Human memory: A proposed system and its control processes. *Psychology of learning and motivation* (Vol. 2, pp. 89–195). Academic press.

## 10 Triple-A: Willkommen, ihr negativen Emotionen!

1 Taylor, J. B. (2009). *My stroke of insight*. Hachette UK.

2 Nummenmaa, L. (2022). Mapping emotions on the body. *Scandinavian Journal of Pain*, 22(4), 667–669.
3 Kashdan, T. B., Stiksma, M. C., Disabato, D. J., McKnight, P. E., Bekier, J., Kaji, J., & Lazarus, R. (2018). The five-dimensional curiosity scale: Capturing the bandwidth of curiosity and identifying four unique subgroups of curious people. *Journal of Research in Personality*, 73, 130–149.
4 Kashdan, T. B., Stiksma, M. C., Disabato, D. J., McKnight, P. E., Bekier, J., Kaji, J., & Lazarus, R. (2018). The five-dimensional curiosity scale: Capturing the bandwidth of curiosity and identifying four unique subgroups of curious people. *Journal of Research in Personality*, 73, 130–149.

## 11 Nachhaltiges Wellbeing im Management

1 Darley, J. M., & Batson, C. D. (1973). From Jerusalem to Jericho: A study of situational and dispositional variables in helping behavior. *Journal of personality and social psychology*, 27(1), 100.
2 Kegan, R., & Lahey, L. L. (2009). *Immunity to change: How to overcome it and unlock potential in yourself and your organization*. Harvard Business Press.

## 12 Die zwölf Minuten, die Ihr Leben verändern können

1 Schubin, K., Seinsche, L., & Pfaff, H. (2023). A workplace mindfulness training program may affect mindfulness, well-being, health literacy and work performance of upper-level ICT-managers: An exploratory study in times of the COVID-19 pandemic. *Frontiers in Psychology*, 14, 994959.
2 Palmer, R., Roos, C., Vafaie, N., & Kober, H. (2023). The effect of ten versus twenty minutes of mindfulness meditation on state mindfulness and affect. *Scientific Reports*, 13(1), 20646.
3 Brown, R. P., & Gerbarg, P. L. (2005). Sudarshan Kriya yogic breathing in the treatment of stress, anxiety, and depression: part I—neurophysiologic model. *Journal of Alternative & Complementary Medicine*, 11(1), 189–201.
4 Nivethitha, L., Mooventhan, A., & Manjunath, N. K. (2021). Evaluation of cardiovascular functions during the practice of different types of yogic breathing techniques. *International Journal of Yoga*, 14(2), 158–162.
5 Matthews, G. (2007). The impact of commitment, accountability, and written goals on goal achievement. https://scholar.dominican.edu/cgi/viewcontent.cgi?article=1002&context=psychology-faculty-conference-pre sentations

# Der Autor

Christoph Glaser ist Geschäftsführer des TLEX Institutes, das mit 200 Trainern weltweit agiert und bislang mehr als 500 000 Führungskräfte und Mitarbeitende trainiert hat. Inspiriert von der Arbeit von Sri Sri Ravi Shankar vermittelt er seit über 20 Jahren in mehr als 50 Ländern weltweit seine Methode zur gelassenen Leistungsoptimierung, die den Dreiklang Resilienz, Agilität und atembasierte Achtsamkeit beinhaltet. Seine Erfahrung als international agierender Trainer und Moderator verbindet er mit einem tiefen Verständnis für globale, sozial-ökonomische und politische Gegebenheiten. So spricht Christoph regelmäßig bei internationalen Konferenzen, unter anderem bei den Vereinten Nationen, dem Europäischen Parlament, dem Forbes Summit und der Weltbank. Als Trainer, Berater und Coach im Bereich

Mindset und Change leitet er diverse Programme in den Bereichen Veränderungsmanagement, Leadership, emotionale Intelligenz und Resilienz. Das Kernstück seiner Arbeit ist die Vermittlung der atembasierten Achtsamkeit. Zu seinen Kunden zählen internationale Top-Konzerne, Universitäten und Spitzensportler.

In seinem Buch präsentiert Christoph Glaser erstmals die Zwölf-Minuten-Methode, um jenes Wellbeing zurückzuerlangen, das auf dem Weg der Karriere besonders in digitalen Zeiten oft verlorengeht: die Achtsamkeit für sich selbst und für andere, für die eigenen Stärken, für die eigenen Wünsche und für die zielorientierten Schritte im Leben.

Mehr unter: www.tlexinstitute.com
www.christophglaser.ch